Benedikt Schumacher

Polymer-Keramik-Komposite mit optimierten dielektischen Eigenschaften

Benedikt Schumacher

Polymer-Keramik-Komposite mit optimierten dielektischen Eigenschaften

Neue Materialien für integrierte Kondensatoren und elektronische Bauelemente

Südwestdeutscher Verlag für Hochschulschriften

Imprint
Any brand names and product names mentioned in this book are subject to trademark, brand or patent protection and are trademarks or registered trademarks of their respective holders. The use of brand names, product names, common names, trade names, product descriptions etc. even without a particular marking in this work is in no way to be construed to mean that such names may be regarded as unrestricted in respect of trademark and brand protection legislation and could thus be used by anyone.

Publisher:
Südwestdeutscher Verlag für Hochschulschriften
is a trademark of
Dodo Books Indian Ocean Ltd., member of the OmniScriptum S.R.L Publishing group
str. A.Russo 15, of. 61, Chisinau-2068, Republic of Moldova Europe
Printed at: see last page
ISBN: 978-3-8381-2332-5

Zugl. / Approved by: Freiburg im Breisgau, Albert-Ludwigs-Universität, Dissertation, 2010

Copyright © Benedikt Schumacher
Copyright © 2011 Dodo Books Indian Ocean Ltd., member of the OmniScriptum S.R.L Publishing group

Dekan:	Prof. Dr. Hans Zappe
Referent:	Prof. Dr. Thomas Hanemann
Koreferent:	Prof. Dr. Peter Woias
Beisitz:	Prof. Dr. Leonard Reindl
Vorsitz:	Prof. Dr. Jürgen Wilde
Prüfungsdatum:	15. Juli 2010

Promovend:	Benedikt Schumacher info@schuben.de
Institution:	Karlsruher Institut für Technologie (KIT) Campus Nord Institut für Materialforschung III Hermann-von-Helmholtz-Platz 1 76344 Eggenstein-Leopoldshafen
Universität:	Albert-Ludwigs-Universität Freiburg i.Br. Technische Fakultät Georges-Köhler-Allee 101 79108 Freiburg i.Br.

Diese Arbeit wurde im Rahmen des Virtuellen Instituts Mikrosystemtechnik (VIM), einer FuE-Allianz des Programms Nano- und Mikrosysteme am Forschungszentrum Karlsruhe GmbH (jetzt: KIT Campus Nord) und des Instituts für Mikrosystemtechnik der Technischen Fakultät der Universität Freiburg, durchgeführt.

Die Pflichtveröffentlichung dieser Arbeit ist als PDF mit farbigen und teilweise animierten Abbildungen bei der deutschen Nationalbibliothek (http://d-nb.info/1006537740[⊕]) und der Technischen Fakultät der Universität Freiburg (http://www.freidok.uni-freiburg.de/volltexte/7692/[⊕]) erhältlich. Der Text und die Abbildungen wurden für die Veröffentlichung in Buchform überarbeitet.

Kurzfassung

In dieser Arbeit wurde ein lösungsmittelfreies, niedrigviskoses Polyester-Keramik-Komposit System mit hoher Permittivität entwickelt, das bei Temperaturen unter 100°C mit den Standardmethoden der Elektronikindustrie verarbeitet wird. Der Schwerpunkt dieser Arbeit liegt auf der Untersuchung des Einflusses der Kristallstruktur und Kristallitgröße von keramischen Pulvern aus der Materialgruppe der Perowskite auf die Permittivität von Kompositmaterialien bei konstantem Füllgrad.

Für die Entwicklung von Polymer-Keramik-Kompositen mit optimierten dielektrischen Eigenschaften wurde ein ungesättigtes Polyester Klarharz (Lieferant *Carl Roth GmbH*) als Entwicklungsplattform qualifiziert. Hierbei wurden insbesondere der Einfluss des Kaltstarters Methyl-Ethyl-Keton-Peroxid und die Verdünnung mit dem aktiven Lösungsmittel Styrol auf die physikalischen, mechanischen und dielektrischen Eigenschaften des ausgehärteten Polymers untersucht. Der Einfluss beider Modifikationen auf die Permittivität ist sehr gering im Vergleich zu den zu erreichenden Permittivitätserhöhungen. Die Verdünnung mit Styrol ist geeignet, die Viskosität des Gießharzes über mehrere Größenordnungen hinweg gezielt zu variieren.

Um möglichst dünne Schichten herstellen zu können, wurden nanoskalige anorganische Materialien ($BaFe_{12}O_{19}$, $BaTiO_3$, SnO_2, $SrTiO_3$, TiO_2 und ZnO) als Füllstoffe untersucht. Die erreichten Permittivitäten liegen hierbei weit unterhalb der in der Literatur gefundenen Ergebnisse. Die besten Ergebnisse wurden mit $BaTiO_3$ und $SrTiO_3$ erzielt.

Es wurden 13 kommerzielle $BaTiO_3$-Pulver von sechs verschiedenen Herstellern und drei $SrTiO_3$-Pulver von drei Herstellern als Füllstoffe untersucht. Dabei wurden innerhalb der jeweiligen Materialgruppe nur sehr kleine Unterschiede der erreichten Permittivitätswerte bei identischem Füllgrad festgestellt.

Die Kristallstruktur und Kristallitgröße je eines nanoskaligen $BaTiO_3$- und $SrTiO_3$-Pulvers wurden durch thermisches Ausheizen bei Temperaturen zwischen 500°C und 1400°C gezielt variiert. Ausgehend von einem nanoskaligen $BaTiO_3$ konnte durch Ausheizen bei 1050°C die relative Permittivität des Komposits von 9.2 auf 25.0 bei 22 Vol% um einen Faktor 2.7 gesteigert werden. Ausgehend von nanoskaligem $SrTiO_3$ wurde keine signifikante Permittivitätssteigerung festgestellt, jedoch konnte der dielektrische Verlust von 0.028 auf 0.003 bei einer Auslagerungstemperatur von 1000°C reduziert werden. Durch die Auslagerung von sub-mikroskaligen $BaTiO_3$-Pulvern konnten optimierte multimodale Pulvermischungen hergestellt werden, mit denen höhere Füllgrade erreicht wurden als mit dem optimierten nanoskaligen $BaTiO_3$. Durch die Verwendung eines mit der Sol-Gel-Methode synthetisierten $Ba_{0.7}Sr_{0.3}TiO_3$ konnte die Frequenz- und Temperaturabhängigkeit der Permittivität der Komposite nochmals optimiert werden.

Für die Berechnung der Permittivität von Kompositmaterialien in Abhängigkeit des Füllgrades wurde ein Modell auf der Basis der Parallel- und Serienschaltung von Kondensatoren entwickelt und mit vorhandenen Modellen aus der Literatur auf die Messdaten angewendet und untereinander verglichen.

Das optimierte Komposit-Material wurde in einem Labordemonstrator zu Schichten mit 40 μm Dicke verarbeitet und bei 50°C polymerisiert. Die erreichten Kapazitätsdichten liegen bei 13 $\frac{pF}{mm^2}$ vor und ca. 6.0 $\frac{pF}{mm^2}$ nach thermischer Belastung des Kondensators mit 32 Zyklen zwischen -60°C und 80°C.

Abstract

In this work a solvent free, low viscous polyester-ceramic-composite system with high permittivity was developed. It is processed at temperatures below 100°C with standard methods and processes of the electronics industries. The main focus of this work is on the investigation of the influence of the crystal structure and the crystallite size of ceramic powders of the perowskite group on the permittivity of composite materials at constant filler loads.

Polymer ceramic composites with optimised dielectric properties for electronic devices

For the development of polymer-ceramic-composite-materials with improved dielectric properties an unsaturated polyester reactive resin (supplier *Carl Roth GmbH*) was qualified as development platform. Especially the influence of the cold hardening system (methyl-ethyl-ketone-peroxide) and the thinning with the active solvent styrene on the physical, mechanical and dielectric properties were investigated. The influence of both factors on the permittivity and the dielectric loss are very small compared to the goals of this work. The thinning with styrene is a suitable tool to vary the viscosity of the reactive resin over several decades.

To be able to manufacture thin layers, nano scaled anorganic materials ($BaFe_{12}O_{19}$, $BaTiO_3$, SnO_2, $SrTiO_3$, TiO_2 and ZnO) were examined as filler materials. The permittivity values lay far below values found in the literature. The best results were reached with $BaTiO_3$ and $SrTiO_3$ as filler materials.

Thirteen commercial $BaTiO_3$ powders from six suppliers and three $SrTiO_3$ powders from three suppliers were investigated as filler materials. Within each material group, only small differences were found with respect to the composite permittivity at constant filler loads.

The crystal structure and crystallite size of a nano scaled $BaTiO_3$ and $SrTiO_3$ powder were influenced by thermal treatment at temperatures between 500°C and 1400°C. With the $BaTiO_3$ heated at 1050°C the relative permittivity was raised from 9.2 to 25.0 at 22 Vol% by a factor of 2.7. With the $SrTiO_3$ no significant raise in permittivity was detected. The dielectric loss was lowered from 0.028 to 0.003 when heating the $SrTiO_3$ to 1000°C before incorporation into the polymeric matrix. By temperature treating sub micron scaled $BaTiO_3$ powder, optimised multi modal powder mixtures were produced. Using these, higher filler loads were achieved compared to the optimised nano scaled powders. Using a $Ba_{0.7}Sr_{0.3}TiO_3$, synthesised by the sol-gel-method, the frequency and temperature dependency of the composite permittivity was improved.

On the basis parallel and serial connected capacitors a model was developed to describe the permittivity with respect to the filler load. It was compared to existing literature models by applying them to measurement data presented in this paper.

The improved composite material was incorporated into laboratory demonstrators. Single layers with thicknesses of 40 μm were produced and polymerised at 50°C. Capacities of 13.3 $\frac{pF}{mm^2}$ were reached before thermal testing and about 6.0 $\frac{pF}{mm^2}$ after 32 temperature cycles between -60°C and 80°C.

Vorwort

Eine Arbeit vom Umfang einer Doktorarbeit ist ohne die Unterstützung und Beratung vieler Kollegen und Freunde nicht erfolgreich zuende zu führen. Ich möchte an dieser Stelle allen danken, die zum Gelingen dieser Arbeit beigetragen und mich in den letzten Jahren moralisch gestützt und getragen haben.

Ich danke THOMAS HANEMANN für die Betreuung der Arbeit, die fortwährende Unterstützung und das bei Problemen und Fragen immer offene Ohr. PETER WOIAS danke ich für die Übernahme des Koreferats. JÜRGEN WILDE und LEONARD REINDL danke ich für die Übernahme von Vorsitz und Beisitz der Disputation.

JÜRGEN HAUSSELT und HANS-JOACHIM RITZHAUPT-KLEISSL danke ich für die Begleitung und Unterstützung der Arbeit sowie für die Organisation der nötigen Finanzierung.

MAGRET OFFERMANN danke ich für ihre freundliche und motivierte Art, auch große Probenberge mit einem Lachen im Gesicht entgegen zu nehmen und gewissenhaft zu analysieren.

ALEXANDER BÄR und NILS KORF danke ich für ihre gründliche und geduldige Arbeitsweise bei der Herstellung einer großen Anzahl von Kompositproben sowie für die akribische Dokumentation der einzelnen Proben.

TOBIAS MÜLLER und ROLAND VORIOUT danke ich für eine in vielen Sitzungen entstandene Sammlung an REM-Aufnahmen der Pulver und Proben.

MICHAEL BRUNS, FLORIAN STEMME und insbesonder HOLGER GESSWEIN danke ich für die Unterstützung, Beratung, Durchführung und Auswertung von röntgenographischen Untersuchungen der verwendeten Füllstoffe.

JÜRGEN MOCH, JÜRGEN GLASER und JULIA HARBICH-SCHOTTENHAML danke ich für ihren aktiven Einsatz beim Entwurf und der Umsetzung von allem, was in der Werkstatt an „kleinen Helferlein" für diese Arbeit gefertigt wurde.

HENDRIK ELSENHEIMER, SYLVIA VOGEL, KATRIN SCHUMAN, MARTIN BECK, RICHARD HELDELE, BERTHOLD ZEEP, EBERHARD RITZHAUPT-KLEISSL, NADJA SCHLECHTRIEMEN, DORIT NÖTZEL, KLAUS PLEWA, MICHAEL SCHULZ und VERENA WIDAK danke ich für ein stets offenes Ohr, fruchtbare Diskussion und Zusammenarbeit in den letzten Jahren in Karlsruhe und Freiburg.

KARIN SEITZ, SABINE BENNEMANN, JANA HERZOG und GABY BACHSCHMIDT danke ich dafür, dass die Sekretariate in Karlsruhe und Freiburg immer ein sicherer Zufluchtsort waren, wenn die Bürokratie mal wieder zugeschlagen hat und kreative Lösungen erforderlich waren.

FLORIAN SCHUMACHER danke ich für die Unterstüzung mit allem was sich in mathematischen Formeln darstellt und nicht auf den ersten Blick erschlossen werden kann.

NIKO EHRENFEUCHTER und GABI RÖGER danke ich für die Überarbeitung des Layouts, so dass schlussendlich jede Zeile ihren Umbruch, jede Abbildung ihren Platz und jede Tabelle ihre Breite gefunden hat.

JANINE GRIESE und PETER GRIESE danke ich für ein intensives Lesen des Gesamtwerkes und die Beseitigung von vielen inhaltlichen Inkonsistenzen.

CARLA HANKE danke ich für jeden Rechtschreibfehler, der nicht mehr in dieser Arbeit zu finden ist und für die Erkenntnis, dass das Leben – auch in Zeiten hohen Termindrucks – nicht nur aus Arbeit besteht. Danke, dass Du immer für mich da bist und meine Launen erträgst.

Allen Mitarbeitern des IMF III danke ich für die angenehme und produktive Zusammenarbeit in den vergangenen Jahren. Den Mitarbeitern von HPS danke ich insbesondere für die Lösungen an den Stellen, wo die Formulare und Dienstwege versagt haben.

Meiner Familie, meinen Freunden und allen ehemaligen und aktiven Mitbewohnern meiner WG danke ich für die Unterstützung und Bestätigung auf dem Weg zur Promotion. Es fällt mir heute noch schwer, in einfachen Worten und wenigen Sätzen zu beschreiben, was ich eigentlich gemacht habe. Danke, dass ihr trotzdem zugehört habt!

Inhaltsverzeichnis

Abbildungsverzeichnis xvii

Tabellenverzeichnis xxvii

Symbol-, Einheiten-, Abkürzungsverzeichnis und Nomenklatur xxix
   1   Symbolverzeichnis xxix
   2   Einheitenverzeichnis xxxii
   3   Abkürzungsverzeichnis xxxiii
   4   Nomenklatur xxxv

1 Einleitung und Motivation   **1**

2 Grundlagen   **5**
   2.1 Kondensatoren 6
       2.1.1 Geschichte des Kondensators 6
       2.1.2 Polarisation und Dielektrika 7
       2.1.3 Kapazität des Plattenkondensators 11
       2.1.4 Parallel- und Reihenschaltung von Kondensatoren 12
       2.1.5 Lade- / Entladekurven am Kondensator 13
       2.1.6 Dielektrischer Verlust am Kondensator 14
   2.2 Materialien 16
       2.2.1 Keramiken mit Perowskit-Struktur 16
       2.2.2 Polymere 24
       2.2.3 Komposite 29
   2.3 Modellierung der Permittivität von Kompositsystemen 33
       2.3.1 Literaturmodelle 33
       2.3.2 Feldlinienbetrachtungen von inhomogenen Systemen 36
   2.4 Schichtgebung 38
       2.4.1 Folienguss 38
       2.4.2 Schablonendruck 40

Inhaltsverzeichnis

3 Materialien und experimentelles Vorgehen   43
3.1 UP Gießharz 43
3.2 Temperaturauslagerung anorganischer Pulvermaterialien 45
3.3 $Ba_{0.7}Sr_{0.3}TiO_3$ Prekursor Herstellung 46
3.4 Kompositherstellung 47
3.5 Probenherstellung 48
3.6 Materialcharakterisierung 50
     3.6.1 Dichte und spezifische Oberfläche 50
     3.6.2 Partikeldurchmesser $d_{sph.}$ aus Dichte und Oberfläche 50
     3.6.3 Röntgenbeugung (XRD) 51
     3.6.4 Bestimmung der Mikrohärte nach VICKERS (HV) 51
     3.6.5 Rheologische Charakterisierung der Kompositmaterialien 51
     3.6.6 Gel-Permeations-Chromatographie (GPC) 52
     3.6.7 Permittivität und dielektrischer Verlust 53
3.7 Demonstratorherstellung 56
     3.7.1 Demonstratordesign 56
     3.7.2 Leiterplattenmaterialien und -strukturierung 57
     3.7.3 Schichtgebung und Schichtstrukturierung der Kompositmaterialien 57
     3.7.4 Demonstratoriterationen 58

4 Ergebnisse und Diskussion   61
4.1 Materialeigenschaften des polymeren Matrixmaterials 62
     4.1.1 Einflüsse des Kaltstarters auf die Materialeigenschaften 62
     4.1.2 Einflüsse der Verdünnung des Materialsystems mit Styrol auf die Materialeigenschaften 65
     4.1.3 Materialeigenschaften des verwendeten Materialsystems 69
4.2 Materialscreening mit kommerziellen nanoskaligen Füllstoffen 74
4.3 Polyester-Reaktionsgießharz mit kommerziellen mikro- und nanoskaligen Barium- und Strontiumtitanaten 76
4.4 Einfluss der thermischen Behandlung von nanoskaligen $BaTiO_3$- und $SrTiO_3$-Füllstoffen auf die Pulvereigenschaften und die dielektrischen Eigenschaften der Kompositmaterialien 84
4.5 Einfluss der Temperaturbehandlung kommerzieller $BaTiO_3$-Mikro-Pulver auf die dielektrischen Eigenschaften von Kompositen 96
4.6 Komposite mit multimodalen Pulvermischungen als Füllstoff 99
4.7 Barium-Strontium-Titanat als Füllstoff 102
4.8 Modellierung der Permittivität von Kompositsystemen 104
     4.8.1 Modelle auf Basis der Parallel- und Serienschaltung von Kondensatoren . . 108

	4.8.2	Zusammenfassung der Kondensatormodelle	113
	4.8.3	Vergleich der Kondensator- und Literaturmodelle	113
	4.8.4	Berechnung der Permittivitätssteigerung von $BaTiO_3$ Pulver (**Nanoamor**) durch thermische Auslagerung	125
4.9	Demonstrator	127
	4.9.1	Erste Generation Demonstratoren	127
	4.9.2	Zweite Generation Demonstratoren	128
	4.9.3	Dritte Generation Demonstratoren	134
	4.9.4	Überblick über die Demonstratorentwicklung	138

5 Zusammenfassung und Ausblick 139

5.1	Zusammenfassung	140
	5.1.1 Polymere Matrix	140
	5.1.2 Füllstoffe	140
	5.1.3 Modellierung	142
	5.1.4 Demonstrator	142
5.2	Ausblick	143

Literaturverzeichnis 145

A Publikationsverzeichnis 167

A.1	Referierte Zeitschriftenbeiträge	167
A.2	Buchbeiträge	168
A.3	Tagungsbandbeiträge	168
A.4	Sonstiges	169

B Literaturzusammenfassung - Permittivität von Kompositmaterialien 171

C Pulver 177

C.1	Aldrich	182
	C.1.1 $BaTiO_3$, <2 µm, 99.9%	182
	C.1.2 $BaTiO_3$, <3 µm, 99%	184
	C.1.3 $SrTiO_3$, <5 µm, 99%	186
	C.1.4 TiO_2, 99.7%, Anatase	188
C.2	Alfa Aesar	190
	C.2.1 $BaTiO_3$, 99%, metals basis	190
	C.2.2 $BaTiO_3$, 99.7%, metals basis	192
C.3	Atlantic Equipment Engineers	194
	C.3.1 $BaTiO_3$, 0.5–3 µm, 99.9%	194

Inhaltsverzeichnis

- C.4 Fluka 196
  - C.4.1 $BaTiO_3$, <3 μm, 99% 196
- C.5 Inframat Advanced Materials 198
  - C.5.1 $BaTiO_3$, 100 nm, 99.95% 198
  - C.5.2 $BaTiO_3$, 200 nm, 99.95% 200
  - C.5.3 $BaTiO_3$, 300 nm, 99.95% 202
  - C.5.4 $BaTiO_3$, 400 nm, 99.95% 204
  - C.5.5 $BaTiO_3$, 500 nm, 99.95% 206
  - C.5.6 $BaTiO_3$, 700 nm, 99.95% 208
  - C.5.7 $SrTiO_3$, 100 nm, 99.95% 210
- C.6 KIT Campus Nord, IMF III, MPE/KER 212
  - C.6.1 $Ba_{0.7}Sr_{0.3}TiO_3$ 212
- C.7 Nanoamor 216
  - C.7.1 $BaFe_{12}O_{19}$, 500 nm, 99.5% 216
  - C.7.2 $BaTiO_3$, 85–128 nm, 99.6% 218
  - C.7.3 SnO_2, 61 nm, 99.5% 220
  - C.7.4 $SrTiO_3$, 69–104 nm, 99.8% 222
  - C.7.5 ZnO, 90–200 nm, 99.9% 224

D Quelltexte — 227
- D.1 Dielektrische Kugel im homogenen elektrostatischen Feld 227
- D.2 FEM Simulation 231
  - D.2.1 Steuerungsskript: serial-sim-perm.sh 231
  - D.2.2 Steuerungsskript: serial-sim-vol.sh 232
  - D.2.3 „*FlexPDE*" Template: serial-sim-perm.pde 233

E Geräteverzeichnis — 239
- E.1 Agilent 239
  - E.1.1 Impedanzanalysator HP4194A 239
  - E.1.2 Probenhalter 16451B für Impedanzanalysator HP4194A 239
  - E.1.3 Oszilloskop HP 54600B 240
- E.2 Anton Paar 240
  - E.2.1 Mikrohärte Messgerät Paar Physica MHT-10 240
- E.3 Bohlin 240
  - E.3.1 Rheometer CVO50 240
- E.4 Carbolite 241
  - E.4.1 Hochtemperaturkammerofen RHF 17/3E 241

E.5	Carl Zeiss	241
	E.5.1 Rasterelektronenmikroskop Supra 55	241
E.6	Dr. Johannes Heidenhain	241
	E.6.1 Höhenmesstaster CT 60 M	241
E.7	Eigenbaugeräte, Experimentalaufbauten	241
	E.7.1 Foliengießbank	241
E.8	Espec	242
	E.8.1 Klimakammer SH-261	242
E.9	IKA	242
	E.9.1 Dissolver Rührer Eurostar power control-visc	242
E.10	Malvern	243
	E.10.1 Rheometer Bohlin Gemini HR nano	243
E.11	Mettler Toledo	243
	E.11.1 Dynamisch-Thermische-Analyse (DTA) FP85	243
E.12	Micromeritics	244
	E.12.1 BET Oberflächenmessgerät Flow Sorb II 2300	244
E.13	Siemens	244
	E.13.1 Röntgendiffraktometer D5005	244
E.14	Thermo Finnigan / Porotec	244
	E.14.1 Helium-Pyknometer Pycnomatic ATC	244

F Firmenverzeichnis   **245**

Inhaltsverzeichnis

Abbildungsverzeichnis

1.1	Leiterplattentechnologien – von reiner Oberflächentechnologie zur Möglichkeit der vollständigen Einbettung in alle Ebenen der Leiterplatte.	2
1.2	Bedarf an integrierten Kondensatoren in Abhängigkeit der Kapazitätsdichte – gemessen am Bedarf der SMD Kondensatoren.	3
2.1	Skizze und prinzipieller Aufbau einer Leydener Flasche.	6
2.2	Schematische Darstellung der Grundtypen von Polarisationsmechanismen. Der unpolarisierte und der polarisierte Zustand sind skizziert.	9
2.3	Elektrisches Feld im Plattenkondensator bei angelegter Spannung.	12
2.4	Netzwerke mit Kondensatoren	13
2.5	(a) Serienschaltung von Widerstand und Kondensator an einer Spannungsquelle. (b) Stromverlauf sowie Spannungsverlauf am Widerstand und am Kondensator über die Zeit.	14
2.6	Spannungs-Strom-Zeigerdiagramm von einer Reihenschaltung (a) und einer Parallelschaltung (b) eines Kondensators mit einem Widerstand.	15
2.7	Ideale Perowskitstruktur.	17
2.8	Schnitt durch einen $BaTiO_3$-Kristall entlang der (100) Ebene.	18
2.9	Gitterkonstante der a-Achse und c-Achse von $BaTiO_3$ in Abhängigkeit der Temperatur.	18
2.10	Kristallstrukturen des $BaTiO_3$.	19
2.11	Permittivität in Richtung der a-Achse und c-Achse als Funktion der Temperatur. . .	20
2.12	(a) Temperaturabhängigkeit der Permittivität in hoch-reinem $BaTiO_3$ verschiedener Korngröße. (b) Permittivität und dielektrischer Verlust von $BaTiO_3$ Keramiken unterschiedlicher Korngröße als Funktion der Temperatur.	21
2.13	Prozesskette für die Herstellung keramischer Bauteile für elektronische Anwendungen.	23
2.14	Curie-Punkte von $Ba_xSr_{1-x}TiO_3$ in Abhängigkeit des Bariumanteils.	24
2.15	Strukturprinzipien bei Polymeren: lineare, verschlaufte, verzweigte und vernetzte Makromoleküle.	25
2.16	Wiederholeinheit eines thermoplastischen Polyesters und Funktionseinheit eines duroplastischen Polyesters.	26
2.17	Verschiedene Strukturformeln für Methyl-Ethyl-Keton-Peroxid.	26

Abbildungsverzeichnis

2.18	Härtung eines Reaktionsgießharzes. Das Styrol dient sowohl als aktives Lösungsmittel, als auch als Reaktionspartner und bewirkt mit Hilfe des Härters R-R die Vernetzung durch Aufbrechen der Doppelbindung und Reaktion mit den Oligomeren Ketten.	27
2.19	Verschiedene Formen zweiphasiger Gefüge.	29
2.20	Permittivitäten von Kompositen aus verschiedenen Veröffentlichungen unterteilt in die Hauptbestandteile des Füllstoffes.	32
2.21	Permittivität von PEGDA, TMPTA und TDDMA ungefüllt und als $BaTiO_3$-Komposit.	32
2.22	Dielektrische Kugel im homogenen, elektrischen Feld.	38
2.23	Prinzipieller Aufbau einer Foliengießanlage und wichtige Prozessparameter bei der Schichtherstellung sowie Abbildungen aus Patenten für Maschinen und Prozesse zum Foliengu und die Skizze eines MLCC.	39
2.24	Prinzipieller Aufbau einer Schablonendruckanlage und wichtige Parameter bei der Schichtprozessierung.	41
2.25	Auswahl an Einflussfaktoren auf den Schablonendruck.	41
2.26	Herstellung eines eingebetteten Kondensators aus einem Polymer-Keramik-Komposit mit einem Rakel und einer Maske.	42
3.1	Tiegel mit loser Pulverschüttung zum Ausheizen von Pulvern.	45
3.2	Exemplarischer Verlauf der Ofentemperatur gemessen am internen Thermoelement für unterschiedliche maximale Auslagerungstemperaturen der Pulver.	46
3.3	Unterschiedliche Silikonformen zur Herstellung von Probekörpern für die elektrische und dilatometrische Charakterisierung.	48
3.4	Noch nicht weiterverarbeitete Proben aus einer offenen und aus einer geschlossenen Probenform.	49
3.5	Zur Charakterisierung präparierte Proben aus der geschlossenen Silikonform und der Dilatometerform.	50
3.6	Typische Eindrücke im Material nach eine Mikrohärtemessung.	51
3.7	Typischer Kurvenverlauf der Temperatur, der Kapazität und der dielektrischen Verluste aufgetragen gegen die Zeit.	54
3.8	Verwendete Messschaltung und am Oszilloskop resultierendes Spg.-Zeit-Diagramm.	55
3.9	Leiterplattenentwurf für Demonstrator.	56
3.10	Verwendete Tapecasting Anlage	57
3.11	Schablonendruck mit modifizierter Tapecasting-Anlage.	57
3.12	Nachfüllen des Komposits während der Schichtgebung.	58
3.13	Demonstrator der zweiten Generation.	58
3.14	Presshalterung für die Aushärtung der Demonstratoren der dritten Generation.	59
4.1	Einfluss der Kaltstarterkonzentration auf die Farbe des auspolymerisierten Gießharzes.	62
4.2	Einfluss der Kaltstarterkonzentration auf die Dichte des ausgehärteten Gießharzes.	63

Abbildungsverzeichnis

4.3	Einfluss der Kaltstarterkonzentration auf die molare Masse des ausgehärteten Gießharzes.	63
4.4	Einfluss der Kaltstarterkonzentration auf die Mikrohärte (VICKERS) des ausgehärteten Gießharzes.	64
4.5	Einfluss der Kaltstarterkonzentration auf die thermische Stabilität des ausgehärteten Gießharzes.	64
4.6	Einfluss der Kaltstarterkonzentration auf das rheologische Verhalten des unverdünnten Gießharzes.	65
4.7	Einfluss des Kaltstarters auf die dielektrischen Eigenschaften des ausgehärteten mit 20 m% Styrol verdünnten Reaktionsgießharzes.	66
4.8	Einfluss der Verdünnung mit Styrol auf die Dichte des ausgehärteten Gießharzes.	66
4.9	Einfluss der Verdünnung mit Styrol auf die molare Masse M_W des ausgehärteten Gießharzes.	66
4.10	Einfluss der Verdünnung mit Styrol auf die thermische Stabilität des ausgehärteten Gießharzes.	67
4.11	Einfluss der Verdünnung mit Styrol auf das rheologische Verhalten des UP Gießharzes.	68
4.12	Einfluss der Verdünnung mit Styrol auf die Viskosität des unausgehärteten Gießharzes.	69
4.13	Einfluss der Verdünnung mit Styrol auf die dielektrischen Eigenschaften des ausgehärteten Gießharzes.	69
4.14	Einfluss der Temperatur auf die rheologischen Eigenschaften des mit 20 m% Styrol verdünnten und 3 m% Kaltstarter polymerisierenden Gießharzes.	70
4.15	Einfluss des Pulverfüllgrades auf die rheologischen Eigenschaften des UP_{m20} während des Polymerisationsvorganges.	71
4.16	Linearer thermischer Ausdehnungskoeffizient in Abhängigkeit des Pulverfüllgrades.	71
4.17	Thermogravimetrie des verwendeten ausgehärteten Gießharzes.	72
4.18	Dielektrische Eigenschaften des UP_{m20} in Abhängigkeit der Temperatur bei 1 kHz.	72
4.19	Dielektrische Eigenschaften des verwendeten Polymersystems in Abhängigkeit der Frequenz.	73
4.20	Dielektrische Eigenschaften von Polyester-Gießharz-Kompositsystemen mit kommerziellen nanoskaligen Füllstoffen.	75
4.21	Dielektrische Eigenschaften von Kompositsystemen mit kommerziellen $BaTiO_3$ Füllstoffen.	77
4.22	REM-Aufnahmen der *Inframat Advanced Materials* $BaTiO_3$ Pulver.	78
4.23	Partikelgrößenverteilung aus Laserbeugung.	79
4.24	Dichte und Oberfläche der originalen $BaTiO_3$-Pulver von *Inframat Advanced Materials*.	80
4.25	Viskosität von mit $BaTiO_3$ gefülltem Komposit in Abhängigkeit der Partikelgröße und des Füllgrads.	80
4.26	XRD Messung der unbehandelten $BaTiO_3$ *Inframat Advanced Materials* Pulver.	81

Abbildungsverzeichnis

4.27 Dielektrische Eigenschaften von Kompositmaterialien mit kommerziellen (*Inframat Advanced Materials*) $BaTiO_3$-Füllstoffen unterschiedlicher Partikelgrößenverteilung. . . . 81

4.28 Dielektrische Eigenschaften von Kompositen mit kommerziellen $SrTiO_3$-Füllstoffen. . 83

4.29 REM-Aufnahmen der *Nanoamor*-$BaTiO_3$-Ausheizserie bei unterschiedlichen Ausheiztemperaturen. 84

4.30 REM-Aufnahmen der *Nanoamor*-$SrTiO_3$-Ausheizserie bei unterschiedlichen Ausheiztemperaturen. 85

4.31 Dichte und relative Oberfläche in Abhängigkeit der maximalen Ausheiztemperatur. . 86

4.32 Viskosität von Kompositen mit 22 Vol% Füllgrad in Abhängigkeit der Auslagerungstemperatur des Füllstoffes. 87

4.33 XRD-Messung des ausgeheizten $BaTiO_3$-*Nanoamor*-Pulvers in Abhängigkeit der Auslagerungstemperatur. 88

4.34 XRD-Messung des ausgeheizten $SrTiO_3$-*Nanoamor*-Pulvers in Abhängigkeit der Auslagerungstemperatur. 89

4.35 Dielektrische Eigenschaften von Kompositen mit thermisch modifiziertem $BaTiO_3$- und $SrTiO_3$-Füllstoff in Abhängigkeit der Auslagerungstemperatur des Pulvers. 90

4.36 Dielektrische Eigenschaften von Kompositen mit 60 m% $BaTiO_3$ (*Nanoamor*) in Abhängigkeit der Temperatur und der Kalzinierungstemperatur des Pulvers. 91

4.37 Dielektrische Eigenschaften von Kompositen mit 60 m% $BaTiO_3$ (*Nanoamor*) bei Raumtemperatur in Abhängigkeit der Frequenz und der Kalzinierungstemperatur des Pulvers. 92

4.38 Dielektrische Eigenschaften von Kompositen mit 60 m% $BaTiO_3$ (*Nanoamor*) in Abhängigkeit der Temperatur und der Frequenz bei einer Kalzinierungstemperatur des Füllstoffes von 1000°C. 93

4.39 Dielektrische Eigenschaften von Kompositen mit 55 m% $SrTiO_3$ (*Nanoamor*) in Abhängigkeit der Temperatur und der Kalzinierungstemperatur des Pulvers. 93

4.40 Dielektrische Eigenschaften von Kompositen mit 55 m% $SrTiO_3$ (*Nanoamor*) bei Raumtemperatur in Abhängigkeit der Frequenz und der Kalzinierungstemperatur des Pulvers. 94

4.41 Dielektrische Eigenschaften von Kompositen mit 55 m% $SrTiO_3$ (*Nanoamor*) in Abhängigkeit der Temperatur und der Frequenz bei einer Kalzinierungstemperatur des Füllstoffes von 1000°C. 95

4.42 Temperatur des maximalen Verlustwinkels und Glasübergangstemperatur (aus DTA-Messung) in Abhängigkeit der Kalzinierungstemperatur des Füllstoffes. 95

4.43 REM-Aufnahmen der *Inframat-Advanced-Materials*-$BaTiO_3$-Pulver (1000°C). 96

4.44 REM-Aufnahmen des $BaTiO_3$ von *Alfa Aesar* für unterschiedliche Auslagerungstemperaturen (50°C und 1000°C) der Pulver. 97

4.45 XRD-Messungen (Ausschnitt: (002) und (200) Peak) der originalen und bei 1000°C ausgeheizten *Inframat-Advanced-Materials*-$BaTiO_3$-Pulver. 97

Abbildungsverzeichnis

4.46 Einfluss des Kalzinierens von Pulvern unterschiedlicher Partikelgröße auf die Permittivität von Kompositmaterialien bei 60 m% Füllgrad. 98

4.47 Dielektrische Eigenschaften von Kompositen mit *Inframat-Advanced-Materials*-$BaTiO_3$ (300 nm) als Füllstoff (kalziniert bei 1000°C und original) in Abhängigkeit des Pulverfüllgrades. 98

4.48 Einfluss des ausheizens von mikroskaligem $BaTiO_3$ Pulver (*Alfa Aesar*) auf die Permittivität und den dielektrischen Verlust. 98

4.49 Viskosität der multimodalen Komposite ohne Härter bei 60°C in Abhängigkeit der Scherrate bei unterschiedlichen Füllgraden. 99

4.50 Viskosität und Schubspannung eines multimodalen Komposits ohne Härter mit einem Füllgrad von 72 m% in Abhängigkeit der Scherrate bei 20°C, 40°C und 60°C. 99

4.51 Permittivität und dielektrischer Verlust von mit multimodalem $BaTiO_3$ gefüllten Kompositen bei 1 kHz und verschiedenen Füllgraden. 100

4.52 Permittivität und dielektrischer Verlust in Abhängigkeit der Temperatur von Kompositen mit multimodalem $BaTiO_3$-Füllstoff für verschiedene Füllgraden. 100

4.53 Permittivität und dielektrischer Verlust in Abhängigkeit der Temperatur und der Frequenz von einem Komposit mit multimodalem $BaTiO_3$-Füllstoff bei einem Füllgrad von 78 m%. 101

4.54 REM-Aufnahmen der Kalzinierungsreihe des Prekursors (links) in statischer Atmosphäre bei unterschiedlichen maximalen Kalzinierungstemperaturen. 103

4.55 Testkalzinierung des $Ba_{0.7}Sr_{0.3}TiO_3$-Prekursors bei unterschiedlichen Temperaturen in statischer Ofenatmosphäre. 103

4.56 XRD-Messung des bei 900°C unter Luftdurchfluss kalzinierten BST. 103

4.57 Permittivität und dielektrischer Verlust in Abhängigkeit des Füllgrades von $Ba_{0.7}Sr_{0.3}TiO_3$ gefülltem Komposit. 105

4.58 Permittivität und dielektrischer Verlust in Abhängigkeit der Temperatur von $Ba_{0.7}Sr_{0.3}TiO_3$ gefülltem Komposit (60 m%). 105

4.59 Permittivität und dielektrischer Verlust in Abhängigkeit der Frequenz von $Ba_{0.7}Sr_{0.3}TiO_3$ gefülltem Komposit. 105

4.60 Feldlinienverlauf von $\vec{E}$ bei unterschiedlichen Verhältnissen der Matrix- und Füllstoff-Permittivitäten. 106

4.61 Simulation des Feldlinienverlaufs mit „*FlexPDE*" in der Ebene für unterschiedliche Geometrien identischer Fläche bei einem $\varepsilon_{ra}:\varepsilon_{ri}$ Verhältnis von 1:100. 106

4.62 Simulation der Kompositpermittivität in Abhängigkeit der Füllstoffpermittivität bei konstanter Matrixpermittivität und konstantem Volumenfüllgrad. 107

4.63 Simulation der Kompositpermittivität in Abhängigkeit des Volumenfüllgrades bei konstanter Matrix- und Füllstoffpermittivität. 107

Abbildungsverzeichnis

4.64	Genereller Kurvenverlauf der Literaturmodelle zur Berechnung der Permittivität von Kompositen.	115
4.65	Genereller Kurvenverlauf der Kondensatormodelle zur Berechnung der Permittivität von Kompositen.	116
4.66	Permittivität des Füllstoffes in Abhängigkeit von der Ausheiztemperatur des Füllstoffes berechnet mit ausgewählten Modellen.	126
4.67	Typisches Linienprofil einer rechteckigen Teststruktur und Flächenprofil einer quadratischen Teststruktur, hergestellt aus 70 m% $BaTiO_3$ gefülltem UP_{m20} auf PMMA als Testsubstrat.	127
4.68	Schliffbilder von eingebetteten Kondensatoren der ersten Generation (D0-KA).	128
4.69	Substrat und Kompositschicht eines eingebetteten Kondensators.	129
4.70	Mikroskop- und REM- Untersuchungen der dielektrischen Schicht und Kupferleiterbahn von D1-KA im Schliffbild und in der Draufsicht.	130
4.71	Kapazität und dielektrischer Verlust in Abhängigkeit der Temperatur bei 1 kHz des Kondensators D1-KA.	131
4.72	Dielektrische Eigenschaften in Abhängigkeit der Frequenz und der Temperatur des Kondensators D1-KA.	132
4.73	Kapazität und dielektrischer Verlust unter thermozyklischer Beanspruchung (-60°C–80°C, 11 Zyklen) bei 1 kHz sowie Änderung der Kapazität und des dielektrischen Verlustes bei 70°C in Abhängigkeit der Zykluszahl von Kondensator D1-KB. Ausfall des Kondensators D1-KB bei thermischer Überbeanspruchung.	133
4.74	Mikroskop- und REM- Untersuchungen der dielektrischen Schicht von D2-KA und D3-KC im Schliffbild. Es wurden alle Schliffe in Querrichtung zur Leiterbahn in der Mitte der Elektrode angefertigt.	135
4.75	Bruchebene der Schicht eines Kondensators der dritten Generation (D2-KA).	136
4.76	Kapazität und dielektrischer Verlust unter thermozyklischer Beanspruchung (-60°C–80°C, 32 Zyklen) bei 1 kHz sowie Änderung der Kapazität und des dielektrischen Verlustes bei 70°C in Abhängigkeit der Zykluszahl von Kondensator D3-KB.	137
5.1	Vergleich der in dieser Arbeit erreichten Permittivitäten mit ausgewählten Werten aus der Literatur.	141
C.1	REM 100k *Aldrich* $BaTiO_3$	183
C.2	REM 500k *Aldrich* $BaTiO_3$	183
C.3	Partikelgrößenverteilung, *Aldrich* $BaTiO_3$	183
C.4	Röntgenbeugung, *Aldrich* $BaTiO_3$	183
C.5	REM 100k *Aldrich* $BaTiO_3$	185
C.6	REM 500k *Aldrich* $BaTiO_3$	185
C.7	Partikelgrößenverteilung, *Aldrich* $BaTiO_3$	185

Abbildungsverzeichnis

C.8	Röntgenbeugung, *Aldrich* BaTiO$_3$	185
C.9	REM 100k *Aldrich* SrTiO$_3$	187
C.10	REM 500k *Aldrich* SrTiO$_3$	187
C.11	Partikelgrößenverteilung, *Aldrich* SrTiO$_3$	187
C.12	Röntgenbeugung, *Aldrich* SrTiO$_3$	187
C.13	REM 100k *Aldrich* TiO$_2$	189
C.14	REM 500k *Aldrich* TiO$_2$	189
C.15	REM 50k *Aldrich* TiO$_2$	189
C.16	REM 1000k *Aldrich* TiO$_2$	189
C.17	Partikelgrößenverteilung, *Aldrich* TiO$_2$	189
C.18	Röntgenbeugung, *Aldrich* TiO$_2$	189
C.19	REM 100k *Alfa Aesar* BaTiO$_3$	191
C.20	REM 500k *Alfa Aesar* BaTiO$_3$	191
C.21	REM 20k *Alfa Aesar* BaTiO$_3$	191
C.22	Partikelgrößenverteilung, *Alfa Aesar* BaTiO$_3$	191
C.23	Röntgenbeugung, *Alfa Aesar* BaTiO$_3$	191
C.24	REM 100k *Alfa Aesar* BaTiO$_3$	193
C.25	REM 500k *Alfa Aesar* BaTiO$_3$	193
C.26	Partikelgrößenverteilung, *Alfa Aesar* BaTiO$_3$	193
C.27	Röntgenbeugung, *Alfa Aesar* BaTiO$_3$	193
C.28	REM 100k *Atlantic Equipment Engineers* BaTiO$_3$	195
C.29	REM 500k *Atlantic Equipment Engineers* BaTiO$_3$	195
C.30	Partikelgrößenverteilung, *Atlantic Equipment Engineers* BaTiO$_3$	195
C.31	Röntgenbeugung, *Atlantic Equipment Engineers* BaTiO$_3$	195
C.32	REM 100k *Fluka* BaTiO$_3$	197
C.33	REM 500k *Fluka* BaTiO$_3$	197
C.34	Partikelgrößenverteilung, *Fluka* BaTiO$_3$	197
C.35	Röntgenbeugung, *Fluka* BaTiO$_3$	197
C.36	REM 100k *Inframat Advanced Materials* BaTiO$_3$	199
C.37	REM 500k *Inframat Advanced Materials* BaTiO$_3$	199
C.38	REM 1k *Inframat Advanced Materials* BaTiO$_3$	199
C.39	Partikelgrößenverteilung, *Inframat Advanced Materials* 100 nm	199
C.40	Röntgenbeugung, *Inframat Advanced Materials* 100 nm	199
C.41	REM 100k *Inframat Advanced Materials* BaTiO$_3$	201
C.42	REM 500k *Inframat Advanced Materials* BaTiO$_3$	201
C.43	Partikelgrößenverteilung, *Inframat Advanced Materials* 200 nm	201
C.44	Röntgenbeugung, *Inframat Advanced Materials* 200 nm	201
C.45	REM 100k *Inframat Advanced Materials* BaTiO$_3$	203

Abbildungsverzeichnis

C.46	REM 500k *Inframat Advanced Materials* BaTiO$_3$	203
C.47	Partikelgrößenverteilung, *Inframat Advanced Materials* 300 nm	203
C.48	Röntgenbeugung, *Inframat Advanced Materials* 300 nm	203
C.49	REM 100k *Inframat Advanced Materials* BaTiO$_3$	205
C.50	REM 500k *Inframat Advanced Materials* BaTiO$_3$	205
C.51	REM 10k *Inframat Advanced Materials* BaTiO$_3$	205
C.52	Partikelgrößenverteilung, *Inframat Advanced Materials* 400 nm	205
C.53	Röntgenbeugung, *Inframat Advanced Materials* 400 nm	205
C.54	REM 100k *Inframat Advanced Materials* BaTiO$_3$	207
C.55	REM 500k *Inframat Advanced Materials* BaTiO$_3$	207
C.56	Partikelgrößenverteilung, *Inframat Advanced Materials* 500 nm	207
C.57	Röntgenbeugung, *Inframat Advanced Materials* 500 nm	207
C.58	REM 100k *Inframat Advanced Materials* BaTiO$_3$	209
C.59	REM 500k *Inframat Advanced Materials* BaTiO$_3$	209
C.60	REM 1k *Inframat Advanced Materials* BaTiO$_3$	209
C.61	Partikelgrößenverteilung, *Inframat Advanced Materials* 700 nm	209
C.62	Röntgenbeugung, *Inframat Advanced Materials* 700 nm	209
C.63	REM 100k *Inframat Advanced Materials* SrTiO$_3$	211
C.64	REM 500k *Inframat Advanced Materials* SrTiO$_3$	211
C.65	REM 1500k *Inframat Advanced Materials* SrTiO$_3$	211
C.66	Partikelgrößenverteilung, *Inframat Advanced Materials* SrTiO$_3$	211
C.67	Röntgenbeugung, *Inframat Advanced Materials* SrTiO$_3$	211
C.68	REM 100k *KIT* Ba$_{0.7}$Sr$_{0.3}$TiO$_3$, Prekursor	213
C.69	REM 500k *KIT* Ba$_{0.7}$Sr$_{0.3}$TiO$_3$, Prekursor	213
C.70	REM 20k *KIT* Ba$_{0.7}$Sr$_{0.3}$TiO$_3$, Prekursor	213
C.71	REM 1k *KIT* Ba$_{0.7}$Sr$_{0.3}$TiO$_3$, Prekursor	213
C.72	REM 100k *KIT* Ba$_{0.7}$Sr$_{0.3}$TiO$_3$, kalziniert 900°C	213
C.73	REM 500k *KIT* Ba$_{0.7}$Sr$_{0.3}$TiO$_3$, kalziniert 900°C	213
C.74	REM 20k *KIT* Ba$_{0.7}$Sr$_{0.3}$TiO$_3$, kalziniert 900°C	214
C.75	REM 100k *KIT* Ba$_{0.7}$Sr$_{0.3}$TiO$_3$, kalziniert 1100°C	214
C.76	REM 500k *KIT* Ba$_{0.7}$Sr$_{0.3}$TiO$_3$, kalziniert 1100°C	214
C.77	REM 20k *KIT* Ba$_{0.7}$Sr$_{0.3}$TiO$_3$, kalziniert 1100°C	214
C.78	Partikelgrößenverteilung, *KIT* Ba$_{0.7}$Sr$_{0.3}$TiO$_3$	215
C.79	Röntgenbeugung, *KIT* Ba$_{0.7}$Sr$_{0.3}$TiO$_3$	215
C.80	REM 100k *Nanoamor* BaFe$_{12}$O$_{19}$	217
C.81	REM 500k *Nanoamor* BaFe$_{12}$O$_{19}$	217
C.82	REM 1k *Nanoamor* BaFe$_{12}$O$_{19}$	217
C.83	Partikelgrößenverteilung, *Nanoamor* BaFe$_{12}$O$_{19}$	217

Abbildungsverzeichnis

C.84	Röntgenbeugung, *Nanoamor* $BaFe_{12}O_{10}$	217
C.85	REM 100k *Nanoamor* $BaTiO_3$	219
C.86	REM 500k *Nanoamor* $BaTiO_3$	219
C.87	REM 1k *Nanoamor* $BaTiO_3$	219
C.88	REM 1500k *Nanoamor* $BaTiO_3$	219
C.89	Partikelgrößenverteilung, *Nanoamor* $BaTiO_3$	219
C.90	Röntgenbeugung, *Nanoamor* $BaTiO_3$	219
C.91	REM 100k *Nanoamor* SnO_2	221
C.92	REM 500k *Nanoamor* SnO_2	221
C.93	Partikelgrößenverteilung, *Nanoamor* SnO_2	221
C.94	Röntgenbeugung, *Nanoamor* SnO_2	221
C.95	REM 100k *Nanoamor* $SrTiO_3$	223
C.96	REM 500k *Nanoamor* $SrTiO_3$	223
C.97	REM 10k *Nanoamor* $SrTiO_3$	223
C.98	Partikelgrößenverteilung, *Nanoamor* $SrTiO_3$	223
C.99	Röntgenbeugung, *Nanoamor* $SrTiO_3$	223
C.100	REM 100k *Nanoamor* ZnO	225
C.101	REM 500k *Nanoamor* ZnO	225
C.102	REM 1k *Nanoamor* ZnO	225
C.103	Partikelgrößenverteilung, *Nanoamor* ZnO	225
C.104	Röntgenbeugung, *Nanoamor* ZnO	225
E.1	Aufbau der Probenhalterung.	239
E.2	Ungarded Elektrode.	240
E.3	Elektrode C.	240
E.4	Tapecastinganlage für den Labormaßstab.	241
E.5	Blick entlang der Substratfläche.	241
E.6	Schlickerbehälter.	242
E.7	Leiterplattensubstrat.	242
E.8	*IKA* **Eurostar power control-visc** Versuchsaufbau.	242
E.9	Verwendeter Rüher mit einem Kopfdurchmesser von 25 mm.	242
E.10	*Malvern* **Bohlin Gemini HR nano**.	243
E.11	Kegel mit 40 mm Durchmesser und einem Winkel von 4°.	243
E.12	*Mettler Toledo* **FP85** mit central processor **FP90** und Probenvorbereitung.	243

xxv

Abbildungsverzeichnis

Tabellenverzeichnis

1.1	Kommerzielle Polymer-Keramik-Komposite zur Verwendung als eingebettete Kondensatoren in Leiterplatten.	4
2.1	Toleranzfaktor t_G für verschiedene A^{2+} und B^{4+} Ionenpaarungen.	17
2.2	Verschiedene kritische Kristallitgrößen für die c $\rightleftarrows$ t.	19
2.3	Verwendete Füllstoffe und Matrixmaterialien von Kompositmaterialien für eingebettete Kondensatoren.	31
3.1	Verdünnung des UP Gießharzes mit Styrol – absoluter Styrolgehalt.	44
3.2	Zusammensetzung des modifizierten UP Gießharzes UP_{m20}.	44
3.3	Sol-Gel-Ansatz Materialeinwaage zur Herstellung von $Ba_{0.7}Sr_{0.3}TiO_3$	47
3.4	Detaillierte Vorgehensweise bei der Herstellung von Polymer-Keramik-Kompositen auf Reaktionsgießharzbasis.	48
3.5	Temperaturprogramm für Messungen bei konstanter Frequenz	54
4.1	Linearer therm. Ausdehnungskoeffizient verschiedener Materialien.	71
4.2	Materialeigenschaften des verwendeten Polymersystems.	74
4.3	Übersicht der untersuchten nanoskaligen anorganischen Füllstoffe. Reinheit und APS sind die Angaben der Hersteller.	76
4.4	Übersicht der untersuchten kommerziellen $BaTiO_3$. Reinheit und APS laut Hersteller.	78
4.5	Partikelgrößen der $BaTiO_3$-Pulver von Inframat Advanced Materials.	80
4.6	Übersicht der untersuchten kommerziellen $SrTiO_3$. Reinheit und APS laut Hersteller.	82
4.7	Dichte, Oberfläche und Partikelgröße der thermisch ausgelagerten $BaTiO_3$-Nanopulver	86
4.8	Dichte, Oberfläche und Partikelgröße der thermisch ausgelagerten $SrTiO_3$-Nanopulver	86
4.9	Gitterkonst. und Röntgendichte von therm. ausgelagertem $SrTiO_3$.	89
4.10	Gitterkonst. und Röntgendichte von therm. ausgelagertem $BaTiO_3$.	90
4.11	Ausbeuten der $Ba_{0.7}Sr_{0.3}TiO_3$-Ansätze	102
4.12	Übersicht über die Ersatzschaltbilder der Kondensatormodelle.	109
4.13	Ergebnisse der Ausgleichsrechnung aller Modelle mit realen Messdaten.	117
4.14	Ergebnisse der Ausgleichsrechnung ausgewählter Modelle mit realen Messdaten.	123
B.1	Dielektrische Eigenschaften von Polymer-Kompositen und Grundkomponenten.	172

Tabellenverzeichnis

C.1　Zusammenfassung der verwendeten Pulver und deren Charakterisierung　．．．．．．．．　178

Symbol-, Einheiten-, Abkürzungsverzeichnis und Nomenklatur

1 Symbolverzeichnis

Abk.	Beschreibung
A	Fläche (engl.: Area)
A_{bet}	Spezifische Oberfläche aus BET-Messung
a	Flächenanteil ($\frac{A1}{A1+A2}$)
α	Seitliches Verfließen des Foliengießschlickers
$\vec{B}$	Magnetische Flussdichte
β	Masseverlust durch Verdampfen von Lösungsmitteln aus dem Foliengießschlicker
C	Kapazität
C_g	Gesamtkapazität eines Netzwerks
$d_{sph.}$	Durchmesser berechnet nach sphärischem Modell
$\vec{D}$	Dielektrische Verschiebung
δ	Verlustwinkel (entspricht 90°-Phasenwinkel φ)
δ_{tp}	Dicke einer foliengegossenen Schicht
$\delta\vec{x}$	WegInkrement
ΔT	Temperaturdifferenz
$\tan\delta$	Dielektrischer Verlust, elektrischer Verlustfaktor
e	Elementarladung
e	Eulersche Zahl
$\vec{e}$	Einheitsvektor
$\vec{e}_x, \vec{e}_y, \vec{e}_z$	Einheitsvektor in x-, y- und z-Richtung
$\vec{E}$	Elektrisches Feld
ε_0	Permittivität des Vakuums (auch elektrische Feldkonstante) wird hergeleitet aus den MAXWELLSCHEN Gleichungen und den Naturkonstanten c_0 und μ_0 aus $\varepsilon_0 \mu_0 c_0^2 = 1$.
ε_r	Relative Permittivität

Symbol-, Einheiten-, Abkürzungsverzeichnis und Nomenklatur

Abk.	Beschreibung
ε_{ra}	Relative Permittivität außen
ε_{ra}	Relative Permittivität in Richtung der a-Achse
ε_{rc}	Relative Permittivität in Richtung der c-Achse
ε_{reff}	Effektive relative Permittivität
ε_{reff}^{x}	Effektive relative Permittivität des Modells „x"
ε_{rf}	Relative Permittivität des Füllstoffes
ε_{ri}	Relative Permittivität innen
ε_{rm}	Relative Permittivität des Matrixmaterials
ε_{rmin}	Minimale relative Permittivität
ε_{rmax}	Maximale relative Permittivität
h_0	Spalthöhe zwischen Substrat und Gießschuhkante
$\vec{H}$	Magnetische Erregung
i	Zeitlich veränderlicher Strom
i	Enumerator von n Elementen im Index (e.g. $C_g = \sum C_i$)
I	Elektrischer Strom
$\vec{j}$	Elektrische Stromdichte
k	Konstante (mit kontextbezogener Bedeutung)
L	Länge der Gießschuhkante beim Foliengießen
M_i	Relative Molmasse einer engen (differenziell kleinen) Molekülfraktion.
M_W	Gewichtsmittlere Polymer-Molmasse
n	Unbekannte aber beschränkte und abzählbare Anzahl von Elementen
n	Konzentration
n_i	Anzahl der Moleküle in einer Molekülfraktion i
η	Viskosität
ω	Kreisfrequenz $\omega = 2\pi f$
$\vec{p}$	Elektrisches Dipolmoment
P	Elektrische Leistung
P_V	Elektrische Verlustleistung
$\vec{P}$	Polarisation
ΔP	Hydrostatischer Druck
φ	Phasenwinkel
φ	Elektrisches Potential
q	Elektrische Ladung
Q	(Gesamt-)Ladung
Q	Blindleistung
r	Radius
R	Elektrischer Widerstand

1 Symbolverzeichnis

Abk.	Beschreibung
R_A, R_B, R_O	Ionenradien
ρ	Elektrische Raumladungsdichte
ρ	Materialdichte
ρ_{he}	Dichte aus He-Pyknometrie
ρ_{tp}	Dichte einer foliengegossenen Schicht nach dem Aushärten
ρ_{xrd}	Röntgendichte
$\vec{\sigma}$	Mechanischer Druck
t	Zeit (engl.: time)
t_0	Anfangszeitpunkt
t_1	Zeitpunkt nach t_0
t_G	Toleranzfaktor nach GOLDSCHMIDT
T	Temperatur
T_G	Glasübergangstemperatur
θ	Winkel (Kugelkoordinaten)
u	Zeitlich veränderliche elektrische Spannung
u_C	Zeitlich veränderliche elektrische Spannung über einem Kondensator
u_R	Zeitlich veränderliche elektrische Spannung über einem Widerstand
U	Elektrische Spannung
U_0	Elektrische Spannung zum Zeitpunkt t_0
U_q	Elektrische Spannung an der Spannungsquelle
V	Volumen
v	Volumenanteil ($\frac{V_1}{V_1+V_2}$)
v	Geschwindigkeit
v_f	Füllstoffvolumenanteil
v_m	Matrixvolumenanteil
W	Elektrische Energie
χ	Elektrische Suszeptibilität
Z	Kernladungszahl

Symbol-, Einheiten-, Abkürzungsverzeichnis und Nomenklatur

2 Einheitenverzeichnis

Einheit	SI-Einheit	Beschreibung
A	A	Ampere [1, S.688]
bar	$10^5 \frac{kg}{m\,s^2}$	Bar [1, S.682]
°C	K	Grad Celsius
		($T_C = T_K$-273.15) [1, S.688]
D	ca. $1.661 \cdot 10^{-27}$ kg	Dalton
F	$\frac{A\,s}{V} = \frac{A^2 s^4}{kg\,m^2}$	Farad [1, S.684]
g	10^{-3} kg	Gramm [1, S.686]
HV		Härte VICKERS
Hz	$\frac{1}{s}$	Hertz [1, S.683]
K	K	Kelvin
		($T_K = T_C$+273.15) [1, S.688]
l	10^{-3} m^3	Liter[1, S.689]
m	m	Meter [1, S.685]
m%		Masseprozent
min	60 s	Minute [1, S.691]
mol	mol	Mol
		(AVOGADRO-Zahl N_A ca. $6.022 \cdot 10^{23}$) [1, S.714]
Pa	$\frac{kg}{m\,s^2}$	Pascal [1, S.682]
p	ca. $9.81 \cdot 10^{-3} \frac{kg\,m}{s^2}$	Pond [1, S.684]
s	s	Sekunde [1, S.691]
S	$\frac{A^2 s^3}{kg\,m^2}$	Siemens [1, S.686]
U	$\frac{1}{s}$	Drehzahl
V	$\frac{kg\,m^2}{A\,s^3}$	Volt [1, S.687]
Vol%		Volumenprozent

3 Abkürzungsverzeichnis

Abk.	Beschreibung
Abb.	Abbildung
Anh.	Anhang
APS	Durchschnittliche Partikelgröße, durchschnittliche Korngröße (engl.: Average Particle Size)
BET	Brunauer-Emmet-Teller
BST	$Ba_xSr_{1-x}TiO_3$, Barium-Strontium-Titanat
BTOT	Barium-Titanyl-Oxalat-Tetrahydrat
CBA	(engl.: copper benzoyl acetonate)
CVD	Chemische Gasphasenabscheidung (engl.: Chemical Vapor Deposition)
DOI®	Digitale Objektidentifizierung (engl.: Digital Object Identifier) s. http://doi.org/
DTA	Differentielle Thermoanalyse
FEM	Finite-Elemente-Methode
Gl.	Gleichung
GPC	Gel-Permeations-Chromatographie (engl.: Size-Exclusion-Chromatography)
k.A.	keine Angabe(n)
Kap.	Kapitel
KIT	Karlsruher Institut für Technologie – Universität des Landes Baden-Würtemberg und nationales Forschungszentrum in der Helmholtz-Gemeinschaft
LDPE	Polyethylen mit niedriger Dichte (engl.: Low Density Polyethylen)
MEKP	Metyl-Ethylen-Keton-Peroxid
MLCC	keramischer Vielschichtkondensator (engl.: Multi Layer Ceramic Capacitor)
MMA	Methacrylsäuremethylester
NMP	N-Methyl-2-Pyrrolidon
PAN	Poly(Acrylnitril)
PDF	(engl.: Powder Diffraction File)
PDF	(engl.: Portable Document Format)
PEEK	Polyetheretherketon
PEGDA	(engl.: poly- (ethylene glycol) diacrylate)
PET	Polyethylenterephthalat
PFCB	(engl.: poly 1,1,1-triphenyl ethane perfluorocyclobutyl ether)
PGMEA	(engl.: propylene glycol methyl ether acetate)

Symbol-, Einheiten-, Abkürzungsverzeichnis und Nomenklatur

Abk.	Beschreibung
PMMA	Polymethylmethacrylat
PMN	Blei-Magnesium-Niobat
PMN-PT	Blei-Mangesium-Niobat – Blei-Titanat
PNB	(engl.: polynorbornene)
PP	Polypropylen
PSD	Partikelgrößenverteilung (engl.: Particle Size Distribution)
PVDF	Polyvinylidendifluorid
P(VDF-TrFE)	(engl.: poly(vinylidene fluoride-trifluorethylene))
PZT	Blei-Zirkonat-Titanat (engl.: Plumbum Zirconate Titanate)
REM	Rasterelektronenmikroskop(ie) (engl.: SEM, scanning electron microscopie)
RT	Raumtemperatur
SI	Internationales Einheitensystem (franz.: Système international d'unités)
SMD	oberflächenmontierbares Bauelement (engl.: Surface Mounted Device)
Tab.	Tabelle
TBPB	*tert*-butyl Peroxybenzoat
TDDMA	(engl.: 1,14-tetradecanediol dimethacrylate)
TEM	Transmissionselektronenmikroskop(ie) (engl.: Transmission Electron Microscope)
TG	Thermogravimetrie
THF	Tetrahydrofuran
TMPTA	(engl.: trimethylolpropane triacrylate)
UP	ungesättigtes Polyester (engl.: unsaturated polyester)
XRD	Röntgenbeugung (engl.: X-Ray diffraction)

4 Nomenklatur

HP 54600B:	Namen und Bezeichnungen von Messgeräten, Apperaturen und Laboraufbauten.
„INT 54":	Namen und Bezeichnungen von kommerziellen Materialien.
„bash":	Name und Bezeichnung von Software und Lizenzen.
MEGAW:	Namen von Personen.
Carl Roth GmbH:	Namen von Firmen (Adressen und Referenzen sind im Anhang F aufgelistet).
http://www.kit.edu/:	Weblink zu Inhalten im Internet.
10.1007/BF01481913:	DOI zum Nachschlagen auf http://dx.doi.org/.
0-412-29490-7:	ISBN / URN zum Nachschlagen bei der deutschen Nationalbibliothek (im Internet unter http://d-nb.info/).
Abb. 2.2:	Referenz zu einer Abbildung innerhalb des Dokuments.
Anh. B:	Referenz zu einem Kapitel im Anhang.
(Abb. nach [1]):	Abb. nach bedeutet, dass die Abbildung grafisch bearbeitet wurde. Dies beinhaltet neben der Überführung in eine Vektorgrafik auch die Übersetzung und Anpassung von Beschriftungen. Dabei wurde insbesondere darauf geachtet, die Aussage der Originalabbildung nicht zu verfälschen.
Gl. 2.52:	Referenz zu einer Gleichung innerhalb des Dokuments.
Kap. 3.6.7:	Referenz zu einem anderen Kapitel.
Tab. 2.3:	Referenz zu einer Tabelle innerhalb des Dokuments.
[1, S.688]:	Referenz zu einer Literaturstelle im Literaturverzeichnis. Bei Büchern sind die jeweils relevanten Seiten explizit angegeben.

Verweise auf externe Web-Seiten

Diese Arbeit enthält Verweise (Links) zu Informationsangeboten auf Web-Servern, die nicht der Kontrolle oder der Verantwortlichkeit des Autors unterliegen. Der Autor übernimmt keine Verantwortung und keine Garantie für die auf den verlinkten Seiten vorgefundenen Informationen. Die verlinkten Web-Seiten wurden vor der Veröffentlichung dieser Arbeit sorgfältig durch den Autor geprüft. Zu diesem Zeitpunkt war auf den verlinkten Seiten kein offensichtlicher Rechtsverstoß feststellbar.

Symbol-, Einheiten-, Abkürzungsverzeichnis und Nomenklatur

1 Einleitung und Motivation

Die drei klassischen passiven elektrischen Bauelemente sind Widerstände, Kondensatoren und Spulen. Diese können in Schaltungen als diskrete, integrierte oder eingebettete passive Bauelemente sowie als passive Netzwerke, passive Matrizen oder On-Chip in elektrischen Schaltungen Funktionen übernehmen.

Das derzeit kleinste verfügbare Gehäuse für Kondensatoren hat eine Grundfläche von 0.5×0.25 mm^2 als oberflächenmontiertes Bauteil. Um den Oberflächenbedarf von passiven Bauelemente zu reduzieren, ist eine Integration in die Ebenen der Leiterplatte sinnvoll. Hierfür werden neue Materialien benötigt, die in der Lage sind, Kapazitätsdichten von $0.1 \frac{nF}{mm^2}$ oder mehr zu liefern, um diese Technologie wirtschaftlich einsetzen zu können.

Mit der Bezeichnung „passive Bauelemente" werden im Allgemeinen Widerstände, Kondensatoren und Spulen bezeichnet. Es können des Weiteren sämtliche nicht schaltenden analogen Bauteile wie Thermistoren, Varistoren, Temperatursensoren, Transformatoren u.a. hierunter gefasst werden [2]. Im Rahmen dieser Arbeit soll der Begriff passive Bauelemente die drei Klassischen (Widerstand, Kondensator, Spule) bezeichnen.

Nach DOUGHERTY gibt es sechs verschiedene Ebenen der Integration passiver Bauelemente [2].

Diskrete passive Bauelemente

sind einzeln in einem eigenen Gehäuse mit gewöhnlich zwei elektrischen Anschlüssen montiert. Aktuell wird der größte Teil der passiven Bauelemente auf diese Art montiert.

Integrierte passive Bauelemente

sind mehrere passive Bauelemente auf einem Substrat und in einem Gehäuse. Sie können, als Untergruppe der eingebetteten passiven Bauelemente, in die Leiterplattenebenen integriert oder auf der Oberfläche montiert werden, wo sie dann passive Matrizen oder Netzwerke genannt werden (s.u.).

Eingebettete passive Bauelemente

werden in die Ebenen der Leiterplatte eingebaut statt auf deren Oberfläche montiert. Sie können sowohl als eingebettete diskrete Bauelemente, als auch als verteilte planare Strukturen auftreten (Abb. 1.1).

1 Einleitung und Motivation

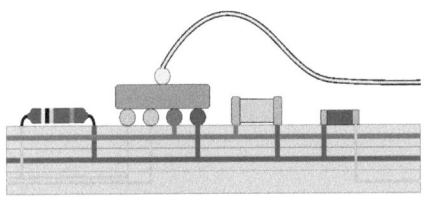
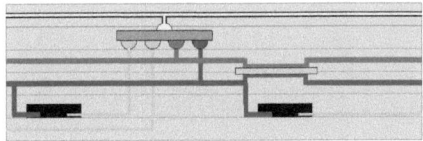

(a) Diskrete Bauelemente   (b) Eingebettete Bauelemente

Abb. 1.1: Leiterplattentechnologien – von reiner Oberflächentechnologie zur Möglichkeit der vollständigen Einbettung in alle Ebenen der Leiterplatte.

Passive Matrizen
Mehrere passive Bauelemente ähnlicher Funktion teilen sich ein Substrat und Gehäuse. Die Zahl der elektrischen Anschlüsse ist hier meist doppelt so groß wie die Anzahl der passiven Elemente in der Matrix. Dies ist die niedrigste Ebene passiver Integration.

Passive Netzwerke
Mehrere passive Bauelemente mit mehr als einer Funktion teilen sich ein Substrat und Gehäuse. Zwischen den einzelnen passiven Bauelementen gibt es Verbindungen, die einfache Funktionen bilden, wie Abschlusswiderstände oder Filter. Dieser Ansatz reduziert im Allgemeinen die Anzahl der Verbindungen von der Leiterplatte zu den passiven Bauelementen, da einige Verbindungen schon innerhalb des Netzwerks geschlossen werden.

On-Chip passive Bauelemente
werden zusammen mit aktiven Bauelementen direkt auf dem Siliziumsubstrat gebildet.

Die meisten passiven Bauelemente werden heute als oberflächenmontierte Bauteile (SMD) in rechteckigen Gehäusen mit einer Lötstelle an jedem Ende hergestellt. Typische Bezeichnungen der Gehäusegrößen sind hier 0603 (60 mils[1] × 30 mils, 1.5 mm × 0.75 mm), 0402 (1.0 mm × 0.5 mm) und 0201 (0.50 mm × 0.25 mm). Das 0201 ist dabei das kleinste derzeit verfügbare Gehäuse für diskrete passive Bauelemente. Die Handhabung, Montage und Inspektion derart kleiner Bauteile ist bei der Leiterplattenproduktion eine Herausforderung. Mit durchschnittlichen Kosten von 1.8 US Cent inklusive Montage haben passive Bauelemente ein Marktvolumen von 18 Milliarden US Dollar (2003) [3, S.2].

Während die Miniaturisierung von Transistoren und Kondensatoren für digitale Anwendungen auf Silizium in den letzten Jahrzehnten riesige Fortschritte gemacht hat[2], ist der Fortschritt in der Miniaturisierung der passiven Bauteile auf Leiterplattenebene nur minimal [3, S.2]. Insbesondere der

---
[1] 1 mil = $\frac{1}{1000}$ inch = 0.0254 mm
[2] Bereits 1965 sagte MOORE eine Verdopplung der integrierten Bauteile in einem integrierten Schaltkreis bei minimalen Kosten pro Jahr voraus [4].

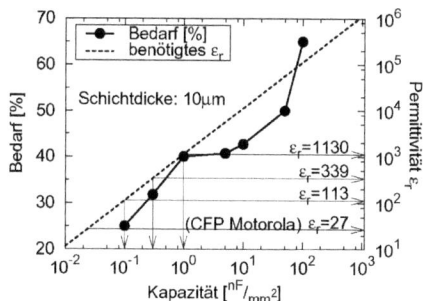

Abb. 1.2: Bedarf an integrierten Kondensatoren in Abhängigkeit der Kapazitätsdichte – gemessen am Bedarf der SMD Kondensatoren. Quelle: AT&S Österreich.

Bedarf an kürzeren Taktzyklen, niedrigeren Betriebsspannungen und kombinierten analogen und digitalen Funktionen hat den Anteil der passiven Bauelemente auf einer durchschnittlichen Leiterplatte von 25% im Jahr 1984 auf über 90% im Jahr 1998 steigen lassen [5]. Durch diesen Trend wächst der Bedarf, die von passiven Bauelementen verwendete Fläche bei gleichzeitiger Verbesserung des elektrischen Verhaltens der Baugruppe zu reduzieren. Ein Weg dies zu erreichen, ist die Verwendung von in die Leiterplatte eingebetteten passiven Bauelementen [6].

Um wirtschaftlich diskrete Kondensatoren durch Eingebettete ersetzen zu können, müssen diese eine bestimmte Kapazität pro Flächeneinheit liefern können. Eine Abschätzung von *AT&S* (Leoben, Österreich) aus dem Jahre 2005, wie viele Kondensatoren des aktuellen Marktes durch eingebettete Systeme ersetzt werden können, in Abhängigkeit der Kapazität pro Fläche von eingebetteten Systemen, ist in Abb. 1.2 dargestellt (vergl. [7]). Um die hierfür benötigten Permittivitäten einordnen zu können, wurden diese für eine Dicke des Dielektrikums von 10 μm eingezeichnet. Für eine Marktabdeckung von 25% würden 10 μm dicke Dielektrika mit einer relativen Permittivität von $\varepsilon_r = 113$ benötigt. Eine ausführliche Diskussion der Kosten von eingebetteten passiven Bauelementen wird in [8, 9] geführt.

Reine Polymere wie Polyethylen, Epoxide oder Polyimide haben relative Permittivitäten zwischen 2 und 5. Paraelektrika wie TiO_2, Ta_2O_5, SiO_2 u.a. haben relative Permittivitäten zwischen 3 und 50, während Ferroelektrika wie $BaTiO_3$ und $Ba_{0.7}Sr_{0.3}TiO_3$ relative Permittivitäten von mehreren tausend haben [11]. Die Permittivität der reinen Polymere ist zu niedrig für diese Anforderungen. Das Aufbringen der reinen Para- und Ferroelektrika erfordert im Allgemeinen aber aufwendige – und damit teure – Vakuum- und/oder Hochtemperaturprozesse sowie chemische Strukturierung und ist daher nur bedingt mit bestehender Leiterplattentechnologie kompatibel [3, S.113ff]. Eine Möglichkeit, kristalline

1 Einleitung und Motivation

Tab. 1.1: Kommerzielle Polymer-Keramik-Komposite zur Verwendung als eingebettete Kondensatoren in Leiterplatten (nach [3, S.133ff] und [10]).

Hersteller	Hadoco®	3M®	DuPont®	Huntsman®[3]
Markenname	EmCap	C-Ply	Hi-K	Probelec
Komposit	Epoxy/Keramik	Epoxy/BaTiO$_3$	Polyimid/BaTiO$_3$	Epoxy/Keramik
Kapazität [$\frac{pF}{mm^2}$]	3.3	15.5–16.5	2.3	16
Dicke [μm]	100	4–25	25	12
Rel. Permittivität	36	22	11.6	20.5
Dielektr. Verlust	0.06	0.10	0.01	0.02

[3]ehem. *Vantico®* in Kooperation mit *Motorola®*.

CVD-Schichten aus BaTiO$_3$ in eine Leiterplatte einzubringen, ist das Aufbringen der Schicht auf einer Trägerfolie und anschließendes Laminieren auf die Leiterplatte und Strukturierung der Trägerfolie [12, 13].

Kommerzielle Polymer-Keramik-Komposite sind mit relativen Permittivitäten zwischen 11.6 und 36 kommerziell erhältlich. Eine kurze Auflistung kommerziell erhältlicher Produkte und deren Eigenschaften ist in Tab. 1.1 zusammengestellt. Die Verwendung von Komposit-Dickfilm-Dielektrika ist insbesondere wegen ihrer Kompatibilität zur Leiterplattentechnologie mit „FR4" und der Möglichkeit der direkten Strukturierung ohne nachfolgende chemische Prozessschritte eine attraktive Möglichkeit, eingebettete Kondensatoren herzustellen [3, S.127ff].

Zielsetzung dieser Arbeit

Ziel dieser Arbeit ist die Entwicklung eines multifunktionalen Dielektrikums zur Herstellung von in herkömmlichen Leiterplatten eingebetteten Kondensatoren. Das zu entwickelnde Material soll dabei sowohl als Dielektrikum des Kondensators, als auch als Klebeschicht zwischen zwei Lagen der Leiterplatte eingesetzt werden. Das Material muss mit herkömmlichen Prozessen der Elektronik- und Leiterplattenindustrie verarbeitbar sein und darf keine passiven Lösungsmittel enthalten, die vor der Weiterverarbeitung des Dielektrikums wieder ausgetrieben werden müssen. Bei der Herstellung von Schichten mit z.B. Folienguss oder Schablonendruck ist hierbei insbesondere auf eine angepasste, niedrige Viskosität des Materials zum Zeitpunkt der Verarbeitung zu achten. Die Verarbeitungstemperaturen des dielektrischen Materials während der Kondensatorherstellung sollen – wegen der Kompatibilität zur Leiterplattentechnologie – 100°C nicht überschreiten. Die Verarbeitbarkeit des Materials und die Umsetzbarkeit zu einem Kondensator soll anhand eines einfachen Labordemonstrators gezeigt werden.

2 Grundlagen

Kondensatoren haben sich von der Leydener Flasche ausgehend hin zu vielen verschiedenen Bauformen entwickelt. Kernmaterial eines Kondensators ist das Dielektrikum in dessen Innern elektronische und ionische Polarisation sowie Orientierungs- und Raumladungspolarisation stattfindet. Insbesondere kommen polykristalline Ferroelektrika als Dielektrikum in keramischen Vielschichtkondensatoren (MLCC) zum Einsatz.

Die Kapazität eines Plattenkondensators kann mit dessen Geometrie und der Permittivität des Dielektrikums berechnet werden. Netzwerke von idealen Kondensatoren können durch das Ersatzschaltbild eines einzelnen Kondensators beschrieben werden. Der Strom i, der in einen Kondensator hinein fließt, ist proportional zur zeitlichen Änderung der anliegenden Spannung u. Der dielektrische Verlust am Kondensator wird über die Abweichung vom idealen Phasenwinkel beschrieben.

Perowskite sind Ionenkristalle mit der empirischen Formel $A^{2+}B^{4+}O_3$. Unter diesen ist das $BaTiO_3$ das einzige mit einem GOLDSCHMIDT Toleranzfaktor größer eins. $BaTiO_3$ ist ein ferroelektrisches Material, das je nach Temperatur rhomboedrisch, monoklin, tetragonal oder kubisch und paraelektrisch ist. Die Permittivität ist stark von der Kristallstruktur und der Kristallitgröße abhängig. Durch Dotierungen kann der CURIE-Punkt verschoben und abgeflacht werden.

Polyester entstehen durch die Kondensation von Säuren und Alkoholen unter Abspaltung von Wasser. Die Polymerisation wird durch organische Peroxide initiiert. Die Quervernetzung erfolgt durch die Polymerisation von Styrol, welches als aktives Lösungsmittel auch zur Verdünnung des Ausgangsharzes beiträgt und nicht wieder verdampft werden muss.

Durch das Einbringen von anorganischen Füllstoffen in polymere Matrizen können die physikalischen Eigenschaften des Polymers beeinflusst werden. In der Literatur finden sich einige Modelle zur Abschätzung der Permittivität eines Komposits in Abhängigkeit des Füllstofffüllgrades. Eine Berechnung des Feldlinienverlaufs ist über die MAXWELLSCHEN Gleichungen lediglich für einfache Geometrien in geschlossener Form möglich. Die Verarbeitung des Komposits als Schicht wird mit den Verfahren des Foliengießens und des Schablonendrucks ermöglicht.

2 Grundlagen

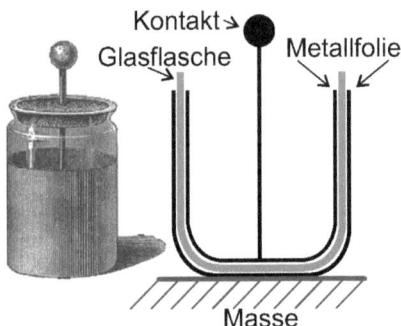

Abb. 2.1: Skizze und prinzipieller Aufbau einer Leydener Flasche (Skizze nach [15]).

2.1 Kondensatoren

2.1.1 Geschichte des Kondensators

Der erste Kondensator geht auf das Jahr 1745 zurück und wurde unabhängig voneinander von KLEIST in Camin (Pommern) sowie CUNAEUS und MUSCHENBROEK in Leyden erfunden. Daher wurde diese Form des Kondensators auch als Kleistsche oder Leydener Flasche bekannt. Die Wand eines Glaszylinders diente als Dielektrikum und Metallfolien außen und innen an der Zylinderwand als Elektroden [14, S.1]. Eine Skizze und der prinzipielle Aufbau einer Leydener Flasche ist in Abb. 2.1 dargestellt.

Die ersten Gesetzmäßigkeiten der Leydener Flasche wurden bereits 1746 von WILSON entdeckt: die Größe der angesammelten Elektrizitätsmenge ist proportional zur Fläche der Metallfolien und antiproportional zur Dicke der Glasschicht. Erst FARADAY erkannte um 1830, dass auch das Material der Zwischenschicht einen wesentlichen Einfluss auf die gespeicherte elektrische Energie hat und bestimmte die ersten „Dielektrizitätskonstanten" für Schwefel, Schellack und Glas [14, S.1].

Unsere heutige Elektronik ist ohne dieses Wissen nicht mehr vorstellbar. Die folgende Auflistung nach LIEBSCHER und HELD ([14, S.3]) zeigt eindrucksvoll, welche Arten- und Anwendungsvielfalt Kondensatoren bereits 1968 erreicht hatten. Des Weiteren verweisen LIEBSCHER und HELD auf die Einteilung der Kondensatoren nach VDE 0560.

1. nach Art des Dielektrikums:

Luft-, Pressgas-, Papier-, Wachs-, Papier-Öl-, Papier-Clophen-, Glas-, Glimmer-, Keramik-, Kunststofffolien- und Elektrolytkondensatoren

2. **nach Art der Beläge (Elektroden):**
   Folienkondensatoren (mit Metallfolien) und Metallpapier-(MP-)Kondensatoren (mit auf die Isolierfolien aufmetallisierten Belägen)

3. **nach Form des Dielektrikums:**
   Flachwickel-, Rundwickel-, Falt-, Stapel-, Schicht-, Topf-, Flaschen-, Zylinder-, Rohr-, und Plattenkondensatoren

4. **nach Art des Gehäuses bzw. der Umhüllung:**
   Kondensatoren in rechteckigem Gehäuse und in zylindrischem Gehäuse, Rohrkondensatoren (mit Isolierrohren)

5. **nach Anwendungszweck:**
   Leistungs- (Phasenschieber-), Reihen- und Parallelkondensatoren; Siebkreis-, Glättungs-, Motor-, Entstör- (Störschutz-), Kopplungs-, Schwingkreis- und Blockkondensatoren; Kondensatoren für die Nachrichtentechnik; Messkondensatoren

6. **nach Art der Betriebsspannung:**
   Gleichspannungs-, Wechselspannungs-, Hochfrequenz-, Mittelfrequenz-, Hochspannungs-, Mittelspannungs-, Niederspannungs- und Stoßkondensatoren

Im Hinblick auf diese Arbeit wird im Folgenden nur auf Plattenkondensatoren im Gleich- und Wechselfeld eingegangen.

2.1.2 Polarisation und Dielektrika

In einem idealen Dielektrikum werden – mangels freier Ladungsträger – unter Einwirkung eines elektrischen Feldes die vorhandenen Ladungen entgegengesetzten Vorzeichens (Atomkerne, Elektronen, Anionen, Kationen) gegeneinander verschoben. Der dabei von den Ladungsträgern zurückgelegte Weg $\delta\vec{x}$ liegt meist in der Größenordnung eines Bruchteil eines Atomabstandes. Jedes Paar negativ und positiv geladener Bausteine trägt ein Dipolmoment p_i (Gl. 2.1) [16, S.278].

$$\vec{p}_i = q_i \cdot \delta\vec{x} \qquad (2.1)$$

$$q_i = Z_i \cdot e \qquad (2.2)$$

Dabei ist q_i die Ladung mit der Kernladungszahl des Atoms Z_i und der Elementarladung e (Gl. 2.2) [17, S.87]. Die Vektoren $\delta\vec{x}$ und $\vec{p}_i$ zeigen hierbei von der negativen zur positiven Ladung und addieren sich in einem Stoffvolumen zu einem Gesamtdipolmoment $\vec{p}$ (Gl. 2.3). Die Dichte des Gesamtdipolmoments mit der Anzahl der Dipole n und dem Volumen V wird Polarisation $\vec{P}$ eines Stoffes genannt (Gl. 2.4) [16, S.178].

2 Grundlagen

$$\vec{p} = \sum_{i=1}^{n} \vec{p}_i \qquad (2.3)$$

$$\vec{P} = \frac{n}{V} \cdot \vec{p} \qquad (2.4)$$

Die Polarisation P ist eine glatte Funktion und erlaubt es, die untersuchte Materie als Kontinuum zu betrachten [17, S.87]. In bestimmten Materialien können anstelle eines elektrischen Feldes auch andere äußere Einwirkungen wie mechanische Spannungen oder Temperaturänderungen zu einer Polarisation führen [16, S.278].

Die Polarisation eines Dielektrikums kann aus der Permittivität des Vakuums ε_0 und der Permittivitätszahl des Materials ε_r sowie dem angelegten elektrischen Feld $\vec{E}$ mit Gl. 2.5 berechnet werden. Im Falle der elektrischen Polarisation ist es sinnvoll, die elektrische Suszeptibilität χ einzuführen (Gl. 2.6) [16, S.281].

$$\vec{P} = \varepsilon_r \varepsilon_0 \vec{E} - \varepsilon_0 \vec{E} \qquad (2.5)$$

$$\chi = \frac{\vec{P}}{\varepsilon_0 \vec{E}} = \varepsilon_r - 1 \qquad (2.6)$$

Für die Herleitung dieser Abhängigkeit aus der Raumladungsdichte sei auf [16, S.279–281] verwiesen. Die vier Grundtypen der mikroskopischen Mechanismen dielektrischer Polarisation sind in Abb. 2.2 dargestellt.

Elektronische Polarisation kann in allen Materialien stattfinden, indem ein elektrisches Feld die Elektronenhülle und die Atomkerne gegeneinander verschiebt und dadurch einen Dipol induziert. Selbst bei hohen Feldern beträgt die Auslenkung aus der Gleichgewichtslage nur einen kleinen Bruchteil des Atomradius. Die elektronische Polarisation ist weitgehend temperaturunabhängig (Abb. 2.2a) [16, S.288].

Ionische Polarisation tritt in Materialien mit Ionenbindung und damit in allen oxidkeramischen Dielektrika auf. Das elektrische Feld verschiebt die positiven und negativen Ionen gegeneinander und induziert dadurch eine Polarisation (Abb. 2.2b) [16, S.290].

Orientierungspolarisation tritt in Stoffen auf, in denen Bausteine mit einem permanenten Dipolmoment vorliegen. Diese Bausteine können polare Moleküle oder Assoziate beweglicher, gegensinnig geladener Punktdefekte im Kristallgitter sein. In Gasen, Flüssigkeiten und – mit Ausnahme der pyroelektrischen Kristalle – Festkörpern kompensieren sich alle Dipolmomente aufgrund der durch die thermische Bewegung bedingten Richtungsunordnung. Durch Anlegen eines elektrischen Feldes wird eine Vorzugsrichtung der Dipole induziert (Abb. 2.2c) [16, S.291].

2.1 Kondensatoren

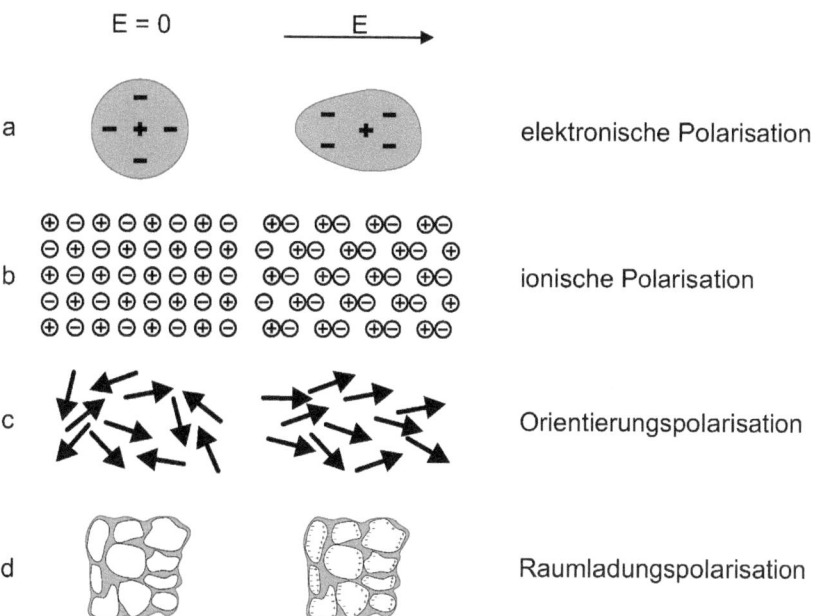

Abb. 2.2: Schematische Darstellung der Grundtypen von Polarisationsmechanismen. Der unpolarisierte und der polarisierte Zustand sind skizziert (Bezeichnungen nach [16, S.287] und Abbildungen nach [18, S.53]).

2 Grundlagen

Raumladungspolarisation tritt in Materialien mit freien Ladungsträgern auf, wenn in dem Material Leitfähigkeitsinhomogenitäten vorliegen. Die freien Ladungsträger müssen in räumlich begrenzten Bereichen vorliegen und werden über viele Gitterabstände hinweg bewegt (Abb. 2.2d) [16, S.292].

Neben der Polarisation durch ein elektrisches Feld gibt es auch andere Parameter und Materialeigenschaften, die zur Bildung von elektrischen Polarisationsladungen führen. Alle Gitter in kristallinen Feststoffen lassen sich über Punktsymmetrieelemente der Einheitszelle[1] in 32 Punktgruppen unterteilen. Da die Polarisationstypen eng mit der Kristallsymmetrie verbunden sind, seien im Folgenden Ionenkristalle mit einem Bezug zur jeweiligen Punktgruppe betrachtet [16, S.296].

Dielektrische Polarisation tritt in jeder Art von Materie und damit auch in allen Kristallen auf, da diese aus elektrischen Ladungen aufgebaut ist. Das äußere elektrische Feld bewirkt eine Verschiebung des Ladungsschwerpunkts gemäß Gl. 2.7 [16, S.296].

$$\vec{P}_{el} = \chi \varepsilon_0 \vec{E} \tag{2.7}$$

Die dielektrische Polarisation ist für jede Art der Materie größer als die dielektrische Polarisation des Vakuums.

Piezoelektrische Polarisation tritt – mit einer Ausnahme – in Kristallen auf, deren Punktgruppe kein Symmetriezentrum besitzt (dies ist bei 21 der 32 Punktgruppen der Fall). Die Ladungsverschiebung erfolgt hier durch einen mechanischen Druck σ_M nach Gl. 2.8 [16, S.296f].

$$\vec{P}_{pi} = d\vec{\sigma}_M \tag{2.8}$$

Die piezoelektrische Konstante d ist eine tensorielle Größe. Ursache für die Piezoelektrizität ist die Tatsache, dass ein Druck im Allgemeinen unterschiedlich auf das Anionen- und das Kationengitter wirkt und damit die Einheitszelle zu Dipolen machen kann [16, S.297]. Typische Materialien mit technischer Relevanz: GaAs, ZnO, CdS, LiNbO$_3$, LiTaO$_3$, Quarz [19, S.64], sowie PZT [20, S.15].

Pyroelektrische Polarisation tritt in 10 der 20 piezoelektrischen Punktgruppen auf. In diesen liegt eine spontane, d.h. auch ohne äußere Einflüsse, elektrische Polarisation vor. Diese Kristalle werden auch polare Kristalle genannt. In der Regel ist diese Polarisation nicht messbar, da die Polarisationsladungen durch Oberflächenladungen kompensiert werden. Die thermische Ausdehnung polarer Kristalle durch eine Temperaturänderung ΔT ist im Allgemeinen jedoch mit einer Verschiebung der Untergitter und damit einer Änderung in der Polarisationsstärke verbunden (Gl. 2.9) [16, S.297].

$$\vec{P}_{py} = \vec{p}_{py} \cdot \Delta T \tag{2.9}$$

---

[1]Symmetriezentrum, Drehachse, Spiegelebene und Kombinationselemente.

Typische Materialien mit technischer Relevanz: LiTaO$_3$, Triglyzinsulfat, ferroelektrische Keramiken, Poly-Vinylidenfluoridfolien [19, S.68].

Ferroelektrische Polarisation tritt in einigen polaren Kristallen auf, in denen die Richtung der spontanen Polarisation durch das Anlegen eines äußeren elektrischen Feldes geändert werden kann. Diese Stoffe werden Ferroelektrika genannt [16, S.297].

Dielektrika	Piezoelektrika	Pyroelektrika	Ferroelektrika
32 Punktgruppen, gesamte Materie	20 Punktgruppen	10 Punktgruppen	polarisierbare Pyroelektrika

Alle Ferroelektrika sind Pyroelektrika sind Piezoelektrika sind Dielektrika. Der Umkehrschluss gilt nicht [19, S.68]. Ferroelektrika nehmen bei den elektronischen Werkstoffen eine herausragende Rolle ein, da aus ihnen polare Materialien hergestellt werden können, die keine Einkristalle sind. Keramiken bestehen aus Kristalliten, deren Kristallgitter – und damit auch deren Polarisation – infolge des Sinterprozesses statistisch zueinander ausgerichtet und nach außen praktisch unpolar sind. Durch die Beeinflussbarkeit der spontanen Polarisationsrichtung mit Hilfe eines elektrischen Feldes lassen sich ferroelektrische Keramiken polen, so dass die Polarisation eine Vorzugsrichtung erhält und die Materialien anschließend piezo- und pyroelektrische Eigenschaften aufweisen. Die Herstellung von polykristallinen Keramiken ist bedeutend einfacher und wirtschaftlicher als die Herstellung von Einkristallen. Daher haben ferroelektrische Keramiken eine breite Anwendung als Dielektrika in elektronischen Bauelementen gefunden [16, S.297].

2.1.3 Kapazität des Plattenkondensators

Der prinzipielle Aufbau eines an eine Spannungsquelle angeschlossenen Plattenkondensators ist in Abb. 2.3 dargestellt. Durch die angelegte Spannung werden Ladungen auf die Kondensatorplatten gebracht. Dadurch bildet sich ein Feld zwischen den beiden Kondensatorplatten aus. Bei der Berechnung der Kapazität werden Streufelder im Randbereich des Kondensators vernachlässigt. Dies ist zulässig, wenn der Abstand d der Kondensatorplatten wesentlich kleiner als die Querabmessungen der Elektroden sind [21, S.64ff].

Die Kapazität C eines Plattenkondensators kann berechnet werden aus der Elektrodenhöhe h, der Elektrodenbreite b (respektive Elektrodenfläche A=b·h), dem Elektrodenabstand d, der relativen Permittivität ε_r und der Vakuumpermittivität ε_0 (Gl. 2.10 und 2.11) [22, S.49]. Um die Lesbarkeit zu erhöhen und in Anlehnung an den englischen Sprachgebrauch wird im Folgenden ε_r als Permittivität und ε als absolute Permittivität bezeichnet. Die Ladung Q auf den Platten des Kondensators ist proportional zur angelegten Spannung U und der Kapazität C des Kondensators (Gl. 2.12) [22, S.47].

2 Grundlagen

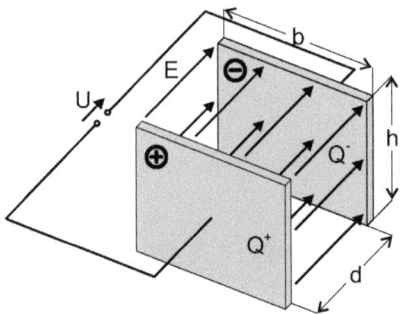

Abb. 2.3: Elektrisches Feld im Plattenkondensator bei angelegter Spannung. Spannung U, Elektrisches Feld E, Ladung Q, Elektrodenabstand d, Elektrodenhöhe h und Elektrodenbreite b.

Das im Kondensator effektiv wirksame Feld E ist proportional zur der angelegten Spannung U und anti-proportional abhängig vom Elektrodenabstand d (Gl. 2.13) [22, S.49].

$$\varepsilon = \varepsilon_0 \cdot \varepsilon_r \tag{2.10}$$

$$C = \varepsilon \cdot \frac{b \cdot h}{d} = \varepsilon \cdot \frac{A}{d} \tag{2.11}$$

$$Q = C \cdot U \tag{2.12}$$

$$E = \frac{U}{d} \tag{2.13}$$

2.1.4 Parallel- und Reihenschaltung von Kondensatoren

Kondensatoren können in elektrischen Netzwerken parallel (Abb. 2.4a) oder seriell (Abb. 2.4b) miteinander verschaltet werden. Diese Netzwerke können (unter der Annahme idealer Bauelemente) durch einen einzigen Kondensator ersetzt werden (Abb. 2.4c).

Bei der Parallelschaltung von n Kondensatoren ist die Gesamtkapazität C_g so groß wie die Summer aller Einzelkapazitäten C_i (Gl. 2.14) [23, S.51]. Die Gesamtkapazität ist somit immer größer als die größte Kapazität im Netzwerk.

$$C_g = \sum_{i=1}^{n} C_i \tag{2.14}$$

2.1 Kondensatoren

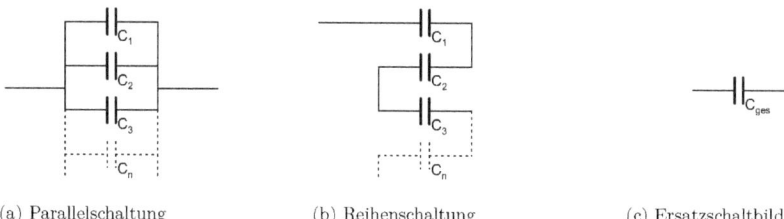

(a) Parallelschaltung (b) Reihenschaltung (c) Ersatzschaltbild

Abb. 2.4: Netzwerke mit Kondensatoren

Bei der Reihenschaltung (auch Serienschaltung oder serielle Schaltung genannt) ist der reziproke Wert der Gesamtkapazität C_g gleich der Summe der reziproken Werte der Einzelkapazitäten C_i (Gl. 2.15) [23, S.51]. Die Gesamtkapazität eines seriell geschalteten Kondensatornetzwerks ist somit immer kleiner als die kleinste Kapazität im Netzwerk.

$$C_g = \left(\sum_{i=1}^{n} \frac{1}{C_i}\right)^{-1} \tag{2.15}$$

2.1.5 Lade- / Entladekurven am Kondensator

An einem Kondensator ist der Strom i proportional zur Änderung der Spannung u [22, S.5]. Diese Abhängigkeit wird durch die Gl. 2.16 und 2.17 beschrieben. Die SI-Einheit der Kapazität ist das Farad (1 F = 1 $\frac{As}{V}$).

$$u = \frac{1}{C} \int_{t_0}^{t_1} i\, dt + U_0 \tag{2.16}$$

$$i = C \cdot \frac{du}{dt} \tag{2.17}$$

Unter Verwendung der Maschenregel (2. KIRCHHOFFSCHER Satz[2] [22, S.7]) und Lösung der daraus entstehenden inhomogenen Differentialgleichung (Gl. 2.18) entwickeln KORIES und SCHMIDT-WALTER den Spannungsverlauf am Kondensator in einer Reihenschaltung aus Kondensator und Widerstand an einer Spannungsquelle (Abb. 2.5a) [22, S.20f].

$$Uq = RC \cdot \frac{du_C(t)}{dt} + u_C(t) \tag{2.18}$$

---

[2] Die Summe aller Spannungen U_i in einer Masche ist Null $\left(\sum_{i=1}^{n} U_i = 0\right)$.

2 Grundlagen

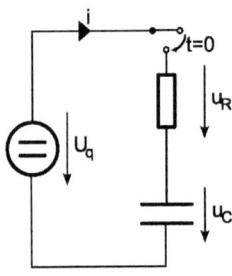

(a) Schaltbild

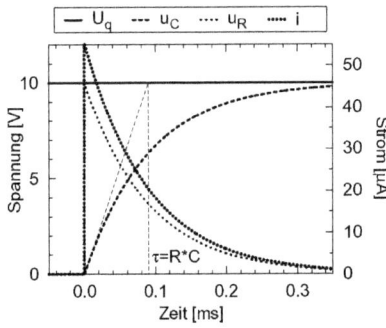

(b) Spannungskurven

Abb. 2.5: (a) Serienschaltung von Widerstand und Kondensator an einer Spannungsquelle. (b) Stromverlauf sowie Spannungsverlauf am Widerstand und am Kondensator über die Zeit (nach [22, S.21]). Widerstand R=180 kΩ, Kapazität C=500 pF, Spannung U_q=10 V, τ=RC=0.09 ms.

Die aus der Lösung dieser Differentialgleichung resultierenden Gl. 2.19 bis 2.21 beschreiben den Stromverlauf und Spannungsverlauf an Kondensator und Widerstand.

$$u_C(t) = U_q \cdot \left(1 - e^{-\frac{t}{RC}}\right) \tag{2.19}$$

$$u_R(t) = U_q \cdot e^{-\frac{t}{RC}} = U_q - u_C(t) \tag{2.20}$$

$$i(t) = \frac{U_q}{R} \cdot e^{-\frac{t}{RC}} = \frac{u_R(t)}{R} \tag{2.21}$$

Der Spannungs- und Stromverlauf ist Beispielhaft in Abb. 2.5b dargestellt. Da hier jederzeit die Maschenregel gilt, schneiden sich die Kurven von u_C und u_R immer bei $\frac{U_q}{2}$. τ=RC wird als Zeitkonstante bezeichnet. Zum Zeitpunkt τ hat die Spannung 63% und bei 5τ mehr als 99% ihres Endwertes erreicht [22, S.21].

Mit Gl. 2.20 kann aus der gemessenen zeitabhängigen Spannung über einem Widerstand die Kapazität des Kondensators berechnet werden (s. Kap. 3.6.7).

2.1.6 Dielektrischer Verlust am Kondensator

Der Phasenwinkel φ zwischen dem Strom i und der Spannung u eines Kondensators beträgt nur bei vollkommen verlustfreien Kondensatoren genau 90°. Alle technischen Kondensatoren haben Verluste im Dielektrikum, in den Elektroden und den Zuleitungen. Im Ersatzschaltbild des Kondensators ist eine verlustlose Kapazität mit einem ohmschen Widerstand in Reihe oder parallel geschaltet. Für die Reihenschaltung (Abb. 2.6a) gilt Gl. 2.22 [14, S.13]:

2.1 Kondensatoren

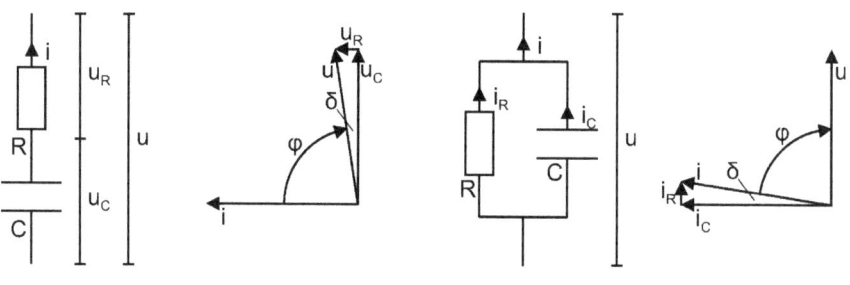

(a) Reihenschaltung (b) Parallelschaltung

Abb. 2.6: Spannungs-Strom-Zeigerdiagramm von einer Reihenschaltung (a) und einer Parallelschaltung (b) eines Kondensators mit einem Widerstand (nach [14, S.13]).

$$\frac{u_R}{u_C} = \frac{i_R}{i\frac{1}{\omega C}} = R\omega C = \tan\delta \qquad (2.22)$$

Der Winkel $\delta = 90°\text{-}\varphi$ ist ein Maß für die Verluste im Kondensator und wird daher Verlustwinkel genannt. Die Verlustleistung P_V beträgt (Gl. 2.23) [14, S.13]:

$$P_V = ui\cos\varphi = ui\sin\delta = Q\tan\delta \qquad (2.23)$$

mit der Verlustleistung P_V und der Blindleistung Q[3]. Allgemein wird $\tan\delta$ als Verlustfaktor bezeichnet und als Kennzahl unabhängig vom verwendeten Ersatzschaltbild verwendet. Die Gleichsetzung von $\tan\delta$ und dem Verlustfaktor gilt nur, wenn die elektrischen Felder im Kondensator sich zeitlich sinusförmig ändern [14, S.14].

Wird im Ersatzschaltbild der Verlustwiderstand als Parallelwiderstand eingeführt (Abb. 2.6b), so ergibt sich ein Verlustfaktor von (Gl. 2.24) [14, S.14].

$$\tan\delta = \frac{i_R}{i_C} = \frac{1}{R\omega C} \qquad (2.24)$$

Der resultierende Verlustfaktor von seriell (Gl. 2.25) oder parallel (Gl. 2.26) geschalteten Dielektrika oder Kondensatoren errechnet sich aus den Kapazitäten und Verlustfaktoren der Teilkondensatoren [14, S.15].

---

[3]Die Blindleistung Q beträgt eigentlich $Q = u^2\omega C$. $Q = ui$ ist eine Näherung [14, S.11ff].

2 Grundlagen

$$\tan\delta = \frac{\sum_{k=1}^{n} \frac{1}{C_k} \tan\delta_k}{\sum_{k=1}^{n} \frac{1}{C_k}} \qquad (2.25)$$

$$\tan\delta = \frac{\sum_{k=1}^{n} C_k \tan\delta_k}{\sum_{k=1}^{n} C_k} \qquad (2.26)$$

2.2 Materialien

2.2.1 Keramiken mit Perowskit-Struktur

Eigentlich bezeichnet der Name Perowskit nur genau ein Material, nämlich CaTiO$_3$ (Kalzium-Titan-Oxid) [24]. Als Gruppe der Perowskite werden aber auch alle diejenigen Materialien bezeichnet, die die Struktur des Perowskit als Kristallstruktur ausbilden.

Perowskite haben die empirische Formel A^{2+}B^{4+}O$_3$ mit einem kleinen Kation B^{4+} und einem großen Kation A^{2+}. Diese Strukturen sind alle eng verwandt mit der idealen Perowskitstruktur des Perowskit (CaTiO$_3$)[4](Abb. 2.7), die aus einer einfachen kubischen Zelle mit der formalen Anzahl von Atomen Z=1 besteht [27]. Auch wenn die ideale Perowskitstruktur kubisch ist, zeigt die Mehrzahl der Vertreter der ABO$_3$ Familie keine kubische, sondern eine tetragonal oder monoklin verzerrte Perowskitstruktur [26].

Eine ionische Struktur ist nach GOLDSCHMIDT[5] nur stabil, wenn alle Ionen sich berühren und kein Ion in der Lage ist, in einer Höhle – umgeben von Ionen mit dem entgegensetzten Vorzeichen – sich zu bewegen. Angenommen, die Ionen bilden starre Sphären in der Perowskitstruktur aus, dann muss Gl. 2.27 gelten um diese Bedingung zu erfüllen. Dabei sind R_A, R_B und R_O die Ionenradien des großen Kations, des kleinen Kations und des Sauerstoffs [27].

$$R_A + R_O - \sqrt{2}(R_B + R_O) \qquad (2.27)$$

In der Realität sind diese Ionenradien bis zu einem gewissen Grad flexibel. GOLDSCHMIDT definiert daher einen so genannten Toleranzfaktor t_G (Gl. 2.28).

$$R_A + R_O = t_G \cdot \sqrt{2}(R_B + R_O) \qquad (2.28)$$

---

[4] NÁRAY-SZABÓ bezeichnet diese als „Schwesterstrukturen" [25], ROOKSBY schlägt den Begriff pseudo-isomorph (engl.: pseudo-isomorphous) vor [26].
[5] MEGAW verweist auf „Geochemische Verteilungsgesetze der Elemente VII & VIII", 1927.

2.2 Materialien

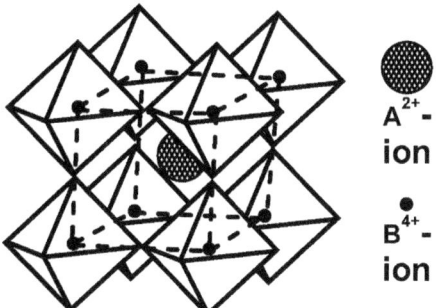

Sauerstoff (O) auf den Ecken der Oktaeder

Abb. 2.7: Ideale Perowskitstruktur (Abb. nach [24, 27, 28]).

Tab. 2.1: Toleranzfaktor t_G für verschiedene A^{2+} und B^{4+} Ionenpaarungen [27].

A^{2+} \ B^{4+}	Ti	Sn	Zr	Th
Ca	0.89	0.85	0.84	(0.72)
Sr	**0.97**	**0.92**	**0.91**	(0.78)
Ba	1.02	**0.97**	**0.96**	**0.83**
Pb	0.98	(0.92)	0.93	(0.79)
Cd	0.88	(0.83)	(0.82)	(0.71)

Mögliche Ionen für A^{2+} und B^{4+} und die aus den Kombinationen resultierenden Toleranzfaktoren nach GOLDSCHMIDT t_G sind in Tab. 2.1 aufgeführt. Diejenigen Toleranzfaktoren, die bei Raumtemperatur zu einer kubischen Kristallstruktur des Perowskit führen sind grau hinterlegt. Materialpaarungen die in Klammern aufgeführt sind, sind für Referenzzwecke aufgeführt und wurden entweder von MEGAW nicht untersucht oder existieren nicht. Alle in der Tabelle aufgeführten Materialpaarungen bilden eine Perowskitstruktur aus [27].

Die Permittivität der Perowskite steigt mit der Größe des A^{2+} Ion. WUL bestimmt für diese Aussage die Permittivitäten für $CaTiO_3$ (ε_r=115), $SrTiO_3$ (ε_r=155) und $BaTiO_3$ (ε_r>1000)[6] [30].

Bariumtitanat ($BaTiO_3$) stellt im Vergleich zu anderen Perowskiten eine Besonderheit dar. Es ist die einzige Ionenpaar-Kombination mit einem Toleranzfaktor t_G>1. Das Barium Ion ist zu groß für den

---

[6]Ionenradien [29, S.F-170]: Ca^{+2}: 0.99Å, Sr^{+2}: 1.12Å, Ca^{+1}: 1.18Å, Ba^{+2}: 1.34Å, Ba^{+1}: 1.53Å

2 Grundlagen

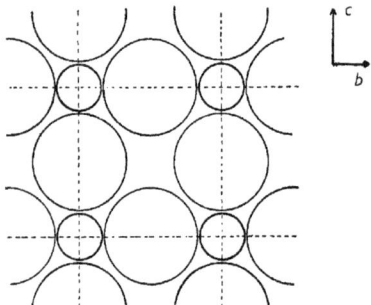

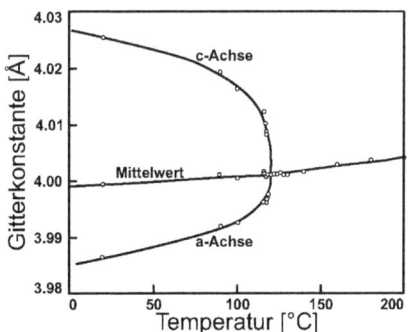

Abb. 2.8: Schnitt durch einen BaTiO$_3$-Kristall entlang der (100) Ebene (Abb. nach [27]). Die großen Kreise repräsentieren Sauerstoff, die kleinen Titan. Die Größenverhältnisse entsprechen den GOLDSCHMIDT-Radien der Atome.

Abb. 2.9: Gitterkonstante der a-Achse und c-Achse von BaTiO$_3$ in Abhängigkeit der Temperatur (Abb. nach [27, 44]).

vorhanden Platz innerhalb der ionischen Struktur. Daher werden die Sauerstoffatome verdrängt und öffnen einen Raum, in dem sich das Titanion bewegen kann. Ein Schnitt durch den BaTiO$_3$ Kristall entlang der (100) Ebene ist in Abb. 2.8 dargestellt [27]. Über die Kristallstruktur und die Elongation der c-Achse im Vergleich zur a-Achse abweichend von der idealen Perowskitstruktur berichtet MEGAW bereits 1945 [31]. MEGAW bestimmte die Gitterparameter damals zu a=3.9860±0.0005Å und c=4.0263±0.0005Å mit einem c zu a Verhältnis von $\frac{c}{a}$=1.0101±0.0002Å. Zahlreiche Veröffentlichungen von 1943 bis 1949 dokumentieren die Diskussion um die erste Erforschung der Struktur und der Phänomene in BaTiO$_3$ [24–28, 30–40]. DEVONSHIRE leistete einen wichtigen Beitrag zur Erforschung der Bariumtitanate und veröffentlichte zwischen 1949 und 1954 seine „Theory of Barium Titanate" in zwei Teilen [41, 42] und die „Theory of Ferroelectrics" [43].

Erst oberhalb des CURIE-Punktes wandelt sich die BaTiO$_3$-Struktur in einen idealen Perowskit um. Dabei nähern sich die Gitterparameter der a-Achse und der c-Achse immer weiter an, bis sie am CURIE-Punkt zusammentreffen (Abb. 2.9) [27, 44]. Die Gitterkonstanten und der Verlauf der Gitterkonstanten in Abhängigkeit der Temperatur ist auch von der Korngröße abhängig. Je kleiner die Körner desto enger liegen die Gitterkonstanten der a-Achse und c-Achse zusammen [45, S.5]. HOSHINA et al. berichten hier eine kritische BaTiO$_3$ Korngröße von 30 nm, ab der das Material über den gesamten Temperaturbereich von 20°C bis 160°C kubisch ist. Eine Auflistung von gemessenen kritischen Korngrößen (Tab. 2.2) sowie die Diskussion möglicher Stabilisierungsmechanismen (z.B. OH$^-$) findet sich in [46]. Unter Berücksichtigung aller hier aufgelisteten Messungen liegt die kritische Kristallitgröße zwischen 20 nm und 200 nm.

2.2 Materialien

Tab. 2.2: Verschiedene kritische Kristallitgrößen für die c $\rightleftarrows$ t nach [46].

Lit.	Jahr	Typ	Herstellung	Messung	Krit. Krist.
[47]	1992	Pulver	BTOT	XRD	25 nm
[48]	1993	Pulver	BTOT	XRD	62–68 nm
				TEM	100 nm
[49]	1990	Pulver	BTOT	XRD	30 nm
[50]	1974	Pulver	Sol-Gel	XRD	30 nm
[51]	1991	Pulver	Sol-Gel	BET	<80 nm
[52]	1966	Pulver	Sol-Gel	TEM	100 nm
[53]	1992	Pulver (gemahlen)			150 nm
[54]	1989	Pulver	hydrotherm. Methode	XRD	90 nm
				BET	120 nm
[55]	1989	Pulver	hydrotherm. Methode	XRD,TEM	>90 nm
[56]	1964	Pulver	aus Glas kristallisiert	TEM	200 nm
[57]	1992	Dünnfilm	RF-Magnetronsputt.	TEM	100 200 nm

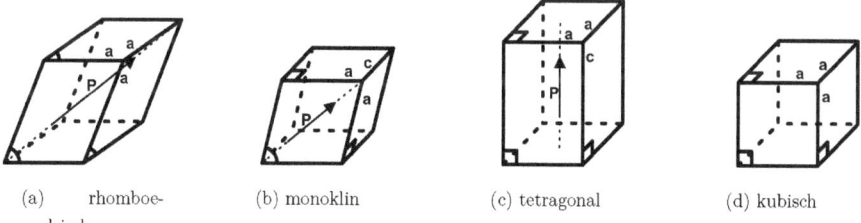

(a) rhomboedrisch (b) monoklin (c) tetragonal (d) kubisch

Abb. 2.10: Kristallstrukturen des BaTiO$_3$ (nach [16, S.298]).

2 Grundlagen

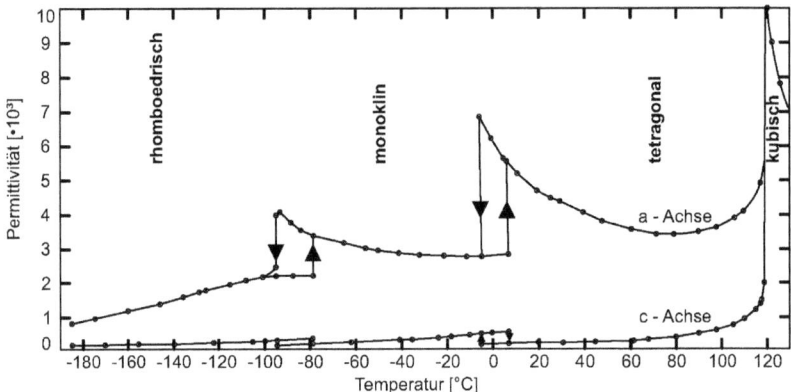

Abb. 2.11: Permittivität in Richtung der a-Achse und c-Achse als Funktion der Temperatur (Abb. nach [39–41, 43], Kristallstrukturbezeichnungen nach [16, S.298]).

Neben der tetragonalen ⇌ kubischen Umwandlung bei ca. 120°C existieren noch folgende Phasenumwandlungen (die Temp. über dem Pfeil bezeichnet die Übergangstemperatur) [58, 59]: rhomboedrisch $\xleftrightarrow{-90°C}$ orthorhombisch $\xleftrightarrow{5°C}$ tetragonal $\xleftrightarrow{120°C}$ kubisch $\xleftrightarrow{1432°C}$ hexagonal $\xleftrightarrow{1625°C}$ flüssig. Die orthorhombische Phase kann durch die Wahl einer anderen, kleineren Einheitszelle auch als monkline Phase indiziert werden [16, S.298]. Die Kristallstrukturen von der rhomboedrischen bis zur kubischen Phase sind in Abb. 2.10 als Skizzen dargestellt.

Die Permittivität des BaTiO$_3$ Kristalls hängt von vielen Parametern ab. Einer der wichtigsten ist – in Abhängigkeit der Temperatur – die kristallografische Orientierung (Abb. 2.11). Hierbei zeigt die polare c-Achse eine um Größenordnungen niedrigere Permittivität als die unpolare a-Achse [39, 40].

Zwei weitere wesentliche Einflussfaktoren auf die Permittivität von BaTiO$_3$ sind in Abb. 2.12 zusammengefasst: die Abhängigkeit von der Temperatur und der Korngröße des BaTiO$_3$.

Die höchste Permittivität wird am CURIE-Punkt[7] mit der Temperatur T_C gemessen. Am CURIE-Punkt findet die Umwandlung von der tetragonalen in die kubische Phase statt. Weitere lokale Permittivitäts-Maxima existieren bei Temperaturen, bei denen das BaTiO$_3$ weitere Phasenumwandlungen durchläuft (Abb. 2.12a). Diese Punkte unterliegen zusätzlich einer Hysterese, wie sie in Abb. 2.11 bei 5°C (Übergang tetragonal ⇌ orthorhombisch) und um -90°C (orthorhombisch ⇌ rhomboedrisch) deutlich zu erkennen sind.

Für ein polykristallines Material kann für die Permittivität eine obere und untere Schranke abgeschätzt werden. Die Extrema liegen da, wo alle Kristallite in Reihe (Minimum) ε_{rmin} oder parallel

---

[7]Nicht zu verwechseln mit der CURIE-Temperatur, die im BaTiO$_3$ etwa 10 K unterhalb des CURIE-Punktes liegt [16].

2.2 Materialien

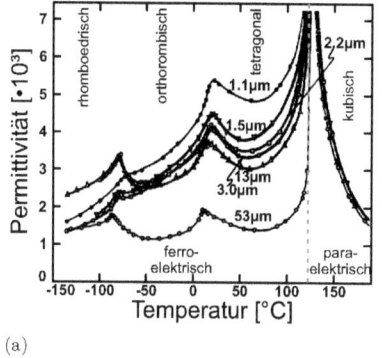
(a)

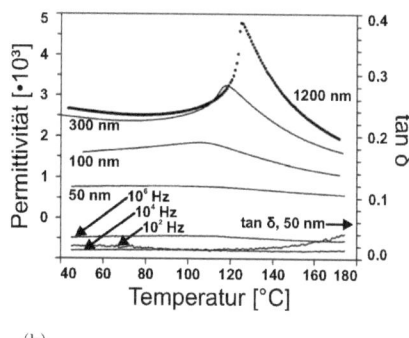
(b)

Abb. 2.12: (a) Temperaturabhängigkeit der Permittivität in hoch-reinem $BaTiO_3$ verschiedener Korngröße (Abb. nach [60]). (b) Permittivität und dielektrischer Verlust von $BaTiO_3$ Keramiken unterschiedlicher Korngröße (50 nm, 100 nm, 300 nm und 1200 nm) als Funktion der Temperatur. tan δ ist angegeben für die 50 nm Probe bei einer Frequenz von 10^2 Hz, 10^4 Hz und 10^6 Hz (Abb. nach [61]).

(Maximum) ε_{rmax} geschaltet sind. Mit der relativen Häufigkeit der Achsen und der Permittivität in Richtung der a-Achse ε_{ra} und der c-Achse ε_{rc} können diese Schranken mit Gl. 2.29 und 2.30 berechnet werden [44].

$$\varepsilon_{rmax} = \frac{2\varepsilon_{ra} + \varepsilon_{rc}}{3} \tag{2.29}$$

$$\varepsilon_{rmin} = \frac{3\varepsilon_{ra}\varepsilon_{rc}}{2\varepsilon_{rc} + \varepsilon_{ra}} \tag{2.30}$$

KNIEPKAMP et al. beobachteten bereits 1954 eine Abweichung von diesen Schranken hin zu höheren Permittivitäten (berechnet aus den Werten für Einkristalle) für feinkörnige Gefüge und schlossen daraus, dass hier eine bedeutende Veränderung in den Haupt-Dielektrizitätskonstanten stattgefunden haben muss [44].

KINOSHITA et al. berichteten 1976 ausführlich von steigender Permittivität mit sinkender Kristallitgröße (Abb. 2.12a). Die einzige Ausnahme bildeten hier die Korngrößen von 1.1 μm in der rhomboedrischen Phase. Diese hatten bei den niedrigsten gemessenen Temperaturen wieder fast die selbe Permittivität wie die 53 μm großen Kristallite [60]. BUSCAGLIA et al. berichteten 2006 von einem gegenteiligen Effekt bei noch kleineren Korngrößen. Bei Korngrößen zwischen 50 nm und 1200 nm nimmt die Permittivität mit steigender Korngröße wieder zu [61]. Des Weiteren findet bei kleineren Korngrößen eine Glättung des CURIE-Peaks statt [62].

2 Grundlagen

Die Verwendung von ferroelektrischen Titanaten in elektronischen Anwendungen war lange Zeit limitiert durch die signifikanten Temperaturabhängigkeiten der dielektrischen Eigenschaften [52]. Die Untersuchung der Abhängigkeit der dielektrischen Eigenschaften von den Korngrößen und Herstellungsmethoden des $BaTiO_3$ ist deshalb seit langem ein intensiv untersuchtes Gebiet [52, 59–73]. Diese Untersuchungen im Bezug auf Korngröße und Permittivität bei Festkörpern lassen vermuten, dass es bzgl. der Verwendung von Pulvern anstelle von Festkörpern ein Maximum der Permittivität bei optimierter Korngröße – respektive Kristallitgröße – geben kann. Dies führt zu der Notwendigkeit diese Abhängigkeit der Permittivität von der Korn- und Kristallitgröße in Pulvern ausführlicher zu untersuchen, da hierzu keine Literatur gefunden wurde.

Für die Herstellung des $BaTiO_3$ existieren sechs wichtige Herstellungsmethoden [16, S.323f]:

Mischoxid-Verfahren: Mischen und Mahlen der Ausgangsoxide oder thermisch zersetzbarer Verbindungen wie z.B. der Carbonate (z.B. TiO_2 und $BaCO_3$).

Co-Präzipitation: Chemisches Fällen einer thermisch zersetzbaren Verbindung, in der die Kationen im gewünschten Verhältnis vorliegen, aus einer wässrigen Lösung (zum Beispiel Barium-Titanyl-Oxylat $BaTiO(C_2O_4)_2 \cdot 4\,H_2O$).

Sprühtrocknung: Sprühtrocknen von geeigneten Lösungen (z.B. Nitrate, Acetate) oder Solen, in denen die Kationen in der gewünschten Stöchiometrie vorliegen.

Sol-Gel-Verfahren: Bildung einer kolloidalen Lösung (sog. Sol) von gelösten Ausgangsverbindungen und Polymerisation zum Gel. Ba-Ti-Gele bestehen aus polymerem Titanylhydroxid mit eingelagertem Ba-Ionen. Die Verarbeitung zum Prekursor erfolgt durch anschließende Trocknung.

Hydrothermal-Verfahren: Reaktion von geeigneten gelösten oder hochdispersen Ausgangsverbindungen (z.B. Barium-Titanyl-Acetat) in wässrigen, alkalischen Medien bei 360 K–480 K im Autoklaven.

Alkoxid-Verfahren: Umsetzung von Ba- und Ti-Alkoxiden in nichtwässrigen Lösungsmitteln zum Doppelalkoxid $BaTi(OC_3H_7)_6$ und anschließende kontrollierte Hydrolyse.

Nach Abschluss einiger der genannten Herstellungsverfahren liegt das Pulver noch nicht in der gewünschten Perowskitstruktur vor, sondern als makroskopisches (Mischoxid-Verfahren) bzw. mikroskopisches (Sprühtrocknung, Sol/Gel-Verfahren) Gemenge oder als Verbindung (Co-Präzipitation). In diesen Fällen muss das Pulver (in dieser Vorstufe auch Prekursor genannt) durch einen Hochtemperaturbehandlung kalziniert werden. Die erforderliche Temperatur liegt hierbei zwischen 1000 K (Sol/Gel-Verfahren) und 1400 K (Mischoxid-Verfahren) [16, S.324].

Die notwendigen Prozessschritte für die Herstellung kompakter Keramikbauteile sind in Abb. 2.13 dargestellt [16, S.323]. Die hierfür nötigen Hochtemperaturschritte sind gesondert gekennzeichnet.

2.2 Materialien

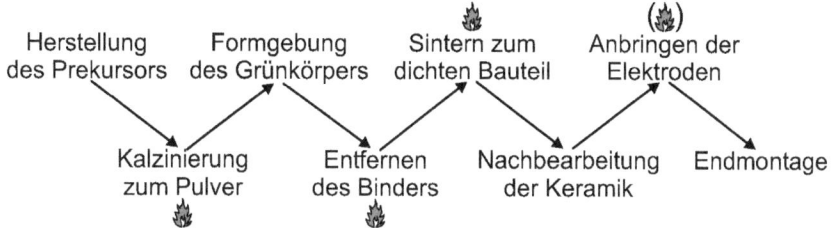

🔥: Hochtemperaturprozesse >300°C

Abb. 2.13: Prozesskette für die Herstellung keramischer Bauteile für elektronische Anwendungen (nach [16, S.323]).

Diese schränken insbesondere die Verarbeitung von Keramiken als eingebettete Kondensatoren in Leiterplatten auf Epoxy-Basis („FR4") ein.

Ferroelektrisches $BaTiO_3$ bildet die hauptsächliche Materialbasis für die Mehrheit der Vielschicht-Keramik-Kondensatoren (MLCC)[8] [74]. Um die X7R Spezifikation[9] zu erfüllen, muss der CURIE-Punkt bei ca. 120°C entweder verschoben oder abgeflacht werden[75]. Dies geschieht im Wesentlichen durch die Zugabe von Additiven oder Substituenten. Nach AZOUGH et al. lassen sich die Additive in vier Hauptgruppen einteilen [75]:

Isovalent: Isovalenter Austausch der Elemente, z.B. Sr^{2+a} für Ba^{2+} oder Zr^{4+b} für Ti^{4+}. Dies führt im Wesentlichen zu einer Verschiebung des CURIE-Punktes (Abb. 2.14).

[a] zu isovalentem Austausch mit Sr s. auch [32, 77].
[b] zu isovalentem Austausch mit Zr s. auch [78].

Donor: Donator Ionen mit Ladungen die größer sind, als das ausgetauschte Atom, z.B. Nb^{5+a} für Ti^{4+} oder Nd^{3+b} für Ba^{2+}.

[a] zu Dotierung mit Nb s. auch [65, 79–85].
[b] zu Dotierung mit Nd s. auch [79, 86, 87].

Akzeptor: Akzeptor Ionen, z.B. Mg^{2+}, Ni^{2+} und Co^{2+} im Austausch für Ti^{4+}.

Glas: Niedrigschmelzende Glaszusammensetzungen, z.B. Bi_2O_3, PbO, Si_2O_3, Al_2O_3 und B_2O_3.

---
[8] 1998 wurden für die Herstellung von keramischen Vielschichtkondensatoren ungefähr 10 000 Tonnen $BaTiO_3$ verwendet, was fast 90% der gesamten $BaTiO_3$-Produktion darstellt [74].
[9] ε_r darf nicht mehr als ±15% um den ε_r Wert bei 25°C im Temperaturbereich zwischen -55°C und 125°C schwanken [75].

2 Grundlagen

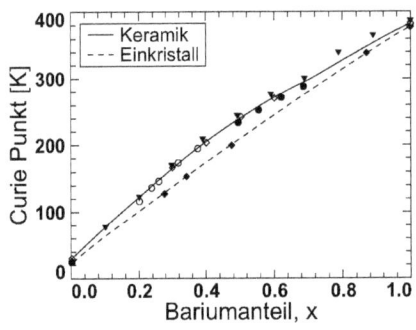

Neben Daten aus selbst durchgeführten Messungen verwendet VENDIK für Abb. 2.14 Daten aus

♦: K. BETHE, *Philips Res. Rep.*, Suppl. 2, 1 (1970)

◊: K. BETHE, F. WELZ, *Mater. Res. Bull.* 6, 209 (1971)

▼: G. A. SMOLENSKII, K. F. ROZGACHEV, *Zh. Tekh. Fiz.* 24, 1751 (1954)

○: L. BENGUIGUI, *Phys. Status Solidi A* 46, 337 (1978)

Abb. 2.14: CURIE-Punkte von $Ba_xSr_{1-x}TiO_3$ in Abhängigkeit des Bariumanteils x nach [76].

Durch die Wahl der Zusammensetzung $Ba_{0.7}Sr_{0.3}TiO_3$ kann der CURIE-Punkt nach Abb. 2.14 hin zur Raumtemperatur verschoben werden. Dies führt zu einer Maximierung der Permittivität bei Raumtemperatur jedoch bei gleichzeitiger Maximierung der Temperaturabhängigkeit.

Des Weiteren bilden die Seltenerdmetalle eine ausführlich untersuchte Gruppe der Additive[10] sowie weitere Elemente und Elementkombinationen (z.B. $BiNbO_4$ [81] oder Cd [81]). Ein möglicher, bei der Dotierung auftretender Effekt, ist die Bildung von Kern-Hülle Strukturen. Dies wurde z.B. für Dotierungen mit ZrO_2, $ZnO+Bi_2O_3$, $CdBi_2Nb_2O_9$, $Bi_4Ti_3O_{12}$, $Bi_2O_3+Nb_2O_5$ und CeO_2 beobachtet [75, 93–95].

Durch den Austausch von Ba^{2+} durch La^{3+} oder Ti^{4+} durch Nb^{5+} oder Sb^{5+} kann das ferroelektrische $BaTiO_3$ in ein halbleitendes Material umgewandelt werden [79, 90, 91]. Neben der Permittivität lassen sich auch die elektrische Leitfähigkeit [79], Wärmekapazität [96] und die internen Spannungen [97] durch die Wahl der Herstellungsmethode oder Dotierungen beeinflussen. Einige Materialien (z.B. $Ba_xSr_{1-x}TiO_3$) sind so genannte „steuerbare Dielektrika" deren Permittivität sich in Abhängigkeit eines angelegten, äußeren, statischen Feldes ändert [77].

2.2.2 Polymere

Polymere bestehen im Wesentlichen aus vergleichsweise einfachen makromolekularen Verbindungen, die durch kettenförmig aneinandergereihte, häufig wiederkehrende Monomereinheiten gebildet werden. Die meisten Kunststoffe bestehen nur aus einer oder zwei Monomerarten als sog. Homo- bzw. Kopolymere [98, S.12].

Die einfachste Form eines Polymers (auch Kunststoff oder Polymerer-Werkstoff) wird durch die fadenförmige Aneinanderreihung von Monomeren gebildet (Abb. 2.15a). Bei der Bildung von Ketten

---

[10]Ce [79], Gd [88], La [79, 86, 89–91], Pr [79], Sc [86], Sm [79, 92].

2.2 Materialien

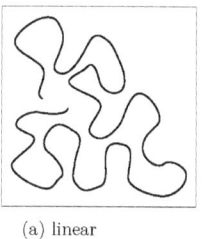
(a) linear

(b) verschlauft

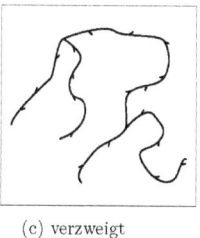
(c) verzweigt

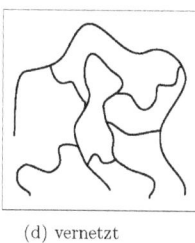
(d) vernetzt

Abb. 2.15: Strukturprinzipien bei Polymeren: lineare, verschlaufte, verzweigte und vernetzte Makromoleküle [98, S.13]

bilden sich unabhängig von weiteren Verzweigungen immer auch physikalische Verschlaufungen mit anderen Makromolekülen (Abb. 2.15b). An der Hauptkette eines linearen Makromoleküls können Substituenten mit ggf. abweichendem Aufbau angebunden sein. Ist der Aufbau der seitlich angeordneten Atomgruppen mit dem der Hauptkette identisch, spricht man von Verzweigungen (Abb. 2.15c). Substituenten können den Verbund der Makromoleküle untereinander verfestigen, versteifen oder auch lockern und beweglicher machen. Sind die Makromoleküle nicht nur physikalisch sondern auch chemisch untereinander gebunden, werden sie als vernetzte Makromoleküle bezeichnet (Abb. 2.15d). Physikalische Bindekräfte (Van-der-Waals Wechselwirkungen, Wasserstoffbrückenbindungen) sind durch Wärme, Lösungsmittel und mechanische Kräfte reversibel lösbar, während die chemischen Bindungen nur irreversibel gelöst werden können. [98, S.12–13].

Polymere werden im Allgemein in drei Gruppen eingeteilt: Thermoplaste, Duroplaste und Elastomere [98, S.14–15].

Thermoplaste bestehen aus im Wesentlichen physikalisch gebundenen Makromolekülen, die bei Raumtemperatur hart sind und bei Erwärmung reversibel bis in einen plastischen Zustand erweichen, in dem sie leicht verformt werden können.

Duroplaste entstehen durch die Vernetzung von Monomeren und Oligomeren zu chemisch engmaschig untereinander gebunden Makromolekülen.

Elastomere bestehen aus chemisch weitmaschig vernetzten Makromolekülen, die zusätzlich untereinander verschlauft sind. Je nach Temperatur sind Elastomere hart oder zäh verformbar.

Ungesättigte Polyester[11]-Gießharze sind ein bedeutendes Produkt der Polymer-Industrie, die in der Automobilindustrie, dem Baugewerbe, der Elektronikindustrie sowie in Rohren und Booten zum Einsatz kommen [100, S.7–8]. Typischerweise bestehen sie aus ungesättigten Polyester-Polymeren oder -Oligomeren, die in flüssigen Monomeren – typischerweise Styrol – gelöst sind um die Reaktivität und die Prozessierbarkeit zu verbessern [101, S.256]. Polyester entstehen durch Kondensationsreaktion von

---
[11] abgekürzt UP nach DIN 7728 Teil 1 [100, S.1].

2 Grundlagen

(a) Thermoplast (b) Duroplast

Abb. 2.16: Wiederholeinheit eines thermoplastischen Polyesters und Funktionseinheit eines duroplastischen Polyesters (nach [99, S.490 u. 478]).

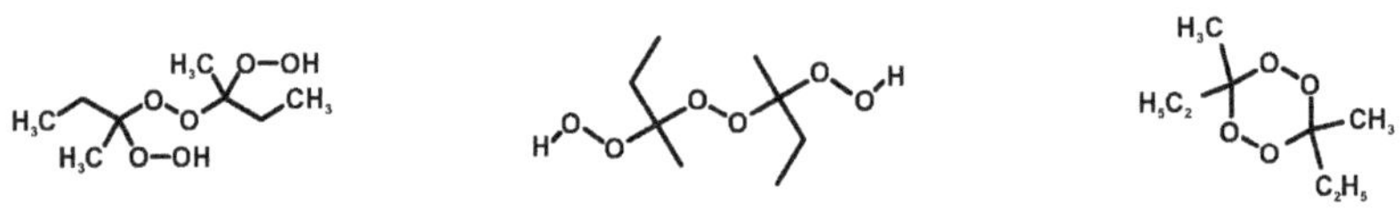

(a) $C_8H_{18}O_6$ Sigma Aldrich (Abb. nach [104])
(b) $C_8H_{18}O_6$ NCBI Public Chemical Database (Abb. nach [105])
(c) $C_8H_{16}O_4$ Römpp Chemie Lexikon (Abb. nach [106])

Abb. 2.17: Verschiedene Strukturformeln für Methyl-Ethyl-Keton-Peroxid (auch 2-Butanon-Peroxid oder Keton-Peroxid des 2-Butanon).

Säuren und Alkoholen mit Wasser als Nebenprodukt. Sie können je nach Vernetzung thermoplastisches oder duroplastisches Verhalten aufweisen (Abb. 2.16) [99, S.491].

Reaktionsgießharze können durch Starter, die freie Radikale ausbilden, vernetzt werden. Hierfür werden normalerweise organische Peroxide verwendet. Die freien Radikale des Starters können durch thermischen Zerfall, ultraviolettes Licht oder chemischen Zerfall bei Raumtemperatur (sog. kalthärtende Systeme) gebildet werden. Ein Vertreter der letzten Gruppe ist das Methyl-Ethyl-Keton-Peroxid (MEKP)[12] [103, S.1732], welches zusammen mit dem Katalysator Kobalt-Octanoat schon bei 25°C–35°C die Vernetzung des Harzes bewirkt [101, S.269].

Weitere übliche Bezeichnungen für MEKP sind 2-Butanon und Peroxid-Ethyl-Methyl-Keton-Peroxid. Die Strukturformel und die Zusammensetzung des MEKP ist in der Literatur nicht endgültig geklärt. Zwei mögliche Zusammensetzungen und Strukturen aus der Literatur sind in Abb. 2.17 dargestellt. Neben dem Hauptbestandteil MEKP enthält der Kaltstarter zusätzlich ein Kobalt-Octanoat als Beschleuniger [106]. Dieser Beschleuniger kann in einem Gießharzsystem auch dem UP zugesetzt sein [107]. Eine Vorhersage der Reaktionskinetik von MEKP und den Verlauf der mehrfachen unkontrolliert

---

[12]Der Jahresverbrauch an MEKP lag in den USA 1984 bei 4450 Tonnen [102, S.15].

2.2 Materialien

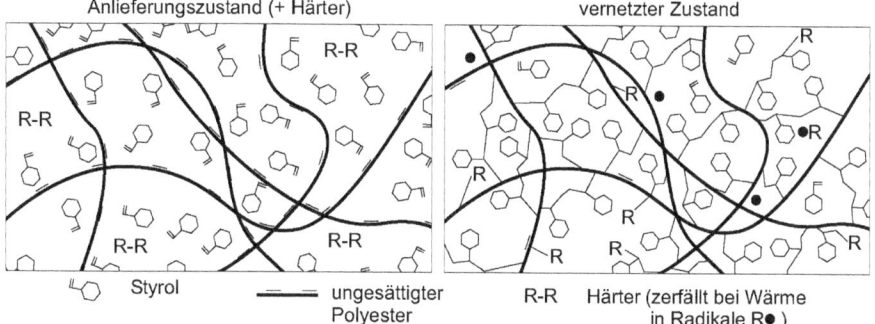

Abb. 2.18: Härtung eines Reaktionsgießharzes. Das Styrol dient sowohl als aktives Lösungsmittel, als auch als Reaktionspartner und bewirkt mit Hilfe des Härters R-R die Vernetzung durch Aufbrechen der Doppelbindung und Reaktion mit den Oligomeren Ketten (Abb. nach [113, S.328]).

ablaufenden Zerfallprozesse beschreiben LIAW et al. in [108]. Der Einfluss der Heizrate auf die Reaktionskinetik wird von MARTÍN beschrieben [109, 110]. Insbesondere durch die Kombination von MEKP mit anderen Kaltstartersystemen wie TBPB, die Zugabe von weiteren Kopolymeren wie MMA und Kontrolle der Polymerisationstemperatur kann Einfluss auf den Volumenschrumpf des Polymersystems genommen werden [111, 112].

Organische Peroxide sind thermisch empfindlich und spalten sich durch den homolytischen Zerfall der labilen Sauerstoff-Sauerstoff-Bindung ($\Delta H = 123.5\,\frac{kJ}{mol}$–$184.2\,\frac{kJ}{mol}$) zu zwei freien Radikalen (Gl. 2.31) [102, S.1].

$$ROOR' \xrightarrow{\Delta} RO\cdot + \cdot OR' \qquad (2.31)$$

Einige Peroxide werden bei niedrigen Temperaturen durch die Anwesenheit von Katalysatoren wie Fe^{2+} [102, S.1] oder Co^{3+} [101, S.269] mit Redox-Reaktionen gespalten. Die Wirkung des Kobalts als Katalysator bei der Bildung der freien Radikale aus organischen Peroxiden ist in [101, S.269] wie folgt dargestellt (Gl. 2.32):

$$Co^{3+} + ROOH \longrightarrow RO\cdot + O^0 + H^+ + Co^{2+} \qquad (2.32a)$$

$$Co^{2+} + ROOH \longrightarrow RO\cdot + OH^- + Co^{3+} \qquad (2.32b)$$

Der durch den Starter hervorgerufene Vernetzungsmechanismus im ungesättigten Polyester Gießharz ist in Abb. 2.18 dargestellt. Durch die freien Radikale R· werden die bisher als aktives Lösungsmittel

2 Grundlagen

verwendeten Styrolmoleküle als Verbindungsbrücken zwischen den oligomeren ungesättigten Polyesterketten eingebaut [113, S.328]. Dies geschieht in einer radikalischen Kettenreaktion, die sich in drei Phasen aufteilt: Aktivierung, Kettenfortpflanzung und Abbruch [114, S.3–4].

In der Aktivierungsphase müssen aus den Startermolekülen freie Radikale gebildet werden (Gl. 2.33).

$$I \xrightarrow{k_d} 2\,R\cdot \tag{2.33}$$

Dabei ist k_d die Dissoziationsrate des Starters I, die dessen Zerfall in die freien Radikale R quantifiziert.

Im zweiten Teil der Aktivierungsreaktion wird aus dem freien Radikal R und einem ersten Monomer M das Kettenstartmolekül $M_1\cdot$ mit der Bildungsrate k_i gebildet (Gl. 2.34).

$$R\cdot + M \xrightarrow{k_i} M_1\cdot \tag{2.34}$$

Während der Fortpflanzungsreaktion wächst das Kettenstartmolekül durch das Hinzufügen einer großen Anzahl von Monomeren. Das Hinzufügen von Monomeren wird dargestellt in Gl. 2.35

$$M_1\cdot + M \xrightarrow{k_{p1}} M_2\cdot \tag{2.35a}$$

$$M_2\cdot + M \xrightarrow{k_{p2}} M_3\cdot \tag{2.35b}$$

$$M_3\cdot + M \xrightarrow{k_{p3}} M_4\cdot \tag{2.35c}$$

und in allgemeiner Form (Gl. 2.36).

$$M_n\cdot + M \xrightarrow{k_{pn}} M_{n+1}\cdot \tag{2.36}$$

Dabei beschreiben k_1, k_2, k_3, ... k_n die Fortpflanzungsrate der einzelnen Fortpflanzungsschritte der Kette.

Die Abbruchreaktion kann hierbei entweder durch Kopplung zweier bereits gewachsener Ketten oder durch Disproportionierung zweier Ketten-Enden geschehen (Gl. 2.37).

$$M_n\cdot + M_m\cdot \xrightarrow{k_{tc}} M_{n+m} \tag{2.37a}$$

$$M_n\cdot + M_m\cdot \xrightarrow{k_{td}} M_n + M_m \tag{2.37b}$$

Hierbei repräsentiert k_{tc} die Kopplungsrate und k_{td} die Disproportionierungsrate. Verallgemeinert können diese beiden Mechanismen mit einer Terminierungsrate von $k_t = k_{tc} + k_{td}$ zu Gl. 2.38 zusammengefasst werden.

2.2 Materialien

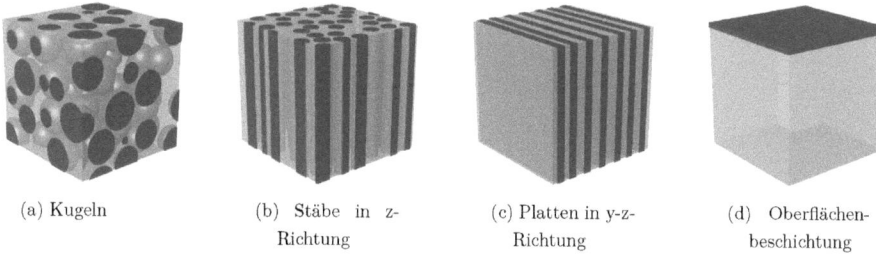

(a) Kugeln (b) Stäbe in z-Richtung (c) Platten in y-z-Richtung (d) Oberflächenbeschichtung

Abb. 2.19: Verschiedene Formen zweiphasiger Gefüge nach [113, S.347]. (a) Isotropes Gefüge; (b)–(d) anisotropes Gefüge.

$$M_n\cdot + M_m\cdot \xrightarrow{k_t} \text{abgesättigtes Polymer} \tag{2.38}$$

Im Zusammenhang mit den Polymerbildungsreaktionen ergibt sich die Frage nach der Größe bzw. der Masse der Makromoleküle als wichtige Strukturparameter. Bei synthetisch hergestellten Polymeren gibt es keine einheitliche Molekülgröße sondern immer Gemische unterschiedlich großer Molekülstrukturen. Die Angabe einer Molmasse ist daher immer ein statistischer Mittelwert, dessen Zahlenwert vom Verteilungsspektrum der Einzelmoleküle und der Art der Mittelwertbildung abhängt. Die größte praktische Bedeutung im Bezug auf die Eigenschaftskorrelation kommt hierbei dem der relativen gewichtsmittleren Molmasse M_W zu (Gl. 2.39) [115].

$$M_W = \frac{\sum m_i\, M_i}{\sum m_i} \tag{2.39}$$

Hierbei ist M_i die relative Molmasse einer engen (differentiell kleinen) Molekülfraktion und m_i die Gesamtmasse aller Moleküle in dieser Molekülfraktion.

2.2.3 Komposite

Komposite sind definitionsgemäß physikalische Mischungen von verschiedenen Phasen [113, S.345] oder Materialien [116, S.15] mit unterschiedlichen physikalischen Eigenschaften. Je nach Form und Anordnung der Komponenten ist nach [113, S.345] eine Einteilung nach Abb. 2.19 sinnvoll.

Die Herstellung von Kompositen erfolgt normalerweise unter dem Gesichtspunkt der gezielten Eigenschaftsänderung und/oder Verbilligung. Wird die kontinuierliche Phase des Verbundwerkstoffs durch ein Polymer gebildet, spricht man von Polymer-Kompositen. Faserverstärkte Kunststoffe bilden hier die wichtigste Gruppe der heterogenen Verbundwerkstoffe [98, S.112]. Neben dem mechanischen Ein-

2 Grundlagen

fluss, den jede Art von Füllstoff auf ein polymeres Matrixmaterial ausübt, werden gezielt auch andere physikalische Eigenschaften von Polymeren durch die Verarbeitung zu Kompositen gezielt verändert[13].

elektrische Leitfähigkeit:	Kohlenstoff [118], Kohlenstoffnanoröhren [119, 120], Magnetit [121]
Wärmeleitfähigkeit:	Magnetit [121]
Brechungsindex:	Al_2O_3, SiO_2 [122]
Permittivität:	$BaTiO_3$ [123–126], PZT [127], $SrTiO_3$ [128], ZnO [129] u.a.
Magnetismus:	Eisen [130], Magnetit [131]
Ionenleitfähigkeit:	Titandioxid [132]
Piezoelektrizität:	Bleititanat [133]
Flammbarkeit:	Ton [134]
Gaspermeabilität:	Silikate oder Grafitplättchen [117]
Biokompatibilität:	Hydroxyapatit, $BaTiO_3$ [135]
Tribologie:	Al_2O_3, ZnO [136]

Die resultierenden Eigenschaften eines Komposits können eine Summen-, Kombinations- oder Produkteigenschaft der einzelnen Komponenten des Komposits sein [137]. Im Falle der Permittivität von Polymer-Kompositen handelt es sich um eine Summeneigenschaft. Die Permittivität des Komposits ist die Summe der seriell und parallel verschalteten Komponenten. Die reine Serien- und Parallelschaltung der Komponenten bildet die untere und obere Schranke der Komposit-Permittivität [137].

Die Permittivität von Kompositsystemen ist ein Fachgebiet von großem Interesse insbesondere für Anwendungen im Bereich der eingebetteten Kondensatoren [2, 5, 6, 163, 169–171]. Hierfür wurde eine Vielzahl von Materialien als Füllstoff und Matrixmaterial intensiv untersucht (Tab. 2.3). Bei den Füllstoffen liegt der Materialschwerpunkt auf $BaTiO_3$ (teilweise dotiert) und PMN-PT (Tab. 2.3a). Es werden auch Mischungen dieser beiden Materialgruppen eingesetzt. Bei den Matrixmaterialien liegt der Schwerpunkt der wissenschaftlichen Untersuchungen bei Systemen auf der Basis von Epoxy-Gießharzen, wegen deren Kompatibilität zum Leiterplattenmaterial sowie beim Polyimid wegen seiner besseren elektrischen Eigenschaften (Tab. 2.3b).

Um die Viskosität der hergestellten Komposite zu senken und die Anbindung zwischen den Pulverpartikeln und der Polymermatrix zu verbessern werden Dispergatoren, wie z.B. „Byk W9010"

---

[13] Die Liste erhebt weder bei den variierten Eigenschaften, noch bei der Art der Beeinflussung Anspruch auf Vollständigkeit, sondern soll einen Eindruck über die Vielzahl der Variationsmöglichkeiten bieten. Weitere Eigenschaftsmodifikationen finden sich in [117].

Tab. 2.3: Verwendete Füllstoffe und Matrixmaterialien von Kompositmaterialien für eingebettete Kondensatoren.

(a) Füllstoffe

Füllstoffe	
Ag	[138–140]
Ag+C	[141]
Al	[142]
Al_2O_3	[143]
$BaTiO_3$	[10, 123, 126, 127, 135, 144–155]
$Ba_{0.5}Sr_{0.5}TiO_3$	[156]
Ca-$PbTiO_3$	[157]
C-Faser	[158]
Cu	[158]
LaMgSr-$BaTiO_3$	[126]
Ni	[158]
Ni/$BaTiO_3$	[144]
$Ni_{0.3}Zn_{0.7}Fe_2O_4$	[159]
PMN	[160]
PMN-PT	[161–163]
PMN-PT/$BaTiO_3$	[124, 157, 164–167]
$Pr_{0.6}Ca_{0.4}MnO_3$	[168]
PZT	[127]
$SrTiO_3$	[128]
ZnO	[129]

(b) Matrixmaterialien

Matrixmaterialien	
Acrylat	[159]
Epoxy	[124–126, 138–142, 146, 147, 149, 154, 157, 160–167]
LDPE	[129, 158]
PAN	[151]
PEEK	[128]
PEGDA	[145]
PFCB	[150]
Phenolharz	[123]
PNB	[151]
Polyimid	[10, 143, 153, 155, 151, 152]
Polyvinyl Fluorid	[168]
PVDF	[135, 144, 148]
SU-8	[156]
TDDMA	[145]
TMPTA	[145]
P(VDF-TrFE)	[127]

2 Grundlagen

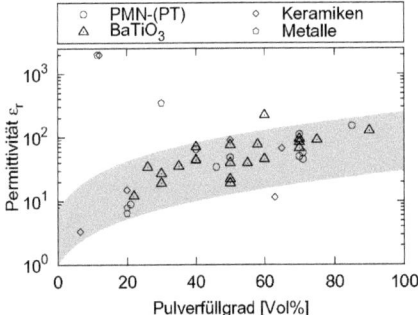

Abb. 2.20: Permittivitäten von Kompositen aus verschiedenen Veröffentlichungen unterteilt in die Hauptbestandteile des Füllstoffes. Details s. Anh. B Tab. B.1.

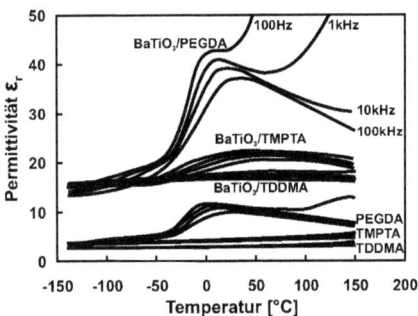

Abb. 2.21: Permittivität von PEGDA, TMPTA und TDDMA ungefüllt und als $BaTiO_3$-Komposit in Abhängigkeit der Temperatur und der Frequenz (Abb. nach [145]).

eingesetzt [161, 162, 172]. Das Interface Pulver-Polymer beeinflusst nicht nur die Rheologie des Komposits. Durch Optimierung des Interfaces wird auch Einfluss auf die dielektrischen Eigenschaften des Systems ausgeübt. Zu diesem Zwecke kommen insbesondere Silanisierungen der Pulveroberfläche zum Einsatz [142, 147, 149]. Die elektrischen Eigenschaften des Polymers werden durch die Zugabe von z.b. Co(III) [124, 164–166] oder durch die Zugabe von organischen Additiven wie Phenantren [173] optimiert. Um den Pulverfüllgrad von hergestellten Schichten und Strukturen zu erhöhen, werden Lösungsmittel (z.b. PGMEA [162] oder NMP [124]) eingesetzt, die vor dem Aushärten der Komposite verdampft werden müssen.

Die literaturbekannten Permittivitätswerte reichen je nach Kompositsystem von 3.3 bis 2000. Die in einer Auswahl von Veröffentlichungen berichteten maximalen Permittivitätswerte sind in Abhängigkeit des Füllgrades in Abb. 2.20 dargestellt. Der grau hinterlegte Bereich entspricht einer Berechnung der Permittivität nach MAXWELL-WAGNER-SILLAR (Gl. 2.47) mit $\varepsilon_{rm}=1$ respektive $\varepsilon_{rm}=7$ und $\varepsilon_{rf}=30$ respektive $\varepsilon_{rf}=250$ als Grenzkurven. Die meisten in der Literatur gefundenen Permittivitätswerte von Polymer-Kompositmaterialien liegen innerhalb dieser Schranken. Eine Permittivität von 2000 wurde für ausgefälltes Ag [168] und $Pr_{0.6}Ca_{0.4}MnO_3$ in der Nähe der Perkolationsschwelle [138] in Epoxy, eine Permittivität von 800 für ein $Ni/BaTiO_3$-Gemisch in PVDF [144] berichtet. Eine Permittivität von 220 bei 60 Vol% wurde mit $BaTiO_3$ gefülltem Phenolharz durch zusätzliche Polungsvorgänge (100°C, 50 $\frac{kV}{m}$) erreicht [123]. Eine Permittivität von 11.5 bei 63 Vol% wurde für ZnO in LDPE von TJONG et al. in [129] berichtet. Eine detaillierte Tabelle mit ausgewählten Veröffentlichungen und den darin berichteten Permittivitäten, dielektrischen Verlusten und Füllgraden ist im Anh. B in Tab. B.1 zusammengestellt.

2.3 Modellierung der Permittivität von Kompositsystemen

In Abb. 2.21 ist die Permittivität von PEGDA, TMPTA und TDDMA in Abhängigkeit der Temperatur jeweils für das ungefüllte Polymersystem und das $BaTiO_3$ gefüllte Polymersystem nach [145] dargestellt. Der Pulverfüllgrad für diese Proben beträgt 30 Vol%. Die Temperaturabhängigkeit der Permittivität des Komposits zeigt eine qualitative Übereinstimmung mit der Temperaturabhängigkeit des Polymermaterials. Der Füllstoff verstärkt den absoluten Effekt der Temperaturabhängigkeit der Permittivität des Polymers, der in einem sehr engen Zusammenhang zur Glasübergangstemperatur des Polymers gesehen wird (z.B. PEGDA: T_G=-20°C) [145]. Am Beispiel Siliziumdioxid untersuchen SUN et al. den Einfluss der Partikelgröße auf die Glasübergangstemperatur von Epoxy und finden für mikroskalige Füllstoffe keine signifikante Abhängigkeit, für nanoskalige Füllstoffe aber eine signifikante Absenkung der Glasübergangstemperatur [174].

2.3 Modellierung der Permittivität von Kompositsystemen

2.3.1 Literaturmodelle

In der Literatur werden verschiedene Modelle zur Berechnung und Vorhersage der Permittivität eines nicht homogenen Systems bestehend aus zwei Stoffen stark unterschiedlicher Permittivität vorgeschlagen. Die einfachste Variante ist das volumetrische Mischungsgesetz (Gl. 2.40) [128]. In diesem wird die Permittivität der Komponenten mit dem jeweiligen Volumenanteil gewichtet. Dieser Ansatz entspricht der Parallelschaltung zweier Plattenkondensatoren mit Dielektrika unterschiedlicher Permittivität (vergl. Gl. 4.26a mit $v_m = 1 - v_f$).

$$\varepsilon_{reff} = v_f \varepsilon_{rf} + v_m \varepsilon_{rm} \quad (2.40)$$

Das Modell nach LICHTENECKER gewichtet die Permittivitäten der Komponenten logarithmisch nach ihrem Volumenanteil (Gl. 2.41) [128]. In einer modifizierten Variante dieses Modells wird der Volumenanteil des Füllstoffes mit einem Kopplungsfaktor k gewichtet (Gl. 2.42) [161]. Für homogene Mischungen wird hier ein Kopplungsfaktor $k = 0.3$ angesetzt.

$$log(\varepsilon_{reff}) = v_f \, log(\varepsilon_{rf}) + v_m \, log(\varepsilon_{rm}) \quad (2.41)$$

$$log(\varepsilon_{reff}) = log(\varepsilon_{rm}) + (1-k)v_f \, log\left(\frac{\varepsilon_{rf}}{\varepsilon_{rm}}\right) \quad (2.42)$$

BRUGGEMAN hat sich intensiv mit der Berechnung von physikalischen Eigenschaften heterogener Materialien auseinandergesetzt [175–178]. Die geschlossene Abschätzung der Permittivität eines heterogenen Materials nach BRUGGEMAN ist in Gl. 2.43 wiedergegeben [144].

$$0 = (1-v_f)\frac{\varepsilon_{rm} - \varepsilon_{reff}}{\varepsilon_{rm} + 2\varepsilon_{reff}} + v_f \frac{\varepsilon_{rf} - \varepsilon_{reff}}{\varepsilon_{rf} + 2\varepsilon_{reff}} \quad \Leftrightarrow$$

2 Grundlagen

$$\varepsilon_{reff} = \frac{1}{4} \cdot \left(\pm \sqrt{\begin{array}{c} 9v_f^2 \cdot (\varepsilon_{rf} - \varepsilon_{rm})^2 - 6v_f \cdot (\varepsilon_{rf} - 2\varepsilon_{rm})(\varepsilon_{rf} - \varepsilon_{rm}) \\ +\varepsilon_{rf}^2 + 4\varepsilon_{rf}\varepsilon_{rm} + 4\varepsilon_{rm}^2 \end{array}} + 3v_f(\varepsilon_{rf} - \varepsilon_{rm}) - \varepsilon_{rf} + 2\varepsilon_{rm} \right) \quad (2.43)$$

Ein Modell mit identischer Definition von ε_{reff} wie Gl. 2.43 wird BÖTTCHER zugeschrieben in der Form (Gl. 2.44) [179]:

$$v_f = \frac{(\varepsilon_{reff} - \varepsilon_{rm})(2\varepsilon_{reff} + \varepsilon_{rf})}{3\varepsilon_{reff}(\varepsilon_{rf} - \varepsilon_{rm})} \quad (2.44)$$

LOOYENGA entwickelt hieraus zusammen mit weiteren Überlegungen von BRUGGEMAN eine weitere Gleichung (Gl. 2.45) [179], welche unter anderem zur Korrektur des Einflusses der Porosität auf die Gesamtpermittivität von inhomogenen Systemen bei der Bestimmung von Materialwerten der Einzelkomponenten eingesetzt wird [180].

$$\varepsilon_{reff} = \left(\left(\varepsilon_{rf}^{\frac{1}{3}} - \varepsilon_{rm}^{\frac{1}{3}} \right) v_f + \varepsilon_{rm}^{\frac{1}{3}} \right)^3 \quad (2.45)$$

Des Weiteren werden die Modelle von MAXWELL-GARNETT (Gl. 2.46) und MAXWELL-WAGNER-SILLAR (Gl. 2.47) für diese Berechnung herangezogen [128]. Die Modelle von MAXWELL und GARNETT entwickelten sich aus der Berechnung der Farben von Glas und Glasmischungen [181]. Das Modell nach MAXWELL-WAGNER-SILLAR ist das invertierte Modell von MAXWELL-GARNETT ($\varepsilon_{rf} \leftrightarrow \varepsilon_{rm}$ und $v_f \leftrightarrow v_m$). NISA et al. verwenden das Modell nach MAXWELL-WAGNER-SILLAR, stellen aber große Abweichungen zu den gemessenen Werten fest [128].

$$\frac{\varepsilon_{reff} - \varepsilon_{rm}}{\varepsilon_{reff} + 2\varepsilon_{rm}} = v_f \frac{\varepsilon_{rf} - \varepsilon_{rm}}{\varepsilon_{rf} + 2\varepsilon_{rm}} \quad \Leftrightarrow$$

$$\varepsilon_{reff} = \varepsilon_{rm} \frac{2\varepsilon_{rm} + \varepsilon_{rf} + 2v_f(\varepsilon_{rf} - \varepsilon_{rm})}{2\varepsilon_{rm} + \varepsilon_{rf} - v_f(\varepsilon_{rf} - \varepsilon_{rm})} \quad (2.46)$$

$$\varepsilon_{reff} = \varepsilon_{rf} \frac{2\varepsilon_{rf} + \varepsilon_{rm} + 2v_m(\varepsilon_{rm} - \varepsilon_{rf})}{2\varepsilon_{rf} + \varepsilon_{rm} - v_m(\varepsilon_{rm} - \varepsilon_{rf})} \quad (2.47)$$

SKIPETROV entwickelt die MAXWELL-GARNETT Gleichung weiter. NAN beweist aber ihre Unterlegenheit gegenüber der MAXWELL-GARNETT Gleichung [182, 183].

Des Weiteren wird zur Modellierung ein theoretisches Modell von JAYSUNDERE und SMITH verwendet (Gl. 2.48) [161, 184].

2.3 Modellierung der Permittivität von Kompositsystemen

$$\varepsilon_{reff} = \frac{\varepsilon_{rm}v_m + \varepsilon_{rf}v_f \dfrac{3\varepsilon_{rm}}{\varepsilon_{rf}+2\varepsilon_{rm}}\left(1+3v_f\dfrac{\varepsilon_{rf}-\varepsilon_{rm}}{\varepsilon_{rf}+2\varepsilon_{rm}}\right)}{v_m + v_f\dfrac{3\varepsilon_{rm}}{\varepsilon_{rf}+2\varepsilon_{rm}}\left(1+3v_f\dfrac{\varepsilon_{rf}-\varepsilon_{rm}}{\varepsilon_{rf}+2\varepsilon_{rm}}\right)} \qquad (2.48)$$

Ein weiteres Modell, welches von BAI et al. [185] erfolgreich verwendet wird um $Pb(Mg_{1/3}Nb_{2/3})O_3$-$PbTiO_3$ – P(VDF-TrFE) Komposite zu modellieren, wurde von YAMADA et al. 1982 veröffentlicht (Gl. 2.49) [186].

$$\varepsilon_{reff} = \varepsilon_{rm}\left(1 + \frac{kv_f(\varepsilon_{rf}-\varepsilon_{rm})}{k\varepsilon_{rm}+(\varepsilon_{rf}-\varepsilon_{rm})(1-v_f)}\right) \qquad (2.49)$$

Der Faktor k ist hier ein Maß für die Ellipsoidalform der Partikel. Die Gleichung wurde hergeleitet aus den MAXWELLSCHEN Gleichungen und der Annahme eines kontinuierlichen Mediums mit der Permittivität ε_{rm} und ellipsoiden Partikeln, deren Achse in Richtung des elektrischen Feldes zeigt, mit der Permittivität ε_{rf}.

Auf Basis der Arbeiten von TINGA et al. [187] entwickelte FURUKAWA et al. [188, 189] ein Modell für sphärische Partikel in einer Matrix (Gl. 2.50).

$$\varepsilon_{reff} = \varepsilon_{rm} \cdot \frac{2\varepsilon_{rm}+\varepsilon_{rf}-2v_f(\varepsilon_{rm}-\varepsilon_{rf})}{2\varepsilon_{rm}+\varepsilon_{rf}+v_f(\varepsilon_{rm}-\varepsilon_{rf})} \qquad (2.50)$$

Allerdings ist das Modell nach FURUKAWA identisch mit dem Modell nach MAXWELL-GARNETT (Gl. 2.46) und wird daher nicht weiter gesondert betrachtet. Die Modelle von YAMADA et al. und FURUKAWA et al. werden von DIAS et al. in [190] ausführlich diskutiert.

GRECHKO et al. entwickeln die Permittivität für sphärische Einschlüsse von Metallen. Unter Reduktion auf einen einzigen sphärischen Einschluss und $v_f = \frac{4}{3}\pi r^3 n$ mit dem Radius des Einschlusses r und der Konzentration des Einschlusses n erhält man (Gl. 2.51) [191]:

$$\varepsilon_{reff} = \varepsilon_{rm}\left(1 + \frac{3v_f\beta}{1 - v_f\beta - \frac{2}{3}v_f\beta \ln\dfrac{8+\beta}{8-2\beta}}\right) \qquad (2.51)$$

$$\beta = \frac{\varepsilon_{rf}-\varepsilon_{rm}}{\varepsilon_{rf}+2\varepsilon_{rm}}$$

Da diese Reduktion zu einer Gleichung führt, die bereits vorher von FELDERHOF et al. entwickelt wurde, wird diese im Folgenden als FELDERHOF Modell bezeichnet [192–194].

2 Grundlagen

2.3.2 Feldlinienbetrachtungen von inhomogenen Systemen

Der Verlauf der Feldlinien des elektrischen Feldes durch ein Material mit Domänen unterschiedlicher Permittivität hat einen wesentlichen Einfluss auf die resultierende Permittivität des Komposits. Nach dem Satz von HELMHOLTZ ist jedes Vektorfeld durch die Angabe aller seiner Quellen und Wirbel eindeutig bestimmt. Dabei ist das elektrische Feld ein wirbelfreies Quellenfeld und die magnetische Induktion ein quellenfreies Wirbelfeld[14] [196, S.8]. Die elektromagnetischen Felder werden über die vier MAXWELLSCHEN Gleichungen mit der magnetischen Erregung $\vec{H}$, der elektrischen Feldstärke $\vec{E}$, der magnetischen Flussdichte $\vec{B}$, der dielektrischen Verschiebung $\vec{D}$, der elektrischen Stromdichte $\vec{j}$ und der elektrischen Raumladungsdichte ρ beschrieben [196, S.8–9]:

$$\text{rot } \vec{H} = \vec{j} + \frac{\partial \vec{D}}{\partial t} \qquad (2.52)$$

$$\text{rot } \vec{E} = -\frac{\partial \vec{B}}{\partial t} \qquad (2.53)$$

$$\text{div } \vec{B} = 0 \qquad (2.54)$$

$$\text{div } \vec{D} = \rho \qquad (2.55)$$

Die erste MAXWELLSCHE Gleichung (Gl. 2.52, Durchflutungsgesetz) besagt, dass das Integral über $\vec{H} \cdot d\vec{s}$ entlang einer geschlossenen Kurve gleich der Summe der umfassten Ströme ist [196, S.10]. Die zweite MAXWELLSCHE Gleichung (Gl. 2.53, FARADAYSCHES Induktionsgesetz) zeigt die Identität der induzierten Umlaufspannung entlang einer geschlossenen Kurve mit der negativen zeitlichen Änderung des umfassten magnetischen Flusses. Dabei werden sowohl zeitliche Änderungen der magnetischen Induktion $\vec{B}$, als auch räumliche Änderungen des Ortes oder der Form der Kurve berücksichtigt [196, S.12]. Die dritte MAXWELLSCHE Gleichung (Gl. 2.54) besagt, dass der magnetische Fluss durch eine geschlossene Oberfläche verschwindet. Daraus folgt die Quellenfreiheit der magnetischen Induktion [196, S.13]. Analog dazu besagt die vierte MAXWELLSCHE Gleichung (Gl. 2.55, Satz von GAUSS), dass der elektrische Fluss durch eine geschlossene Oberfläche gleich der von der Oberfläche eingeschlossenen Ladungsmenge Q ist [196, S.12–13].

Für elektromagnetische Felder, die keiner zeitlichen Änderung ($\frac{\partial}{\partial t}=0$) unterliegen, können die MAXWELLSCHEN Gleichungen vereinfacht werden. Statische elektrische und statische magnetische Felder stehen dabei in keiner Beziehung zueinander und können vollkommen unabhängig voneinander existieren [196, S.24]. Die Grundgleichungen der Elektrostatik lauten (Gl. 2.56 und 2.57) [197, S.70]:

$$\text{rot } \vec{E} = 0 \qquad (2.56)$$

$$\text{div } \vec{D} = \rho \qquad (2.57)$$

---

[14] Allgemein gilt rot(grad f) = $\vec{0}$ (Potentialfelder sind wirbelfrei) und div(rot $\vec{v}$) = 0 (Wirbelfelder sind quellenfrei) [195, S.528].

2.3 Modellierung der Permittivität von Kompositsystemen

Dabei gilt im einfachsten Fall der linearen Medien die Materialbeziehung (Gl. 2.58) [196, S.24]:

$$\vec{D} = \varepsilon \vec{E} \quad (2.58)$$

Das elektrische Potential φ wird nach Gl. 2.59 definiert. Das negative Vorzeichen ist eine übliche Konvention, damit die Feldlinien vom höheren zum niedrigeren Potentialwert zeigen [17, S.59].

$$\vec{E} = -\operatorname{grad} \varphi \quad (2.59)$$

Für den raumladungsfreien Fall $\rho=0$ folgt dann aus der LAPLACE Gleichung eine Grundgleichung für die Simulation von elektrostatischen Feldern mit der Methode der Finiten Elemente (Gl. 2.60) [196, S.24].

$$\operatorname{div}(-\varepsilon \operatorname{grad} \varphi) = \operatorname{div}(\varepsilon \vec{E}) = \operatorname{div}(\vec{D}) = 0 \quad (2.60)$$

Beim Aufbau eines elektrischen Feldes wird dem Kondensator Energie zugeführt, die die elektrischen Ladungen trennt. Diese wird nicht wie beim Widerstand in Wärme umgewandelt, sondern im elektrischen Feld gespeichert. Die Energie W eines elektrischen Feldes beträgt dann (Gl. 2.61) [22, S.50]:

$$W = \frac{1}{2} \int_V \vec{D} \cdot \vec{E} \, dV \quad (2.61)$$

Die Kapazität C des elektrischen Feldes kann dann aus dem Potential φ und der Energie W berechnet werden (Gl. 2.62) [22, S.50].

$$C = \frac{2W}{\varphi^2} \quad (2.62)$$

Das Beispiel einer dielektrischen Kugel im unendlichen, homogenen, elektrischen Feld ist in Abb. 2.22 schematisch dargestellt.
Der Feldlinienverlauf kann in diesem Fall mit einer geschlossenen Gleichung berechnet werden. Nach [17, S.98] lauten diese Gleichungen in Kugelkoordinaten (Gl. 2.63):

$$E_{ra} = \left[1 + 2\frac{\varepsilon_{ri} - \varepsilon_{ra}}{\varepsilon_{ri} + 2\varepsilon_{ra}}\left(\frac{a}{r}\right)^3\right] E_0 \cos\vartheta \quad (2.63\text{a})$$

$$E_{\vartheta a} = \left[-1 + \frac{\varepsilon_{ri} - \varepsilon_{ra}}{\varepsilon_{ri} + 2\varepsilon_{ra}}\left(\frac{a}{r}\right)^3\right] E_0 \sin\vartheta \quad (2.63\text{b})$$

$$\vec{E}_i = E_{zi}\vec{e}_z \quad (2.63\text{c})$$

$$E_{zi} = \frac{3\varepsilon_{ra}}{\varepsilon_{ri} + 2\varepsilon_{ra}} E_0 \quad (2.63\text{d})$$

2 Grundlagen

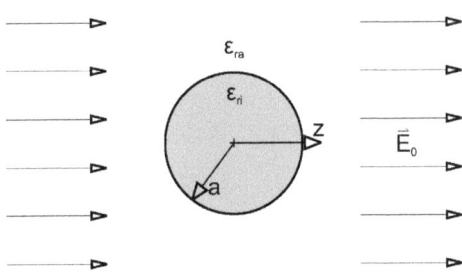

Abb. 2.22: Dielektrische Kugel im homogenen, elektrischen Feld [17, S.98].

Die Gl. 2.63 zeigen im Innern der Kugel einen Feldlinienverlauf parallel zum homogenen Feld im Unendlichen auf. Dies ist nur für kleine Unterschiede zwischen ε_{ra} und ε_{ri} gültig, da an der Grenzfläche Stetigkeitsbedingungen analog zur Optik beim Übergang von einem Gebiet mit niedrigem Brechungsindex in ein Gebiet mit hohem Brechungsindex gelten (vergl. [1, S.355] und [196, S.21–22]). Wenn keine elektrische Doppelschicht an der Grenzfläche vorliegt, geht die Tangentialkomponente des Elektrischen Feldes stetig über [196, S.22]. Allgemein betrachtet ist die Beschreibung des elektrischen Feldes im Innern der Kugel eine Näherung. Die Betrachtung des Schnittes der Kugel beinhaltet die Abstraktion in ein ebenes Problem, bei dem die Anordnung in die Bildebene hinein unendlich ausgedehnt ist (vergl. [196, S.91]).

2.4 Schichtgebung

2.4.1 Folienguss

Folienguss ist eine etablierte Methode für die Herstellung von Keramikkomponenten mit Schichtdicken zwischen 5 μm und 1.5 mm [20, S.205][201, S.599]. Ein Prozess zur Herstellung von Schichten durch das Verdampfen von organischen Lösungsmitteln auf einem flexiblen Band wurde von der Firma *DuPont* bereits in einem Patent aus dem Jahre 1940 beschrieben (Abb. 2.23a) [198]. Eine der ersten Anlagen für die Herstellung von MLCCs mit TiO_2 als Dielektrikum und Gold-Platin als Elektroden wurde 1947 von HOWATT et al. mit einem kontinuierlichen Laufband unterhalb eines Schlickerreservoirs und einem Trocknungsbereich mit Heizlampen vorgestellt[15] (Abb. 2.23b) [203]. Der Großteil der industriell

---

[15] Patente für die Herstellung von Platten mit hoher Permittivität und hoher Isolation in einem kontinuierlichen Prozess wurden HOWATT 1949 [202] und 1952 [199] erteilt.

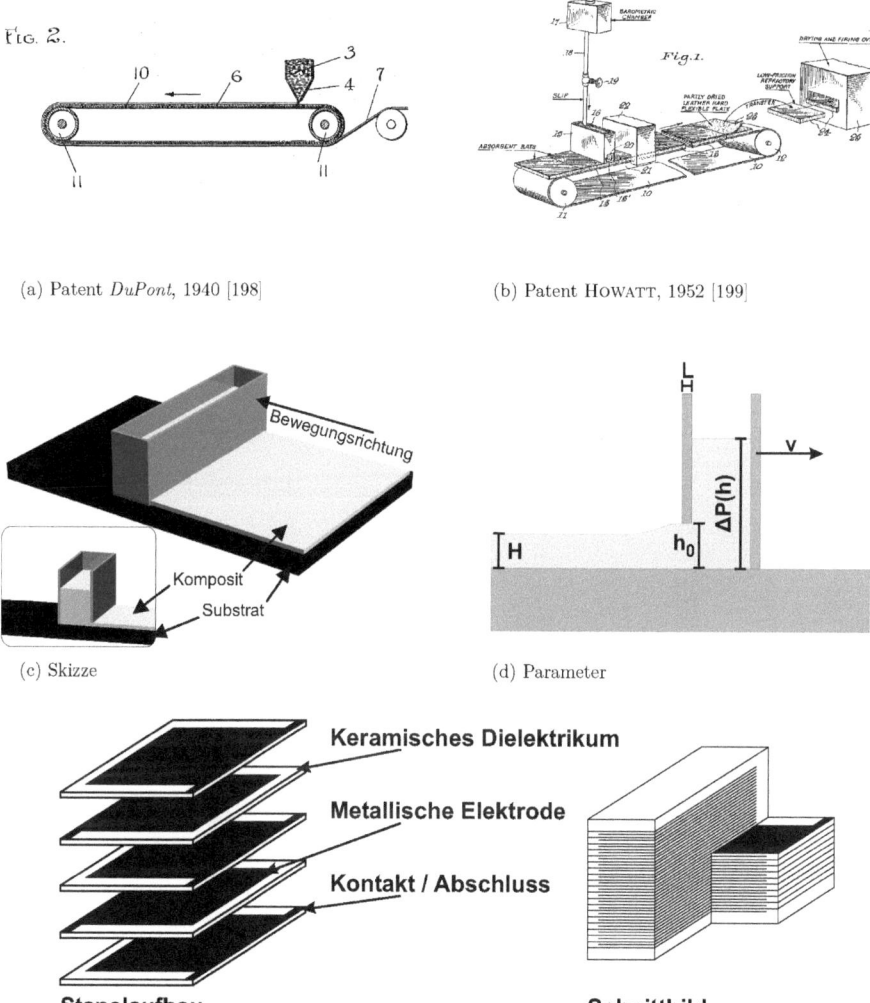

(a) Patent *DuPont*, 1940 [198]

(b) Patent Howatt, 1952 [199]

(c) Skizze

(d) Parameter

(e) MLCC, ein klassisches Foliengießprodukt (Abb. nach [200, S.194])

Abb. 2.23: Prinzipieller Aufbau einer Foliengießanlage und wichtige Prozessparameter bei der Schichtherstellung sowie Abbildungen aus Patenten für Maschinen und Prozesse zum Folienguss und die Skizze eines MLCC.

2 Grundlagen

gefertigten Produkte im Foliengießprozess sind einschichtige Substrate aus Al_2O_3 und AlN für elektronische Schaltkreise und keramische Vielschichtkondensatoren (MLCC) mit integrierten gedruckten Elektroden [20, S.193] [204, S.7]. Insbesondere die Knappheit an Glimmer in Kondensatorqualität während des zweiten Weltkrieges förderte die Entwicklung des Foliengießprozesses [205].

Eine Skizze einer Foliengießanlage und die wichtigsten Prozessparameter sind in Abb. 2.23c und Abb. 2.23d dargestellt. Nach CHOU et al. lässt sich die Schichtdicke beim Foliengießen mit Gl. 2.64 beschreiben [206][207, S.531].

$$\delta_{tp} = \alpha\beta\frac{\rho}{\rho_{tp}}\frac{h_0}{2}\left(1 + \frac{h_0^2 \Delta P}{6\eta v L}\right) \tag{2.64}$$

CHOU et al. nehmen die Gießmasse dabei als NEWTONSCHE Flüssigkeit an. Der Faktor α (α<1) berücksichtigt dabei das seitliche Verfließen der Masse nach dem Gießprozess und der Faktor β (β<1) den Masseverlust durch Verdampfen von Lösungsmitteln während der Polymerisation. Weitere Parameter sind die Dichte der Gießmasse ρ, die Dichte der Folie ρ_{tp}, die Höhe des Spaltes h_0, der hydrostatische Druck ΔP, die Viskosität der Gießmasse η, die Geschwindigkeit des Gießschuhs v und die Länge der Kante L (vergl. Abb. 2.23d mit δ_{tp}=H).

Während industriell meist kontinuierlich produziert wird, indem eine flexible Polymer-Substratfolie (PET, PP, PMMA) unter dem Gießschuh durchgezogen wird, werden kleinere Ansätze in der Forschung diskontinuierlich auf einem festen Substrat hergestellt, über das der Gießschuh bewegt wird [204, S.8]. In der Massenproduktion wird Tapecasting als so genannter Rolle-zu-Rolle Prozess eingesetzt [205].

Insbesondere im Hinblick auf Gesundheits- und Umweltaspekte wird seit den späten 1970er Jahren an der Umstellung von Gießschlickern auf Basis von organischen Lösungsmitteln auf wasserbasierte Systeme gearbeitet. Hierbei ist insbesondere Rücksicht auf den pH Wert des Gießschlickers während aller Prozessschritte von der Herstellung bis zur Trocknung, sowie die Benetzung insbesondere von Polymersubstraten durch Zugabe von Additiven zu nehmen [208–210].

Wichtige Faktoren bei der Herstellung des Gießschlickers ist dessen Viskosität vor sowie dessen Flexibilität nach dem Trocknen und Aushärten. Diese Faktoren können durch die Wahl des Binders, Weichmachers, Lösungsmittel und Dispergatoren beeinflusst werden [211–214].

2.4.2 Schablonendruck

Der Schablonendruck ist eine in der Leiterplattenindustrie gebräuchliche Methode um Lotpasten auf die Kontakte von Leiterplatten aufzutragen, die mit oberflächenmontierten Bauelementen verbunden werden sollen. Hierbei werden hauptsächlich Schablonen aus Metall eingesetzt [215, 216]. Der prinzipielle Aufbau einer Schablonendruckanlage und die wichtigsten mechanischen Parameter sind in Abb. 2.24 dargestellt.

2.4 Schichtgebung

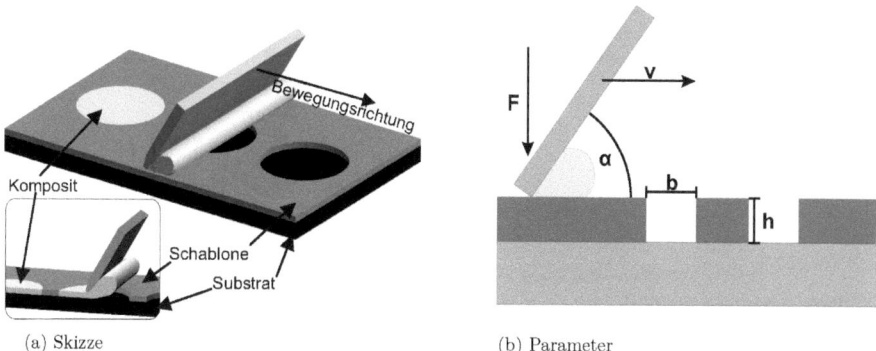

(a) Skizze (b) Parameter

Abb. 2.24: Prinzipieller Aufbau einer Schablonendruckanlage und wichtige Parameter bei der Schichtprozessierung.

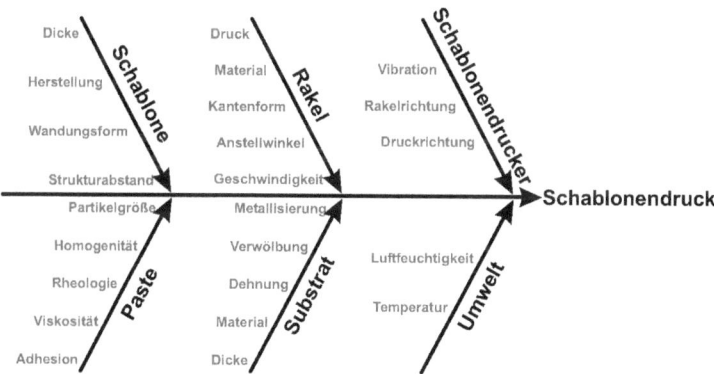

Abb. 2.25: Auswahl an Einflussfaktoren auf den Schablonendruck (nach [215]).

2 Grundlagen

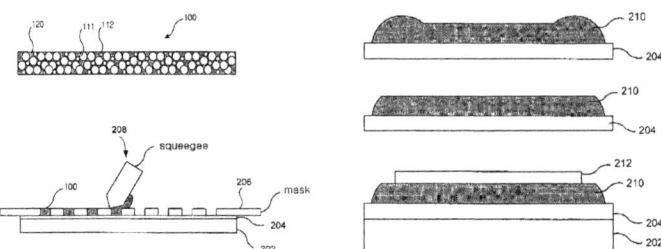

Abb. 2.26: Herstellung eines eingebetteten Kondensators aus einem Polymer-Keramik-Komposit mit einem Rakel und einer Maske aus einem Patent von PAIK et al. [170].

Eine Vielzahl an Prozessparametern sind beim Schablonendruck zu beachten. Eine Auswahl an Parametern aus [215] ist in Abb. 2.25 wiedergegeben. Die Einflüsse werden von BARAJAS et al. in die Kategorien Maske, Lotpaste, Rakel, Substrat, Schablonendrucker und Umwelteinflüsse eingeteilt und hinsichtlich ihrer Messbarkeit, Onlinebeobachtbarkeit und Regel- bzw. Kontrollierbarkeit betrachtet. Die Herstellung von strukturierten Schichten aus Polymer-Keramik-Kompositen mit Hilfe eines Rakels zur Verwendung als Dielektrikum in einem Plattenkondensator wird in [170] beschrieben (Abb. 2.26). Dabei wird die Oberfläche des Komposits nach dem Aushärten durch Wärme und Druck geglättet, bevor die obere Elektrode des eingebetteten Kondensators aufgebracht wird.

3 Materialien und experimentelles Vorgehen

Die Viskosität eines kommerziellen Gießharzsystems wird durch die Zugabe von zusätzlichem Styrol herabgesetzt. Die Polymerisationsreaktion wird durch den Kaltstarter Methyl-Ethyl-Keton-Peroxid (MEKP) initiiert. Die Molmassen der ausgehärteten Harze werden mit der Gel-Permeations-Chromatographie und die Härte nach dem Verfahren von VICKERS bestimmt. Als anorganische Füllstoffe werden $BaTiO_3$, $SrTiO_3$, $Ba_{0,7}Sr_{0,3}TiO_3$, $BaFe_{12}O_{19}$, SnO_2, TiO_2 und ZnO verwendet. Die Kristallitgröße und Kristallstruktur wird durch Temperaturprozesse beeinflusst. Das $Ba_{0,7}Sr_{0,3}TiO_3$ wird in einem Sprühtrocknungsprozess im Sol-Gel-Verfahren synthetisiert. Die Pulver werden hinsichtlich ihrer Dichte, spezifischen Oberfläche und Röntgenstruktur untersucht.

Das Polyester und die anorganischen Füllstoffe werden in einem Rührer zu Kompositen mit unterschiedlichen Feststoffanteilen verarbeitet. Die Fließeigenschaften der Komposite werden durch rheologische Charakterisierung bestimmt. Die Formgebung der Proben erfolgt in einer Silikonform, die den Anforderungen des jeweiligen Analyseverfahrens angepasst ist. Es handelt sich hierbei um eine sehr starke Vereinfachung von industriell angewandten Gießharz-Umformprozessen (vergl. [217]). Die ausgehärteten Komposite werden hinsichtlich ihrer dielektrischen Eigenschaften in Abhängigkeit der Frequenz und Temperatur untersucht.

Um die Anwendung der hergestellten Komposite zu untersuchen wird ein einfacher Labordemonstrator entwickelt, der die Herstellung von einfachsten integrierten Kondensatoren in einer Leiterplatte ermöglicht. Die Schichtgebung erfolgt in einer Kombination aus Folienguss und Schablonendruck. Um die beiden Hälften des Demonstrators während des Aushärtens des Komposits aneinander auszurichten und einen gleichmäßigen Druck auf den Demonstrator auszuüben, wird eine Presshalterung konstruiert.

3.1 UP Gießharz

Als ungesättigtes Polyester (UP) kommt ein kommerziell erhältliches Polyester Gießharz „UP" der Firma *Carl Roth GmbH* zum Einsatz. Die genaue Zusammensetzung oder Herkunft des Harzes wird von der *Carl Roth GmbH* auch auf Nachfrage nicht bekannt gegeben. Um die Viskosität des Gießharzes

3 Materialien und experimentelles Vorgehen

Tab. 3.1: Verdünnung des UP Gießharzes mit Styrol – absoluter Styrolgehalt.

Verdünnung $m\%_v^{Sty}$ [m%]	Gesamt $m\%_g^{Sty}$ [m%]
0	35.00
5	38.25
10	41.50
15	44.75
20	48.00
25	51.25
30	54.50
40	61.00
50	67.50

Tab. 3.2: Zusammensetzung des modifizierten UP Gießharzes UP_{m20}.

Material	Hersteller	Anteil [m%]
UP	*Carl Roth GmbH*	79
Styrol	*Aldrich*	20
INT-54	*Würtz*	1

und damit der hergestellten Komposite weiter zu reduzieren wird das UP durch die weitere Zugabe von Styrol verdünnt.

Das UP Gießharz enthält im Originalzustand 35 m% Styrol. Der Gesamt-Styrolgehalt $m\%_g^{Sty}$ des modifizierten UP Gießharzes UP_m lässt sich aus dem Verdünnungsanteil $m\%_v^{Sty}$ mit Gl. 3.1 berechnen. Die in dieser Arbeit verwendeten Verdünnungsstufen sind in Tab. 3.1 zur Referenz dargestellt. Im Experimental- und Ergebnisteil dieser Arbeit wird stets der Verdünnungsanteil $m\%_v^{Sty}$ angegeben.

$$m\%_g^{Sty} = m\%_v^{Sty} + 0.35 \cdot (1 - m\%_v^{Sty}) \qquad (3.1)$$

Die für die Herstellung von Kompositmaterialien verwendete Verdünnung von $m\%_v^{Sty}$=20 m% wird mit UP_{m20} abgekürzt. Die Zusammensetzung dieser Standardverdünnung ist in Tab. 3.2 wiedergegeben.

Als Kaltstarter für die Polymerisations-Reaktion wird vom Hersteller des UP Gießharzes ein MEKP mitgeliefert. Dieses MEKP wird für die Aushärtung der Komposite in dieser Arbeit verwendet. Soweit nicht anders genannt, erfolgt die Aushärtung des UP_{m20} immer mit 3 m% MEKP (bezogen auf den Gesamtpolymeranteil inkl. Dispergator und Trennmittel). Die genaue Zusammensetzung des MEKP sowie der verwendeten Katalysatoren sind nicht bekannt.

Für die Herstellung von Probekörpern für die Permittivitätsmessungen und die Dilatometrie wird dem Polymer 1 m% des Trennmittels „INT-54" der Firma *Würtz* zugegeben um die Entformung der Probekörper aus der Gussform zu erleichtern. Bei der Verwendung der Komposite als Dielektrikum und Klebeschicht zwischen zwei Leiterplatten im Demonstrator wird kein „INT-54" zugegeben.

(a) Tiegel (b) Lose Pulverschüttung

Abb. 3.1: Tiegel mit loser Pulverschüttung zum Ausheizen von Pulvern.

3.2 Temperaturauslagerung anorganischer Pulvermaterialien

In dieser Arbeit wird Pulver aus $BaTiO_3$ (*Aldrich, Alfa Aesar, Atlantic Equipment Engineers, Fluka, Inframat Advanced Materials, Nanoamor*), $SrTiO_3$ (*Aldrich, Inframat Advanced Materials, Nanoamor*), $Ba_{0.7}Sr_{0.3}TiO_3$ (*KIT, IMF III, MPE/KER*, synthetisiert), $BaFe_{12}O_{19}$ (*Nanoamor*), SnO_2 (*Nanoamor*), TiO_2 (*Aldrich*) und ZnO (*Nanoamor*) verarbeitet. Eine ausführliche Auflistung der Hersteller und Pulvereigenschaften ist im Anh. C aufgeführt.

Im Folgenden wird das Vorgehen bei der thermischen Auslagerung der kommerziellen Pulver beschrieben. Dieses Programm wird bei allen thermischen Auslagerungen angewendet. Die einzige Variable bei dieser Behandlung ist die Wahl der maximalen Auslagerungstemperatur.

Pulvervorbereitung

Die Pulver werden in Chargen von 100 g bis 200 g als lose Schüttung in einen für die jeweiligen Pulvermaterialien dedizierten Zirkondioxid Tiegel (*Frialit-Degussit*, „FZY", Ytrium dotiert, Abb. 3.1a) gegeben. Dabei wird darauf geachtet die Pulver möglichst wenig über die native Schüttdichte hinaus zu verdichten (Abb. 3.1b). Der Tiegel wird mit einer Zirkondioxid Scheibe abgedeckt.

Temperaturprogramm

Der verwendete Hochtemperatur-Kammerofen (*Carbolite* **RHF 17/3E**) wird im Standby-Betrieb auf 70°C gehalten, um das Kondensieren von Wasser in der porösen Ofenwand zu verhindern. Die Probe wird dann von 70°C auf die Endtemperatur von 500°C bis 1400°C mit einer Heizrate von 2 $\frac{K}{min}$ aufgeheizt. Um den Kristaliten in den Pulvern Zeit zum Wachsen zu geben, wird der Ofen für eine Stunde auf dieser Endtemperatur gehalten und daraufhin mit einer Heizrate von -5 $\frac{K}{min}$ auf 70°C abgekühlt. Der verwendete Ofen kann nur mit statischer Atmosphäre betrieben werden. Ein Betrieb mit durchströmender Atmosphäre synthetischer Luft ist nicht möglich. Bis zum Umfüllen in eine

3 Materialien und experimentelles Vorgehen

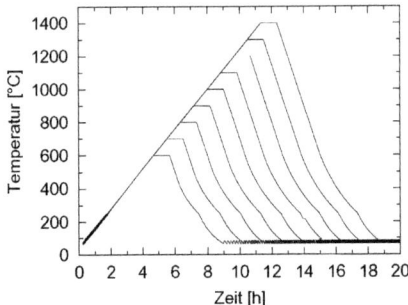

Abb. 3.2: Exemplarischer Verlauf der Ofentemperatur gemessen am internen Thermoelement für unterschiedliche maximale Auslagerungstemperaturen der Pulver.

luftdichte Kautex-Flasche werden die Pulver bei 70°C gehalten um Wasseradsorption an den Pulvern zu reduzieren.

Der Temperaturverlauf am internen Thermoelement des Ofens ist in Abb. 3.2 exemplarisch für verschiedene Auslagerungs-Endtemperaturen dargestellt. Eine saubere Regelung des Ofens ohne sägezahnförmige Schwankungen der Ofentemperatur findet bei diesem Hochtemperaturmodell des Ofens erst bei Temperaturen oberhalb von 250°C statt.

Pulveraufbereitung

Vor der Weiterverarbeitung der Pulver werden diese durch ein 200 µm Sieb gesiebt um große Agglomerate aus der Probe zu entfernen und die Verarbeitung sowie rheologische Charakterisierung reproduzierbar zu ermöglichen. Dank der losen Pulverschüttung im Tiegel wird auch bei hohen Temperaturen die Bildung eines Festkörpers vermieden. Die entstehenden Agglomerate lassen sich selbst bei hohen Auslagerungstemperaturen in einem Mörser von Hand aufbrechen.

3.3 $Ba_{0.7}Sr_{0.3}TiO_3$ Prekursor Herstellung

Der Prekursor für das $Ba_{0.7}Sr_{0.3}TiO_3$ Pulver wird basierend auf einem Sol-Gel-Prozess mit anschließender Sprühtrocknung in fünf Einzelchargen hergestellt. Als Lösungsmittel kommt Essigsäure („HOAc p.A. 100%", *Merck*) zum Einsatz. Das Bariumacetat („$BaAc_2$ p.A.", *Merck*) und das Strontiumacetat („$SrAc_2$", *Alfa Aesar*) werden 12 h in der Essigsäure gelöst. Unter ständigem Rühren erfolgte dann die Zugabe des Titanisopropylats („Ti-IV-isopropylat", *Sigma Aldrich*) und des Wassers (H_2O, Mil-

Tab. 3.3: Sol-Gel-Ansatz Materialeinwaage zur Herstellung von $Ba_{0.7}Sr_{0.3}TiO_3$

Edukt	Hersteller	Einwaage
HOAc p.A. 100%	*Merck*	1774.72 g
$SrAc_2$	*Alfa Aesar*	44.27 g
$BaAc_2$ p.A.	*Merck*	12.86 g
Ti-IV-isopropylat	*Sigma Aldrich*	195.37 g
H_2O	Millipore	3224.49 g

lipore, $\leq 18.2 \frac{\mu S}{cm}$). Die Einwaagen für einen einzelnen Ansatz sind in Tab. 3.3 wiedergegeben. Nach der vollständigen Gelierung wird der Ansatz in einem Sprühtrockner **Atomizer MM-HT-ex Dryer** der Firma *Niro A/S* innerhalb von 2 h sprühgetrocknet. Der Sprühtrockner wird betrieben mit einem Stickstoff Durchfluss von 52 $\frac{m^3}{h}$, einer Eingangstemperatur von 220°C-260°C, einer Ausgangstemperatur von 120°C und einem Zerstäuber-Betriebsdruck von 2.5 bar.

Mit dem Prekursor werden Testkalzinierungen bei Temperaturen zwischen 800°C und 1300°C in statischer Atmosphäre durchgeführt. Die Großcharge wird unter Durchfluss synthetischer Luft bei einer maximalen Temperatur von 900°C kalziniert. Zur Optimierung der dielektrischen Eigenschaften wird das kalzinierte Pulver für eine Probe bei 1100°C ausgeheizt.

3.4 Kompositherstellung

Die Herstellung der Kompositmaterialien erfolgt in Kleinchargen im Becherglas. Das Ansatzvolumen liegt je nach Anforderung (Herstellung von einem oder zwei Probekörpern) zwischen 35 ml und 70 ml. Das UP_{m20} wird ohne MEKP im Becherglas zusammen mit dem Dispergator vorgelegt. Als Dissolver kommt ein **Eurostar power control-visc** der Firma *IKA* (Abb. E.8) mit einem Rührer (Kopfdurchmesser von 25 mm, Abb. E.9) zum Einsatz. Unter leichtem Rühren (200 $\frac{U}{min}$ bis 400 $\frac{U}{min}$) wird das vorher abgewogene Pulver zugegeben. Dabei hat sich ein Pulverfüllgrad von 60 m% als Standard sehr gut bewährt, da sämtliche Füllstoffe hier ohne Zusatz von Dispergatoren gut verarbeitet werden können. Danach wird die Masse 30 min bei 800 $\frac{U}{min}$ dispergiert. Nach Entnahme einer 3 ml Probe für die rheologische Charakterisierung erfolgen die Zugabe des Kaltstarters MEKP und weiteres Rühren für 3 min bei 800 $\frac{U}{min}$. Das fertige Komposit wird in Silikonformen gegeben und bei 50°C bis 60°C im Trockenschrank für mindestens 2 h ausgehärtet. Für die Versuche kommt ein Trockenschrank **Model 120** der Firma *Memmert* zum Einsatz. Die Vorgehensweise bei der Herstellung von Reaktionsgießharz-Keramik-Kompositen ist detaillierte in Tab. 3.4 dargestellt.

3 Materialien und experimentelles Vorgehen

Tab. 3.4: Detaillierte Vorgehensweise bei der Herstellung von Polymer-Keramik-Kompositen auf Reaktionsgießharzbasis.

	Dauer	Aktion
1		Einrühren des Füllstoffes in das Reaktionsgießharz
2	00:30	Dispergierung bei 800 $\frac{U}{min}$
3		Probenentnahme für rheologische Charakterisierung
4		Zugabe Kaltstarter MEKP
5	00:03	Dispergierung bei 800 $\frac{U}{min}$
6		Befüllen der Probenform
7	02:00	Polymerisieren bei 50°C-60°C

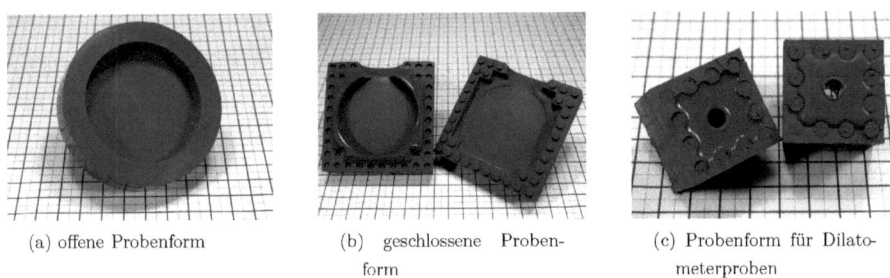

(a) offene Probenform (b) geschlossene Probenform (c) Probenform für Dilatometerproben

Abb. 3.3: Unterschiedliche Silikonformen zur Herstellung von Probekörpern für die elektrische und dilatometrische Charakterisierung (Großraster 10 mm).

3.5 Probenherstellung

Die hergestellten Komposit-Materialien werden durch Silikonformgebung umgeformt um elektrisch und dilatometrisch charakterisiert werden zu können. Für die Herstellung der Formen wird das Silikon „Elastosil M 4370 AB" der Firma *Wacker* (Vertrieb durch *Drawin Vertriebs-GmbH*) verwendet. Hierzu werden drei verschiedene Typen von Silikonformen hergestellt (Abb. 3.3).

Offene Probenform

Die offene Probenform (Abb. 3.3a) wird für hochviskose Materialien verwendet, die aufgrund ihres schlechten Fließverhaltens nicht in der geschlossenen Probenform verarbeitet werden können. Das Entfernen von Luftblasen aus dem Komposit im Exsikkator ist aufgrund der großen Öffnung und Oberfläche einfacher und erfolgreicher als bei der geschlossenen Probenform.

3.5 Probenherstellung

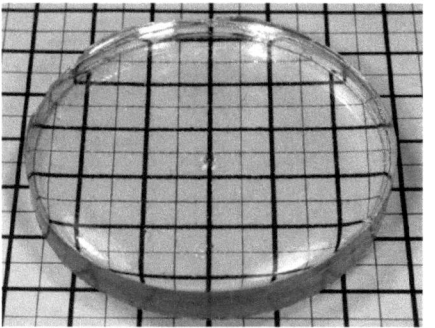

(a) Materialprobe aus offener Probenform

(b) Materialprobe aus geschlossener Probenform

Abb. 3.4: Noch nicht weiterverarbeitete Proben aus einer offenen und aus einer geschlossenen Probenform (Großraster 10 mm).

Geschlossene Probenform

Die geschlossene Probenform (Abb. 3.3b) wird für gut fließfähige Kompositmaterialien verwendet. Der Vorteil gegenüber der offenen Probenform ist der geringere Nachbearbeitungsaufwand durch die bessere Parallelität und Oberfläche der Stirnflächen. Des Weiteren liegt eine ggf. entstehende Absinkfront des Füllstoffes bei niedrig gefüllten Systemen senkrecht und nicht parallel zu Stirnfläche der Probenscheibe, da die Aushärtung stehend erfolgt. Die dielektrische Charakterisierung wird dadurch verbessert und eine Serienschaltung von Kompositmaterial und reinem Polymer vermieden. Der größere Aufwand liegt hier in der Herstellung der Probenform. Eine zur Charakterisierung fertig präparierte Probe ist in Abb. 3.5a dargestellt. Die Vor- und Nachteile der offenen und geschlossenen Probenform sind in der Abb. 3.4 zu erkennen.

Probenform für Dilatometerproben

Für die Charakterisierung von Materialien im Dilatometer werden Proben mit einem Durchmesser von 6 mm bis 10 mm und einer Länge von ca. 20 mm benötigt. Um diese aus der Silikonform entformen zu können, wird eine zweiteilige Probenform realisiert. Ein zur Charakterisierung präpariertes, 2 cm langes Materialstäbchen ist in Abb. 3.5b abgebildet.

3 Materialien und experimentelles Vorgehen

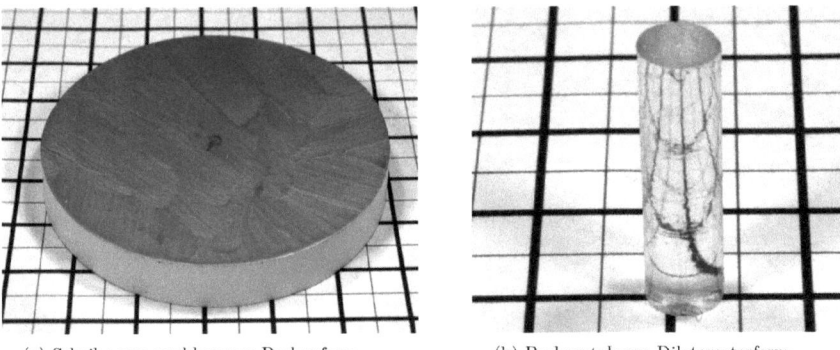

(a) Scheibe aus geschlossener Probenform (b) Probenstab aus Dilatometerform

Abb. 3.5: Zur Charakterisierung präparierte Proben aus der geschlossenen Silikonform und der Dilatometerform (Großraster 10 mm). Die Struktur auf der Oberfläche entsteht durch das Aufbringen der Elektrode in Form von Silberleitlack mit einem Pinsel (vergl. Kap. 3.6.7).

3.6 Materialcharakterisierung

3.6.1 Dichte und spezifische Oberfläche

Die Dichte der eingesetzten Pulverfüllstoffe wird mit der Methode der Helium-Pyknometrie gemessen. Hierzu wird ein **Phynomatic ATC** der Firma *ThermoFinnigan / Porotec* mit automatischer Temperaturkontrolle verwendet. Vor der Charakterisierung werden die Proben getrocknet. Die Dichte der Proben wird bei einer Temperatur von 25°C bestimmt.

Die spezifischen Oberflächen der Pulver werden mit der Methode nach BRUNAUER, EMMETT und TELLER (BET) unter Verwendung eines **Flow Sorb II 2300** der Firma *Micromeritics* bestimmt.

3.6.2 Partikeldurchmesser $d_{sph.}$ aus Dichte und Oberfläche

Unter der Annahme sphärischer Partikel im Pulver kann ein durchschnittlicher Partikeldurchmesser berechnet werden (Gl. 3.2). Dabei ist V das Volumen einer Kugel, A deren Oberfläche, $d_{sph.}$ deren Durchmesser, r=$\frac{d}{2}$ deren Radius, ρ_{he} die gemessene Dichte (He-Pyknometer) und A_{bet} die gemessene spezifische massebezogene Oberfläche.

$$d_{sph.} = 2 \cdot \frac{3 \cdot V}{A} = 2 \cdot \frac{3 \cdot \frac{4}{3}\pi r^3}{4\pi r^2} = 6 \cdot (\rho_{he} \cdot A_{bet})^{-1} \qquad (3.2)$$

3.6 Materialcharakterisierung

Abb. 3.6: Typische Eindrücke im Material nach eine Mikrohärtemessung.

3.6.3 Röntgenbeugung (XRD)

Röntgenbeugungsprofile werden bei Raumtemperatur mit einem *Siemens* **D5005** bei 2Θ Winkeln zwischen 20° und 80° mit einer Schrittweite von 0.2° (0.4° für Übersichtsaufnahmen im Anhang) und einer konstanten Zählzeit von 20 s (4 s für Übersichtsaufnahmen im Anhang) unter Cu K_α Strahlung mit einem Grafit Monochromator in Reflexion aufgenommen. Verfeinerungen des Profils nach der RIETVELD Methode werden mit der Software *„Topas v. 3"* durchgeführt. Die Identifikation der einzelnen Materialien erfolgte mit der Powder Diffraction File 1996 (PDF-2 Datenbanksätze 1-46) des International Centre for Diffraction Data (ICDD) [218].

3.6.4 Bestimmung der Mikrohärte nach VICKERS (HV)

Für die Bestimmung der Mikrohärte nach VICKERS (HV) wird ein **Paar Physica MHT-10** der Firma *Anton Paar* eingesetzt. Die Messungen erfolgten ausnahmslos bei Raumtemperatur. Um eine Vergleichbarkeit der Werte zu erreichen werden alle Proben bei folgenden Messbedingungen charakterisiert: Kraft 100 p, Kraftanstieg 10 $\frac{p}{s}$, Anpressdauer 10 s. Die Auswertung der Eindruckdimensionen erfolgte optisch. Als Mikrohärte nach VICKERS wird der Mittelwert aus fünf unabhängigen Messungen an der selben Probe definiert. Ein typisches Eindruckmuster für eine Mikrohärtemessung ist in Abb. 3.6 exemplarisch dargestellt.

3.6.5 Rheologische Charakterisierung der Kompositmaterialien

Sofern nicht anders angegeben werden die in dieser Arbeit behandelten Kompositmaterialien ohne die Zugabe des Kaltstarters MEKP rheologisch charakterisiert. Hierzu kam ein **CVO50** der Firma *Bohlin*

3 Materialien und experimentelles Vorgehen

sowie das Nachfolgemodell **Bohlin Gemini HR nano** der Firma *Malvern* (Abb. E.10) mit Rotonetic drive 2 zum Einsatz.

Die Viskosität wird rotatorisch mit dem Kegel-Platte Verfahren bestimmt. Der Kegel hat einen Durchmesser von 40 mm bei einem Winkel von 4° (Abb. E.11). Die Materialien werden bei 20°C, 40°C und 60°C in einem Scherratenbereich zwischen 0.1 $\frac{1}{s}$ und 200 $\frac{1}{s}$ charakterisiert. Die einzelnen Messpunkte sind logarithmisch über den Scherratenbereich verteilt. Für den Vergleich diskreter Viskositäten ist die ausgewertete Scherrate in der entsprechenden Abbildung/Tabelle separat angegeben. Um das Abdampfen von niedermolekularen Anteilen aus dem Komposit zu reduzieren wird eine Lösungsmittelfalle eingesetzt. Die Temperatur wird von der niedrigsten Messtemperatur hin zur höchsten gesteigert.

Die Versuche zum Polymerisationsverhalten des Reaktionsgießharzes und der Komposite werden bei einer konstanten Scherrate von 100 $\frac{1}{s}$ und konstanter Temperatur (sofern nicht anders angegeben 25°C) durchgeführt. Die Messungen werden beim Überschreiten einer Viskosität von 10 Pas manuell abgebrochen. Als diskrete Messwerte werden bei diesen Messungen die Zeitpunkte des Überschreitens einer Viskosität von 1.5 Pas und 7.0 Pas sowie der Zeitpunkt des Erreichens der zehnfachen Ausgangsviskosität bestimmt.

3.6.6 Gel-Permeations-Chromatographie (GPC)

Die Gel-Permeations-Chromatographie (GPC) wird verwendet um den Einfluss der Verdünnung mit Styrol und der MEKP Konzentration auf die Kettenlänge des ausgehärtete Polymer zu untersuchen. Der GPC-Aufbau besteht aus einer Pumpeinheit **P100** und einem Probenroboter **AS100** der Firma *ThermoFinnigan*. Der eingesetzte Säulensatz besteht aus einer Vorsäule sowie vier Hauptsäulen[1]. Der Brechungsindex wird mit einem Infrarot Brechungsindex Analysator **RI 71** der Firma *Showa Denko K.K.* gemessen und als Signal ausgewertet. Die Signalaufzeichnung, Kalibrierung und Auswertung erfolgte mit der Software *„WinGPC 7.2"* der Firma *Polymer Standards Service*. Die Säulen werden bei einer konstanten Temperatur von 30°C betrieben. Der Lösungsmitteldurchfluss beträgt 1 $\frac{ml}{min}$ und das Injektionsvolumen 100 µl.

Die Polymerproben werden mit einer Konzentration von 10 $\frac{g}{l}$ in THF aufgelöst. Als interner Standard wird der Lösung 1 $\frac{\mu l}{ml}$ Toluol zugegeben. Die Messdaten werden auf den internen Standard als Referenz korrigiert.

Die angegebenen Molmassen werden auf der Basis von Polystyrolstandards der Firma *Polymer Standards Service* bestimmt[2]. Die in dieser Arbeit präsentierten Molmassen sind vergleichend, nicht aber absolut zu interpretieren.

---

[1] 300 mm x 8 mm: 1×10^4 Å 5 µm, 1×10^3 Å 5 µm, 2×100 Å 5 µm
[2] Lot „pskitr1-03", M_w=484 D–2.53·10^6 D und Lot „pskitr1l-03", M_w=266 D–65·10^3 D

3.6.7 Permittivität und dielektrischer Verlust

Probenvorbereitung

Die in der geschlossenen Probenform gefertigten Proben werden mit einer Tischkreissäge vom Anguss getrennt. Danach werden die Stirnseiten aller Proben an der Schleifmaschine gerade geschliffen. Dabei wird darauf geachtet möglichst parallele, gerade und glatte Stirnflächen zu erhalten.

Geometriebestimmung

Die Höhe der Materialprobe wird mit einem Messtaster **CT 60 M** der Firma *Dr. Johannes Heidenhain* bestimmt. Entlang einer gedachten Linie durch den Mittelpunkt der Probe werden zwei Messungen jeweils am Rand der Probe und zwei Messungen gleichverteilt auf der Linie durchgeführt. Der Mittelwert dieser vier Werte wird als durchschnittliche Höhe der Probe definiert. Der Durchmesser der Probe wird mit einem Messschieber der Firma *Mitutoyo* bestimmt.

Messelektroden

Als Kontaktelektrodenmaterial wird Silberleitlack (engl.: Silver Conducting Paint) der Firma *RS Components* (Produktnr. 186-3699, 20 g) verwendet. Dieser wird gleichmäßig mit einem Pinsel auf die Stirnseiten der Probenscheiben aufgebracht. Entsprechend den Vorgaben in den Anwendungshinweisen des Silberleitlacks werden die Elektroden vor der Charakterisierung mindestens 24 Stunden bei Raumtemperatur getrocknet. Die Verwendung von Silberleitlack als Kontaktelektroden-Material entspricht den Vorgaben des IPC-TM-650 [219]. Aufgrund des großen Durchmessers der Proben im Verhältnis zu deren Dicke kann auf das Aufbringen von Guard Elektroden verzichtet werden ohne dass die mitgemessenen Streufelder am Probenrand einen signifikanten Einfluss auf das Messergebnis nehmen.

Messung der Kapazität und des dielektrischen Verlustes mit Impedanzanalysator

Als Messaufbau kommt ein Impedanzanalysator **HP 4194 A** zusammen mit einem Probenhalter **16451B** der Firma *Agilent* zum Einsatz. Zur temperaturabhängigen Charakterisierung der Proben kann der Probenhalter optional in einem Klimaschrank **SH-261** der Firma *espec* betrieben werden. Die Dokumentation der Messdaten und die Steuerung der Messgeräte erfolgt mittels *„LabVIEW"* (*National Instruments*).

Als Messmethode kommt die Kontaktelektroden Methode zum Einsatz, wie sie im Handbuch zum **16451B** beschrieben ist [220, S.3-16]. Hierzu wird die Elektrode C (Abb. E.3) zusammen mit der Unguarded-Elektrode (Abb. E.2) verwendet. Die Guard-Elektrode wird gegenüber der Dünnfilm-Elektrode isoliert um einen Kurzschluss zu verhindern.

3 Materialien und experimentelles Vorgehen

Tab. 3.5: Temperaturprogramm für Messungen bei konstanter Frequenz

	T_{start}	T_{stop}	t
1	RT	80°C	00:20
2	80°C	80°C	00:10
3	80°C	-60°C	04:40
4	-60°C	-60°C	00:10
5	-60°C	RT	00:40

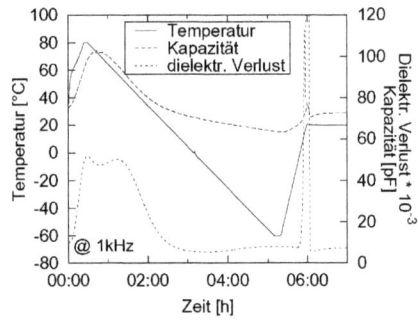

Abb. 3.7: Typischer Kurvenverlauf der Temperatur, der Kapazität und der dielektrischen Verluste aufgetragen gegen die Zeit.

Einfrequenzmessung bei Raumtemperatur

Alle Proben werden bei Raumtemperatur und 1 kHz Messfrequenz charakterisiert. Es werden 401 Messpunkte aufgezeichnet (Messzeit 5 ms, Durchschnittsbildung über 8 Messwerte) sowie der Mittelwert und Standardabweichung berechnet.

Frequenzabhängige Messung bei Raumtemperatur

Frequenzabhängig werden die Proben zwischen 1 kHz und 10 MHz charakterisiert. Es werden 401 Messpunkte logarithmisch über den Messbereich verteilt (Messzeit 5 ms, Durchschnittsbildung über 16 Messwerte). Die so erhaltenen Messwerte werden direkt ausgewertet.

Temperaturabhängige Messung bei konstanter Frequenz

Für die Temperaturabhängige Messung wird der Probenhalter im Klimaschrank betrieben. Die Messungen werden wie bei der Einfrequenzmessung bei Raumtemperatur durchgeführt. Nach jeder Messung wird die Temperatur automatisch am internen Thermoelement des Klimaschrankes abgelesen. Um sicher zu gehen, dass die Probentemperatur der Schranktemperatur folgt, wird die Messung erst ab 70°C gestartet.

Das Temperaturprogramm ist in Tab. 3.5 dargestellt. Ein typischer Kurvenverlauf der Temperatur sowie der Kapazität und des dielektrischen Verlustes eines mit $BaTiO_3$ gefüllten Komposits ist in Abb. 3.7 wiedergegeben. Der hohe Peak im dielektrischen Verlust am Ende der Messung ist auf Kondensation von Wasser in der Klimakammer zurück zu führen.

3.6 Materialcharakterisierung

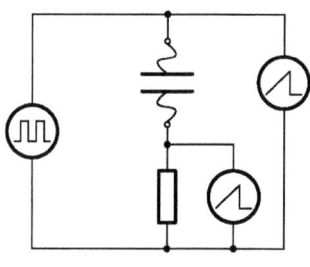
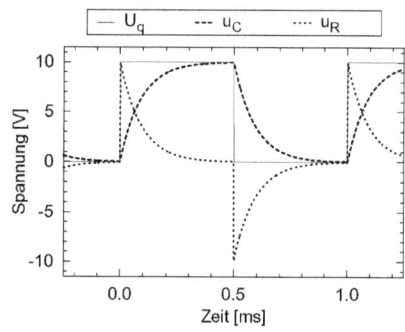

(a) Messschaltung (b) Theoretisches Oszilatorbild

Abb. 3.8: Verwendete Messschaltung und am Oszilloskop resultierendes Spannungs-Zeit-Diagramm (berechnet, ohne interne Widerstände der Messgeräte und sonstige parasitäre Effekte).

Temperatur- und frequenzabhängige Messung

Bei dieser Messmethode erfolgt keine Mittelwertbildung über mehrere Messwerte außerhalb des Messgerätes und der Frequenz-Sweep dauert aufgrund der erforderlichen höheren Durchschnittsbildung im Gerät deutlich länger als die Einzelfrequenzmessung. Daher ist ein langsameres Abkühlen des Klimaschrankes erforderlich, um während einer Messung möglichst konstante Temperaturbedingungen zu erhalten. Das Temperaturprogramm aus Tab. 3.5 wird dahingehend modifiziert, dass die Abkühlzeit von 04:40 auf 70:00 Stunden erhöht wird. Zwischen zwei Messungen wird eine Wartezeit von 5 min eingefügt. Die Geräteeinstellungen erfolgen wie bei der frequenzabhängigen Messung bei Raumtemperatur.

Messung der Kapazität mit Oszilloskop und Frequenzgenerator

Für die Bestimmung der Kapazität der hergestellten Demonstratoren im stationären Fall wird ein Oszilloskop **HP 54600B** der Firma *Agilent* zusammen mit einem Frequenzgenerator **5 MHz Sweep Generator Model 184** der Firma *Wavetek* verwendet. Die verwendete Messschaltung ist in Abb. 3.8a dargestellt. Die Messschaltung wird durch den Frequenzgenerator mit einem Rechtecksignal mit einer Frequenz von 1 kHz beaufschlagt. Das Anregungs- und Antwortsignal der Messschaltung wird am Oszilloskop über die Kanäle 1 und 2 aufgezeichnet. Die Spannung am Frequenzgenerator u_q, über dem Kondensator u_C und über dem Widerstand u_R ist in Abb. 3.8b dargestellt (theoretische Berechnung des Verlaufs: f=1 kHz, R=180 kΩ, C=500 pF, $u_q=\pm 5$ V).

Die Auswertung erfolgt indem die Messwerte mit der Spannungs-Zeit-Funktion aus Gl. 2.19 gefittet werden.

3 Materialien und experimentelles Vorgehen

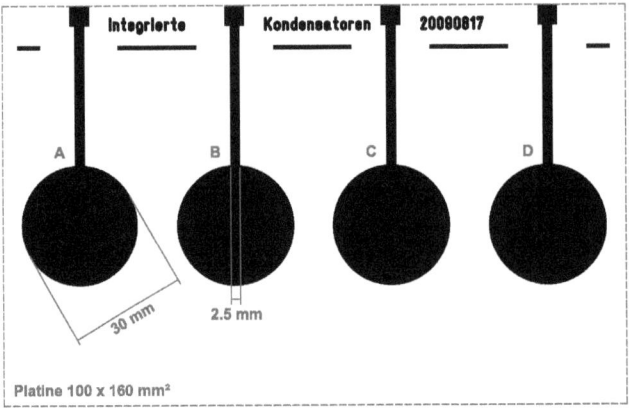

Abb. 3.9: Leiterplattenentwurf für Demonstrator (Ober- und Unterseite).

3.7 Demonstratorherstellung

Um die hergestellten Komposite auch anwendungsnah charakterisieren und verarbeiten zu können, wird in einfacher Leiterplattentechnologie ein Labordemonstrator hergestellt.

3.7.1 Demonstratordesign

Ziel war die Entwicklung eines einfachen Labordemonstrators, der die Evaluierung der hergestellten Kompositmaterialien mit einfachen Mitteln erlaubt. Der Entwurf basiert auf einseitig strukturierten Kupferleiterplatten und enthält vier unabhängige Kondensatoren. Die Kondensatorfläche beträgt bei einer idealen Positionierung der zwei Demonstratorhälften 706.9 mm^2 (Ideale Ausrichtung der Elektrodenseiten, Zuleitungen müssen aufgrund des Designs nicht berücksichtigt werden, Elektrodendurchmesser 30 mm). Auf Guard-Elektroden wird aufgrund des günstigen Verhältnisses von Durchmesser zu Höhe verzichtet. Der finale Leiterplattenentwurf ist in Abb. 3.9 dargestellt. Für einen Demonstrator wird die erstellte Maske einmal von beiden Seiten in eine Leiterplatte übertragen und so die Ober- und Unterseite des Demonstrators erzeugt.

Die vier Kondensatoren werden mit den Buchstaben A-D markiert um sie eindeutig zuordnen zu können. Die Kondensatoren A und D liegen am Rand der Leiterplatte, die Kondensatoren B und C in der Mitte der Leiterplatte.

3.7 Demonstratorherstellung

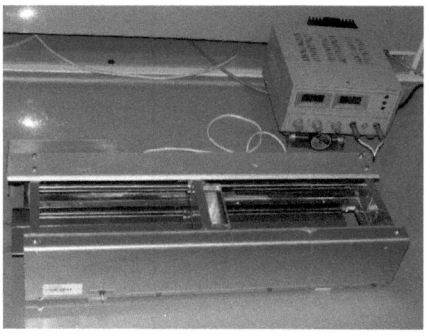
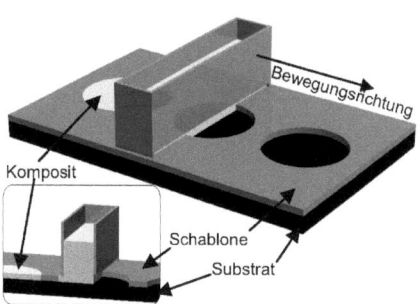

Abb. 3.10: Verwendete Tapecasting Anlage

Abb. 3.11: Schablonendruck mit modifizierter Tapecasting-Anlage.

3.7.2 Leiterplattenmaterialien und -strukturierung

Als Leiterplattenmaterial kommen Epoxyd Leiterplatten der Firma *Bungard*[3] mit einseitiger Kupferbeschichtung (35 μm) und positiv Fotolack zum Einsatz. Als Belichtungsmaske wird eine mit einem Laserdrucker bedruckte Spezialfolie (*Conrad Elektronik*) verwendet. Die Belichtung der Leiterplatte wird in einem Belichtungsgerät **Hellas** der Firma *Bungard* durchgeführt. Die Belichtungsdauer beträgt 90 s bei einer Geräteeinstellung von 2.5 A. Im Anschluss an die Belichtung der Leiterplatte erfolgt die Entwicklung des Fotolacks 45 s lang in einer 1%-igen Natriumhydroxidlösung. Die Strukturierung der Kupferschicht erfolgt in einem Ammoniumperoxidsulfatbad für 15 min bei 45°C Ätzbadtemperatur. Die erhaltenen Strukturen werden optisch am Mikroskop kontrolliert.

3.7.3 Schichtgebung und Schichtstrukturierung der Kompositmaterialien

Für die unkomplizierte Herstellung von Kompositschichten wird ein rapid-prototyping-fähiges Verfahren gesucht, welches sowohl in der Lage ist, kontinuierliche Schichten aufzubringen, als auch fähig ist, mit einfachen Mitteln Schichten zu strukturieren. Verwendung findet hier eine Foliengießanlage mit variabler Schlittengeschwindigkeit (spannungsgesteuert) und einer für Leiterplatten optimierten Substratbreite von 10 cm (Abb. 3.10).

Um das Kompositmaterial sauber in den Öffnungen der Schablone zu verteilen, wird der Gießschuh um 180° gedreht, so dass die offene Kante in Bewegungsrichtung nach vorne und die geschlossene Kante nach hinten zeigt (vergl. Abb. 2.23 und Abb. 3.11). Die hintere Kante funktioniert in diesem Falle als senkrecht stehender Rakel (vergl. Abb. 2.24), der das Material über die Schablone hinwegschiebt.

Als Maske kam Klebeband zum Einsatz, welches die elektrischen Kontakte der Leiterplatte vor der Beschichtung mit Kompositmaterial geschützt hat. Die Leiterplatte wird abseits der Kontakte

---

[3]100 mm × 160 mm × 1 mm, Lieferant *Conrad*

3 Materialien und experimentelles Vorgehen

 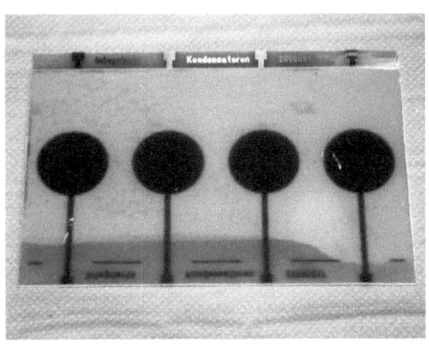

Abb. 3.12: Nachfüllen des Komposits während der Schichtgebung.

Abb. 3.13: Demonstrator der zweiten Generation.

großflächig beschichtet, da das Kompositmaterial sowohl als Klebeschicht, als auch als dielektrische Schicht verwendet wird.

3.7.4 Demonstratoriterationen

Erste Generation

Für die erste Generation Demonstratoren werden mit dem Schablonendruck die Elektroden einer Leiterplatte mit dielektrischem Material selektiv beschichtet. Um den Staudruck des Komposits während des Gießprozesses möglichst konstant zu halten, wird das Kompositniveau im Gießschuh während der Schichtgebung durch Nachfüllen konstant gehalten (Abb. 3.12). Die zweite Leiterplatte wird nach dem Aushärten des Dielektrikums mit ungefülltem Polyester Gießharz verklebt. Die Aushärtung erfolgte liegend im Trockenschrank. Die Leiterplatten werden dabei mit ca. 3.8 kg belastet. Ziel hierbei ist, dass die herausstehenden dielektrischen Flächen den Kleber bis auf die Unebenheiten zwischen den Elektroden verdrängen.

Zweite Generation

In einem weiteren Schritt wird ein Kompromiss zwischen Füllgrad und Viskosität der des Kompositmaterials gewählt, so dass dieses multifunktional als Klebeschicht und als Dielektrikum dient. Die Aushärtung erfolgt wie bei der ersten Demonstratorgeneration horizontal im Trockenschrank. Ein Demonstrator der zweiten Generation ist in Abb. 3.13 dargestellt.

3.7 Demonstratorherstellung

  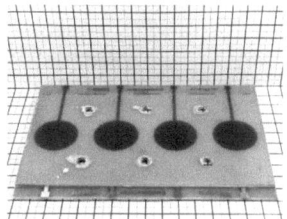

(a) Presshalterung (b) Aushärtung (c) Demonstrator

Abb. 3.14: Presshalterung für die Aushärtung der Demonstratoren der dritten Generation.

Dritte Generation

Um die Schichtdicke des Dielektrikums weiter zu verringern wird eine Pressvorrichtung konstruiert, die die beiden Leiterplatten während der Polymerisation des Komposits zusammenpresst (Abb. 3.14a). Hierdurch soll auch die Delamination des Komposits von den Elektroden als Folge des Polymerisationsschrumpfes reduziert werden. Die Demonstratoren werden vertikal ausgehärtet um die Entmischung des Komposits an der oberen Elektrode zu unterbinden (Abb. 3.14b). Um die Haftung des Komposits an den Leiterplatten zu verbessern werden in der dritten Generation beide Leiterplatten mit Kompositmaterial beschichtet. Ein fertig ausgehärteter Demonstrator der dritten Generation ist in Abb. 3.14c abgebildet. Durch die Schrauben, die durch die Leiterplatten gehen, werden diese automatisch aneinander ausgerichtet. Des Weiteren wird verhindert, dass während des Polymerisationsprozesses die Ausrichtung der Leiterplatten, insbesondere beim Transport von der Arbeitsfläche in den Trockenschrank, verändert wird.

3 Materialien und experimentelles Vorgehen

4 Ergebnisse und Diskussion

Das ungesättigte Polyester-Gießharz (UP) wird zur Verwendung als Untersuchungsplattform für Komposite mit hoher Permittivität hinsichtlich des Einflusses des Styrol- und Kaltstarteranteils auf die dielektrischen Eigenschaften des Polymersystems qualifiziert. Des weiteren werden die rheologischen Eigenschaften von gefüllten Systemen und die Verarbeitungszeit ausführlich untersucht.

Nanoskalige Pulver ($BaTiO_3$, $SrTiO_3$, ZnO, SnO_2, $BaFe_{12}O_{19}$ und TiO_2) werden als Füllstoffe für gefüllte Polymere mit hoher Permittivität in Betracht gezogen. Die Untersuchungen werden mit 13 kommerziellen $BaTiO_3$-Pulvern und drei kommerziellen $SrTiO_3$-Pulvern fortgesetzt. Kommerzielle Systeme zeigen keine große Differenzierung der erreichten Komposit-Permittivitäten.

Ausgehend von nanoskaligen Pulvern wird die Kristallitgröße und Kristallstruktur durch thermische Prozessierung gezielt beeinflusst. Insbesondere beim $BaTiO_3$ kann die Permittivität des Komposits bei identischem Füllgrad um mehr als einen Faktor zwei gesteigert werden bei gleichzeitiger Reduzierung der dielektrischen Verluste. Bei Mikropulvern, die aufgrund des Herstellungsprozesses nicht in der idealen Kristallstruktur vorliegen, wird dieser Effekt ebenfalls beobachtet. Durch die Verwendung von multimodalen Mischungen kann der Füllgrad von 22 Vol% auf 40 Vol% gesteigert werden. Durch die Verwendung von $Ba_{0.7}Sr_{0.3}TiO_3$ werden auf Anhieb und ohne Optimierung die selben Werte erreicht wie mit optimiertem $BaTiO_3$.

Der Feldlinienverlauf in Kompositsystemen wird mit der Methode der finiten Elemente (FEM) simuliert und die Permittivität in Abhängigkeit der Füllstoffmorphologie untersucht. Die Modelle aus der Literatur werden mit den Messdaten und einfachen Kondensatormodellen verglichen. Die Permittivitätssteigerung des $BaTiO_3$ durch thermische Behandlung wird mit Hilfe der Modelle abgeschätzt.

Es wird ein Labordemonstrator realisiert, in dem das Komposit sowohl als Klebeschicht zweier Leiterplatten, als auch als Dielektrikum eines eingebetteten Kondensators verwendet wird. Hierbei auftretende Probleme sind die Delamination der Schicht von den Elektroden, Lunker und Risse und Pulverentmischung an der oberen Elektrode bei liegender Auslagerung. Durch die Verwendung einer Presshalterung und stehende Aushärtung des Komposits kann diesen Problemen begegnet werden. Es werden Kapazitätsdichten von bis zu $13.3\ \frac{pF}{mm^2}$ erreicht.

4 Ergebnisse und Diskussion

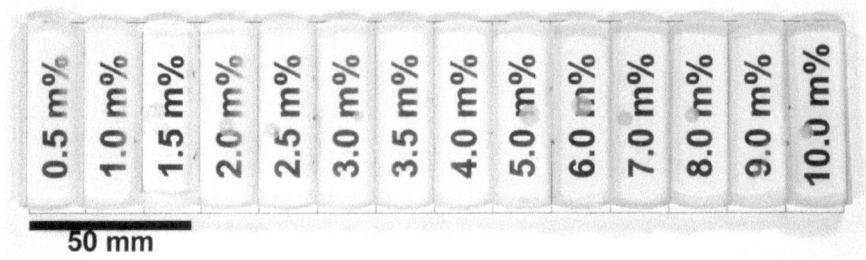

Abb. 4.1: Einfluss der MEKP Kaltstarterkonzentration auf die Farbe des auspolymerisierten UP_{m20} Gießharzes.

4.1 Materialeigenschaften des polymeren Matrixmaterials

Das als Matrixmaterial verwendete kommerziell erhältliche ungesättigte Polyester-Gießharz (UP) der *Carl Roth GmbH* wird hinsichtlich seiner rheologischen und dielektrischen Eigenschaften untersucht. Um die Viskosität des Gesamtsystems zu variieren wird das UP mit dem polymerisationsaktiven Lösungsmittel Styrol, das auch ein nativer Bestandteil des UP ist, verdünnt. Der Polymerisationsvorgang wird durch die Variation des Massenanteils des Kaltstarters (MEKP + Katalysatoren, *Carl Roth GmbH*) eingestellt.

4.1.1 Einflüsse des Kaltstarters auf die Materialeigenschaften

Das UP wird mit einem auf MEKP basierenden Kaltstarter polymerisiert. Um die Reaktion bei Raumtemperatur zu ermöglichen sind dem UP Katalysatoren (Kobaldverbindungen) zugesetzt. Der UP Hersteller empfiehlt einen Kaltstarteranteil von 3 m%.

Für die im Rahmen dieser Arbeit hergestellten Komposite wird das UP mit 20 m% Styrol verdünnt. Die Untersuchungen zum Einfluss des Kaltstarters beziehen sich – sofern nicht anders angegeben – auf dieses Materialsystem (UP_{m20}).

Der einfachste Einfluss des Kaltstarters auf die Eigenschaften des ausgehärteten UP_{m20} ist der farbliche Eindruck. Bei niedriger MEKP Konzentration ist das resultierende Polymer klar und weitestgehend farblos. Bei steigender MEKP Konzentration stellt sich eine signifikante Gelbfärbung ein (Abb. 4.1). Diese ist vermutlich auf den Beschleuniger Kobalt-Octanoat, der im Kaltstarter enthalten ist, zurückzuführen.

Die mit dem Archimedes-Prinzip[1] in deionisiertem Wasser bei Raumtemperatur bestimmte Dichte des ausgehärteten Gießharzes ist unabhängig von der verwendeten Konzentration des Kaltstarters und

---
[1] Auftriebsprinzip

4.1 Materialeigenschaften des polymeren Matrixmaterials

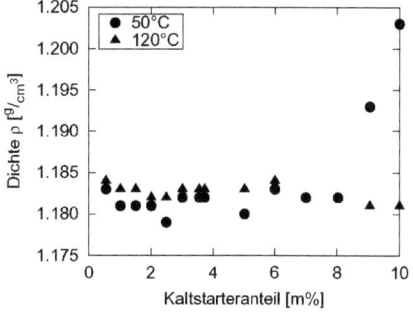
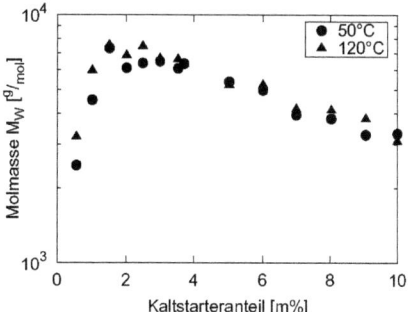

Abb. 4.2: Einfluss der Kaltstarterkonzentration auf die Dichte des bei 50°C ausgehärteten und bei 120°C nachgehärteten UP$_{m20}$ Gießharzes.

Abb. 4.3: Einfluss der Kaltstarterkonzentration auf die molare Masse des bei 50°C ausgehärteten und bei 120°C nachgehärteten UP$_{m20}$ Gießharzes.

liegt zwischen 1.178 $\frac{g}{cm^3}$ und 1.186 $\frac{g}{cm^3}$ (Abb. 4.2). Bei Kaltstarterkonzentrationen über 8 m% bedarf es einer erhöhten Temperatur um die finale Dichte des Materials zu erreichen.

Die gewichtsmittlere molare Masse M$_W$ liegt zwischen 2·10^3 $\frac{g}{mol}$ und 8·10^3 $\frac{g}{mol}$ (Abb. 4.3). Sie wird stark von der Kaltstarter-Konzentration beeinflusst. Das Maximum der molaren Masse liegt zwischen 2 m% und 4 m% Kaltstarteranteil. Unter 2 m% Kaltstarteranteil ist der Einfluss der Nachhärtung bei 120°C am höchsten. Die niedrige molare Masse ist in diesem Bereich auf unreagierte UP- und Styrolgruppen zurückzuführen. Oberhalb von 4 m% Kaltstarter sinkt die molare Masse der ausgehärteten Materialien kontinuierlich ab. In diesem Bereich wird die Bildung zu vieler Ketten initiiert. Diese können sich nicht bis zur maximal möglichen Länge ausbilden.

Die Mikrohärte nach VICKERS (Abb. 4.4) folgt im wesentlich dem Verlauf der molaren Masse (Abb. 4.3) und zeigt ein Maximum bei 3 m%.

Bis 190°C sind die Materialien thermostabil (absoluter Masseverlust kleiner als 2 m%, Abb. 4.5a). Für Kaltstarteranteile über 7 m% sinkt dieser Wert auf 160°C. Eine vollständige Zersetzung des Materials (Masseverlust größer als 98 m%, Abb. 4.5a) findet bei Temperaturen oberhalb von 550°C statt. Die vollständige Zersetzung ist unabhängig von der Konzentration des Kaltstarters.

Die Glasübergangstemperatur zeigt eine starke Abhängigkeit von der Kaltstarterkonzentration (Abb. 4.5b). Bei 0.5 m% liegt diese bei 72°C. Zwischen 2.5 m% und 4.0 m% bildet sich ein Glasübergangstemperatur-Maximum aus mit Werten um 88°C. Danach fällt die Glasübergangstemperatur bis auf 62°C bei 10 m% Kaltstarteranteil. Dieser Verlauf steht in sehr guter Übereinstimmung zu den Ergebnissen aus der Härtemessung (Abb. 4.4) und der Bestimmung der molaren Masse (Abb. 4.3).

Das Reaktionsverhalten des unverdünnten UP ist anhand des rheologischen Verhaltens über die Zeit in Abb. 4.6 dargestellt. Nach einer – von der Konzentration des Kaltstarters stark abhängigen

4 Ergebnisse und Diskussion

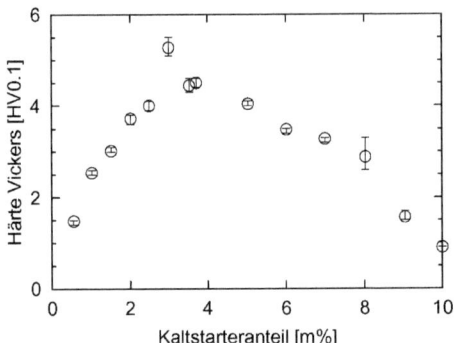

Abb. 4.4: Einfluss der Kaltstarterkonzentration auf die Mikrohärte (VICKERS) des ausgehärteten UP_{m20} Gießharzes.

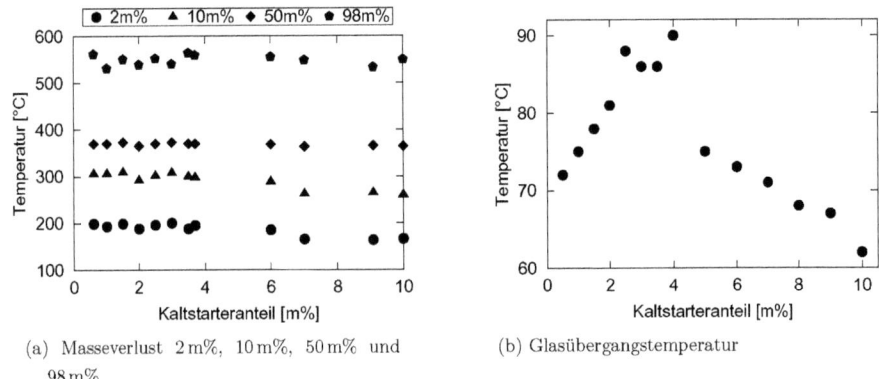

(a) Masseverlust 2 m%, 10 m%, 50 m% und 98 m%

(b) Glasübergangstemperatur

Abb. 4.5: Einfluss der Kaltstarterkonzentration auf die thermische Stabilität des ausgehärteten UP_{m20} Gießharzes.

4.1 Materialeigenschaften des polymeren Matrixmaterials

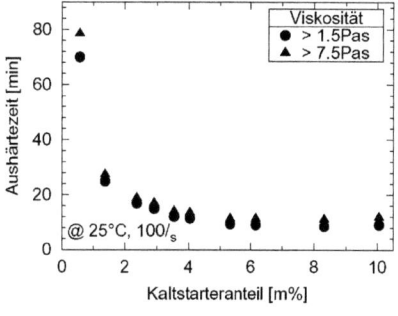

(a) Aushärtezeit bis zum Erreichen der Grenzviskosität von 1.5 Pas / 7.5 Pas.

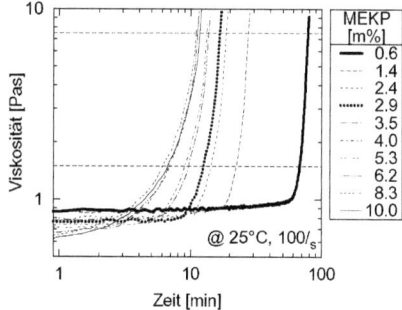

(b) Entwicklung der Viskosität über die Zeit bei konstanter Scherrate und Temperatur.

Abb. 4.6: Einfluss der Kaltstarterkonzentration auf das rheologische Verhalten des unverdünnten UP Gießharzes.

– Inkubationszeit mit minimalem linearen Anstieg der Viskosität steigt diese dann im Folgenden exponentiell an (Abb. 4.6b). Die Verarbeitungszeit (Viskosität kleiner als 1.5 Pas) sinkt mit steigendem Kaltstarteranteil von 70 min auf 9 min (Abb. 4.6a). Bei einem Kaltstarteranteil von 3 m% beträgt die Verarbeitungszeit 15 min bei 25°C. Nur bei sehr geringen Konzentrationen des Kaltstarters vergeht zwischen dem Überschreiten von 1.5 Pas und dem Überschreiten von 7.5 Pas eine signifikante Zeit. Das Durchschreiten beider Viskositätsgrenzen erfolgt nahezu zeitgleich (Abb. 4.6a).

Die Permittivität des ausgehärteten, mit 20 m% Styrol verdünnten Polymers wird durch steigende Kaltstarterkonzentrationen von 2.6 auf 3.4 erhöht (Abb. 4.7). Dieser Anstieg ist im Rahmen der Zielsetzung dieser Arbeit als unwesentlich zu bewerten. Der dielektrische Verlust hingegen steigt von guten Werten unter 0.010 auf Werte von über 0.030 (Abb. 4.7).

Den Vorgaben des Herstellers für unverdünntes Gießharz folgend wird für die in dieser Arbeit verwendeten Komposite eine Kaltstarter Konzentration von 3 m% gewählt. Hierdurch werden eine hohe molare Masse (Abb. 4.3), hohe Härte (Abb. 4.4), hohe Glasübergangstemperatur und Temperaturstabilität (Abb. 4.5) sowie gute dielektrische Eigenschaften (Abb. 4.7) des Komposit-Matrixmaterials erreicht.

4.1.2 Einflüsse der Verdünnung des Materialsystems mit Styrol auf die Materialeigenschaften

Ein wesentlicher Einfluss auf die Verarbeitbarkeit eines Kompositmaterials ist die Viskosität des Materialsystems. Diese wird maßgeblich durch die Viskosität des verwendeten Gießharzes beeinflusst.

4 Ergebnisse und Diskussion

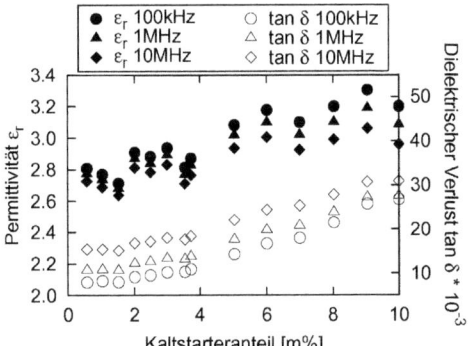

Abb. 4.7: Einfluss des Kaltstarters auf die dielektrischen Eigenschaften des ausgehärteten mit 20 m% Styrol verdünnten Reaktionsgießharzes.

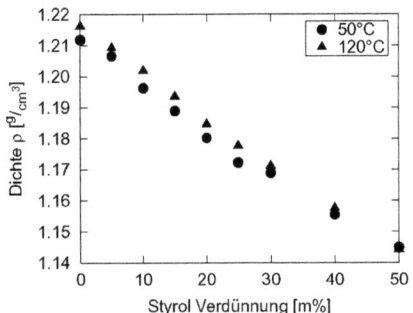

Abb. 4.8: Einfluss der Verdünnung mit Styrol auf die Dichte des mit 3 m% Kaltstarter bei 50°C ausgehärteten und bei 120°C nachgehärteten Gießharzes.

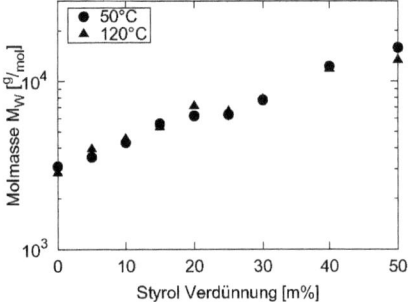

Abb. 4.9: Einfluss der Verdünnung mit Styrol auf die molare Masse M_W des mit 3 m% Kaltstarter bei 50°C ausgehärteten und bei 120°C nachgehärteten Gießharzes.

4.1 Materialeigenschaften des polymeren Matrixmaterials

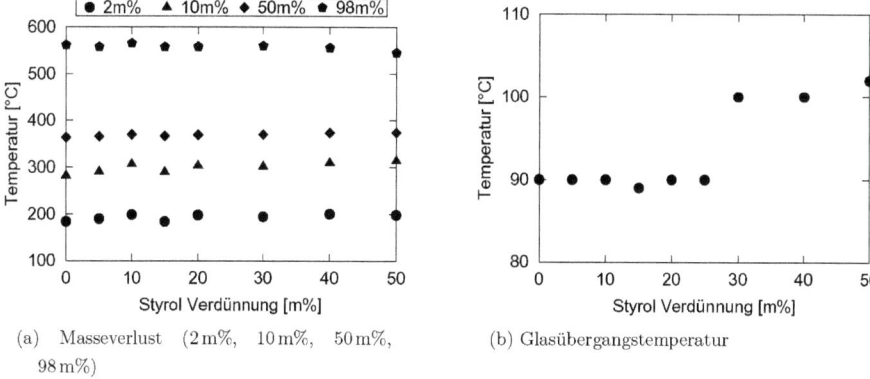

(a) Masseverlust (2 m%, 10 m%, 50 m%, 98 m%)

(b) Glasübergangstemperatur

Abb. 4.10: Einfluss der Verdünnung mit Styrol auf die thermische Stabilität des mit 3 m% Kaltstarter ausgehärteten Gießharzes.

Das Monomer Styrol ist ein nativer Bestandteil des verwendeten UP Gießharzes. Dieses wird in die Polyester-Ketten als Quervernetzer eingebaut. Die Verwendung eines aktiven Lösungsmittels wie Styrol erlaubt somit die Absenkung der Systemviskosität. Das Lösungsmittel muss nach der Strukturierung nicht wieder aus dem System ausgetrieben werden. Somit wird eine Blasenbildung in der Schicht vermieden und die Schicht kann auch in geschlossenen „Räumen" (z.B. Klebschicht zwischen zwei Platten) polymerisiert werden. Dies ist mit Systemen, die ein passives Lösungsmittel enthalten, nicht möglich.

Für die Versuche zum Einfluss der Styrolverdünnung auf die Materialeigenschaften wird der im Kapitel 4.1.1 ermittelte optimale Kaltstartergehalt von 3 m% verwendet.

Die Dichte des unverdünnten, ausgehärteten Gießharzes beträgt 1.21 $\frac{g}{cm^3}$. Durch die Zugabe von Styrol sinkt diese linear um $1.4 \cdot 10^{-3} \frac{g}{cm^3} \frac{1}{m\%}$ auf 1.14 $\frac{g}{cm^3}$ (Abb. 4.8). Dies ist darauf zurück zu führen, dass die Quervernetzung in der polymeren Matrix verringert wird und so ein größeres freies Volumen zwischen den Ketten entsteht. Dies korreliert gut mit der Dichte von Polystyrol, die mit 1.04 $\frac{g}{cm^3}$ bis 1.05 $\frac{g}{cm^3}$ angegeben wird [115, S.441].

Die molare Masse (Abb. 4.9) hingegen steigt mit höherem Styrolanteil von 200 $\frac{g}{mol}$ ohne die Zugabe von zusätzlichem Styrol in das UP auf über 10000 $\frac{g}{mol}$ bei einer Zugabe von 50 m% Styrol in das originale Gießharz.

Die thermischen Eigenschaften des ausgehärteten Materials sind weitestgehend unabhängig von der Verdünnung des Gießharzes mit Styrol (Abb. 4.10). Die Zersetzungstemperaturen sind konstant über den gesamten Verdünnungsbereich (Abb. 4.10a) und korrelieren mit den Ergebnissen aus der Kaltstarter Versuchsreihe (Abb. 4.5a).

4 Ergebnisse und Diskussion

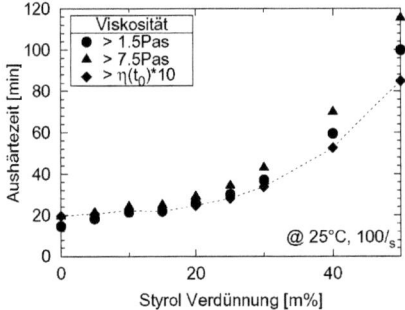

(a) Aushärtezeit bis zum Erreichen der Grenzviskosität von 1.5 Pas / 7.5 Pas sowie dem 10-fachen der Ausgangsviskosität.

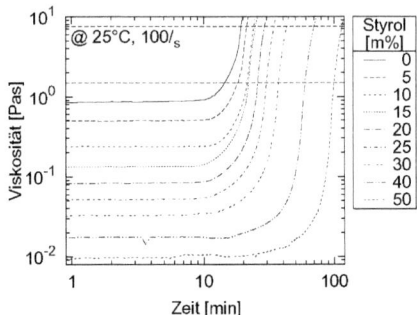

(b) Entwicklung der Viskosität über die Zeit bei konstanter Scherrate und Temperatur.

Abb. 4.11: Einfluss der Verdünnung mit Styrol auf das rheologische Verhalten des UP Gießharzes bei konstantem Kaltstartergehalt von 3 m%.

Die Glasübergangstemperatur liegt bis zu einer Verdünnung von 25 m% des Originalgießharzes mit Styrol bei ca. 90°C und steigt dann auf ca. 100°C (Abb. 4.10b). Die Glasübergangstemperatur bei 20 m% Styrol korreliert sehr gut mit den Ergebnissen aus Abb. 4.5b. Ein Anstieg der Glasübergangstemperatur mit steigendem Styrol Anteil wird durch eine größere Anzahl steiferer Polystyrol-Segmente in den Polyester-Ketten begründet [221, 222].

Das Aushärteverhalten des UP in Abhängigkeit der Styrolverdünnung ist in Abb. 4.11 dargestellt. Die Zeit bis zum Erreichen einer Grenzviskosität von 1.5 Pas bzw. 7.5 Pas steigt von 20 min auf über 100 min mit zunehmendem Styrolgehalt. Die Zeit bis zum Erreichen der 10-fachen Ausgangsviskosität steigt von 20 min auf etwa 80 min. Trotz drastischer Erniedrigung der Ausgangsviskosität durch die Verdünnung mit Styrol führen beide Bestimmungsmethoden (Grenzviskosität, 10-fache Ausgangsviskosität) zu ähnlichen Ergebnissen. Dies ist auf den drastischen Anstieg der Viskosität nach einer gewissen Inkubationszeit zurück zu führen (vergl. Abb. 4.11b).

Der Anstieg der Aushärtezeit ist bis zu einer Verdünnung von 20 m% des UP Gießharzes mit Styrol nur sehr gering und das verdünnte UP verhält sich ähnlich dem Originalsystem. Ab einer Verdünnung von ca. 20 m% zeigt das System ein deutlich verändertes Aushärteverhalten. Dieses Verhalten stimmt sehr gut mit [223] überein, in dem die Transformationsrate von Styrol als deutlich langsamer beschrieben wird als die Polyester-Transformationsrate.

Die Viskosität des unausgehärteten Gießharzsystems lässt sich durch die Verdünnung mit Styrol signifikant beeinflussen (Abb. 4.12). Sie sinkt bei Raumtemperatur (20°C) von 1 Pas um zwei Größenordnungen auf 0.008 Pas bei einer Verdünnung mit 50 m% Styrol.

4.1 Materialeigenschaften des polymeren Matrixmaterials

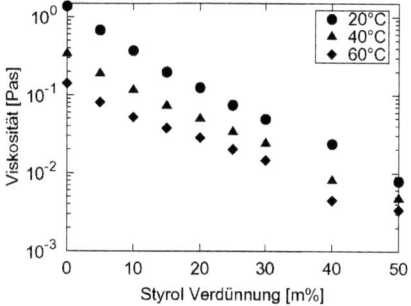

Abb. 4.12: Einfluss der Verdünnung mit Styrol auf die Viskosität des unausgehärteten Gießharzes.

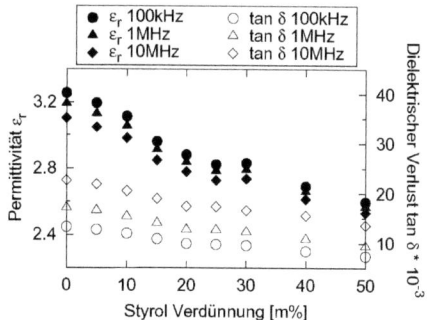

Abb. 4.13: Einfluss der Verdünnung mit Styrol auf die dielektrischen Eigenschaften des mit 3 m% Kaltstarter ausgehärteten Gießharzes.

Ein erhöhter Styrolanteil im Ausgangsgießharz zeigt nur geringe Einflüsse auf die dielektrischen Eigenschaften des ausgehärteten Polymers (Abb. 4.13). Die Permittivität bei 1 MHz sinkt mit steigendem Styrolanteil von 3.2 ohne Styrolzusatz auf 2.6 bei 50 m% Styrol. Der dielektrische Verlust sinkt dabei von 0.025 auf 0.010. Dieser systematische Einfluss ist allerdings gering gegenüber den zu erzielenden Modifikationen. Die Absenkung der Permittivität durch die Zugabe von Styrol steht in guter Übereinstimmung zu den Literaturwerten. Die Permittivität von Styrol Kopolymeren wird hier mit 2.55–2.95 und die von Polyester mit 3.22–4.3 angegeben [224, S.13–12].

Die Modifikation des UP Gießharzes mit Styrol ist ein wirksames Werkzeug um die Viskosität des Materials anzupassen ohne die wesentlichen mechanischen und dielektrischen Eigenschaften des ausgehärteten Gießharzes maßgeblich negativ zu beeinflussen.

4.1.3 Materialeigenschaften des verwendeten Materialsystems

Als Testplattform für Kompositsysteme wird das von *Carl Roth GmbH* erhältliche UP mit Styrol als Verdünnungsmittel und „INT-54" als Trennmittel modifiziert. Die Zusammensetzung des so entstandenen UP_{m20} ist in Tab. 3.2 dargestellt. Zur Aushärtung des Polymersystems werden 97 m% UP_{m20} mit 3 m% auf MEKP basierendem Kaltstarter vermischt. Die Einflüsse des Kaltstarters und der Verdünnung mit Styrol werden in den vorangegangenen Kapiteln ausführlich diskutiert.

Nach der Zugabe des Kaltstarters ist die Aushärtezeit des Materialsystems neben der in Abb. 4.6 gezeigten Abhängigkeit vom Kaltstartergehalt auch von der Temperatur abhängig. Diese Abhängigkeit ist in Abb. 4.14 dargestellt. Das Erreichen einer Grenzviskosität von 1.5 Pas dauert bei 10°C noch fast zwei Stunden. Bei 40°C Reaktionstemperatur wird diese Viskosität bereits nach zehn Minuten

4 Ergebnisse und Diskussion

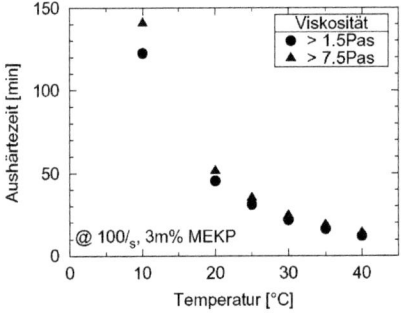
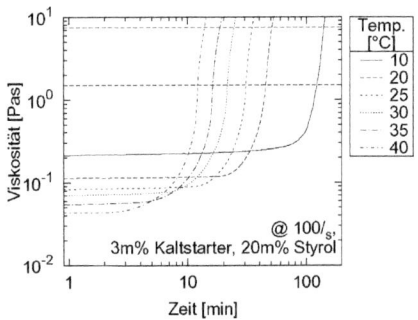

(a) Aushärtezeit bis zum Erreichen der Grenzviskosität von 1.5 Pas / 7.5 Pas.

(b) Entwicklung der Viskosität über die Zeit bei konstanter Scherrate in Abhängigkeit der Temperatur.

Abb. 4.14: Einfluss der Temperatur auf die rheologischen Eigenschaften des mit 20 m% Styrol verdünnten und 3 m% Kaltstarter polymerisierenden Gießharzes.

erreicht. Die Temperatur ist somit ein wirksames Werkzeug um vor der Formgebung eine möglichst lange Topfzeit (niedrige Temperatur) und danach ein zügiges Aushärten (erhöhte Temperatur) zu erzielen.

Des Weiteren ist die Viskosität des Gießharzes vor der Polymerisation von der Temperatur stark beeinflusst. Diese sinkt von 0.2 Pas bei 10°C auf 0.04 Pas bei 40°C (Abb. 4.14b, 1 min).

Die Aushärtung des Reaktionsgießharzes ist auch abhängig von der Menge des eingebrachten Füllstoffes. Die in Abb. 4.15 dargestellten Messergebnisse wurden mit $BaTiO_3$ der Firma *Alfa Aesar* erhoben und sollen qualitativ die Einflussnahme des Füllgrades auf die Aushärtezeit verdeutlichen. Bei Raumtemperatur verlängert sich die Aushärtezeit um einen Faktor 5 durch die Zugabe von 50 m% Pulver (Abb. 4.15a). Hierbei ist auffällig, dass sich nicht nur die Zeit zum Erreichen der ersten Grenzviskosität von 1.5 Pas verlängert, sondern auch der Schritt von 1.5 Pas auf 7.5 Pas mit höheren Füllgraden signifikant mehr Zeit in Anspruch nimmt. Bei Systemen, die neben den aktiven monomeren und polymeren Anteilen auch anorganisches, nicht reaktives Material enthalten ist, die Wahrscheinlichkeit, dass sich in der Nähe eines aktivierten Polymer-Endes auch ein Reaktionspartner befindet, reduziert. Die Füllstoffe können nur durch Diffusion umwandert werden. Dieser Vorgang benötigt mehr Zeit je größer der nicht reaktive Anteil im System ist. Bei Materialsystemen, die mit mehr als 50 m% Füllstoff beladen sind, ist eine zeitaufgelöste Messung nicht mehr möglich (s. starkes Rauschen in der 55 m% Kurve in Abb. 4.15b). Dieses Verhalten steht entgegen dem Verhalten von Nano-Schichtsilikat in Polyester, wobei die Aushärtezeit durch Zugabe von Nanopartikeln reduziert wird [225].

4.1 Materialeigenschaften des polymeren Matrixmaterials

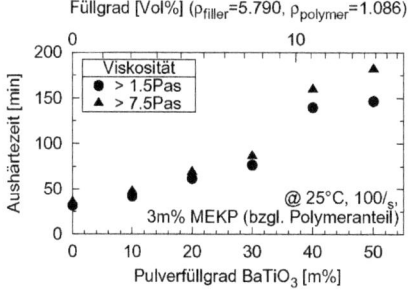

(a) Aushärtezeit bis zum Erreichen der Grenzviskosität von 1.5 Pas / 7.5 Pas.

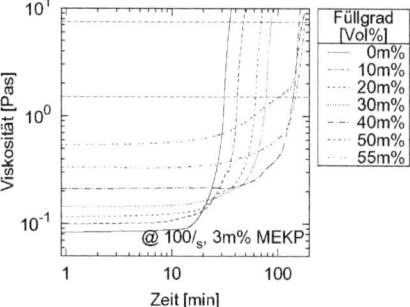

(b) Entwicklung der Viskosität über die Zeit bei konstanter Scherrate und Temperatur.

Abb. 4.15: Einfluss des Pulverfüllgrades auf die rheologischen Eigenschaften des UP_{m20} während des Polymerisationsvorganges.

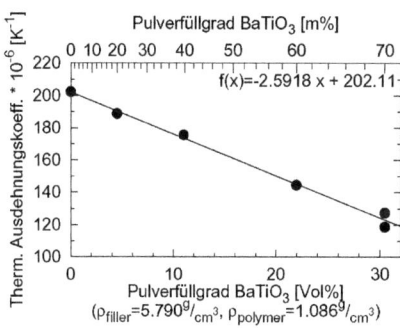

Abb. 4.16: Linearer thermischer Ausdehnungskoeffizient in Abhängigkeit des Pulverfüllgrades.

Tab. 4.1: Linearer thermischer Ausdehnungskoeffizient verschiedener Materialien.

Werkstoff	lin. therm. Ausdehnungskoeff. $\cdot 10^{-6}$ [K^{-1}]	Lit.
Cu	16.8	[226]
Epoxidharzplatte FR4	13–19	[227]
$BaTiO_3$	10.1	[228]

71

4 Ergebnisse und Diskussion

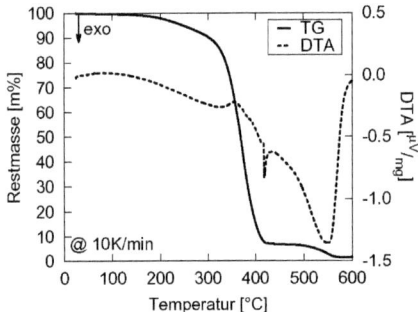

Abb. 4.17: Thermogravimetrie des verwendeten ausgehärteten UP_{m20} Gießharzes.

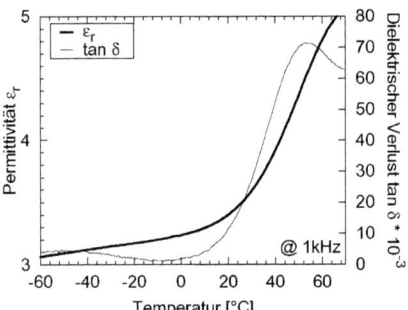

Abb. 4.18: Dielektrische Eigenschaften des UP_{m20} in Abhängigkeit der Temperatur bei 1 kHz.

Der lineare thermische Ausdehnungskoeffizient ist eine wichtige Materialkenngröße bei der Kombination von Materialien, besonders bei Schichtlaminaten. Bei der Materialkombination zweier Materialien mit zu großem Unterschied im linearen thermischen Ausdehnungskoeffizienten kann es so zu Delamination und Versagen des Bauteils kommen. Der lineare thermische Ausdehnungskoeffizient in Abhängigkeit des Pulverfüllgrades ist für das Materialsystem UP_{m20} in Abb. 4.16 dargestellt. Dieser fällt zwischen 0 Vol% und 30 Vol% Füllgrad linear um $2.6 \cdot 10^{-6} \frac{1}{K} \frac{1}{Vol\%}$.

Der Vergleich mit Materialien aus der Leiterplattentechnologie (s. Tab. 4.1) zeigt, dass das hier verwendete Polyester als Testplattform für dielektrische Messungen geeignet ist, die linearen thermischen Ausdehnungskoeffizienten aber zu unterschiedlich sind für einen Einsatz in einem Produkt.

Ein weiterer wichtiger Faktor ist die thermische Beständigkeit des Polymers bei den verwendeten Prozesstemperaturen. Beim Reflow-Löten werden Spitzentemperaturen von bis zu 225°C benötigt [229, 230], je nach verwendeter Legierung. Diese thermischen Spitzenbelastungen muss das Material kurzzeitig überstehen. Die thermische Stabilität des ausgehärteten Polymers UP_{m20} wird mit der Methode der Thermogravimetrie untersucht. Bei einer Heizrate von 1 Kmin^{-1} beträgt der Masseverlust bei 200°C 2.1 m% (Abb. 4.17). Somit ist eine Temperaturbelastung von 200°C für das Material kein Problem. Ab 300°C setzt eine massive Degradation des Polymersystems ein.

Die Permittivität und der dielektrische Verlust zeigen eine starke Abhängigkeit von der Temperatur (Abb. 4.18). Die Permittivität steigt von -60°C bis ca. 20°C langsam und ab dann rapide an. Der beschleunigte Anstieg ist auf die erhöhte Beweglichkeit der Dipole und Ladungen in den Polymerketten bei erhöhter Temperatur zurückzuführen. Der dielektrische Verlust bildet bei Temperaturen unterhalb der Glastemperatur ein Maximum aus, da hier die Reibungsverluste nebeneinander liegender Polymerketten am höchsten sind. Das Maximum der Permittivität liegt bei über 70°C, was in guter Übereinstimmung mit der Glasübergangstemperatur des UP bei 90°C ist (vergl. [145, 231]). In der Li-

4.1 Materialeigenschaften des polymeren Matrixmaterials

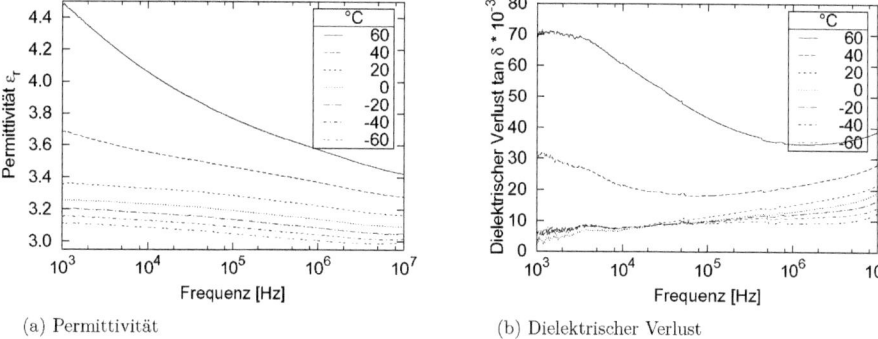

(a) Permittivität (b) Dielektrischer Verlust

Abb. 4.19: Dielektrische Eigenschaften des verwendeten Polymersystems in Abhängigkeit der Frequenz (1 kHz–10 MHz) bei 60°C, 40°C, 20°C, 0°C, -20°C, -40°C und -60°C.

teratur werden für Epoxy-Keramik-Komposite für steigende Temperaturen steigende Permittivitäten, aber sowohl steigende als auch fallende dielektrische Verluste berichtet [232, 233].

Die Ladungen an den Polymerketten können dem elektrischen Feld nur bei niedrigen Frequenzen folgen. Bei steigender Frequenz fällt die Permittivität bei hohen Temperaturen stärker ab als bei niedrigen Temperaturen (Abb. 4.19a). Bei niedrigen Temperaturen ist die Permittivität des Polymers nahezu frequenzunabhängig.

Der dielektrische Verlust zeigt für 60°C einen frequenzabhängigen Abfall der Permittivität bis ca. 1 MHz und einen darauf folgenden Anstieg (Abb. 4.19b). Bei Temperaturen kleiner oder gleich 20°C steigt der dielektrische Verlust über das gesamte gemessene Spektrum an. Hierbei wird die Steigung mit sinkender Temperatur kleiner. Bis ca. 20 kHz zeigt das Material zwischen -60°C und 20°C nahezu temperaturunabhängiges Verhalten.

Das frequenz- und temperaturabhängige Verhalten der dielektrischen Eigenschaften ist gegenläufig zu den Untersuchungen von YILMAZ et al., die für steigende Temperaturen eine Abflachung der Frequenzabhängigkeit der Permittivität und Reduktion der dielektrischen Verluste für Polyester-Dünnschichten (100 µm und 200 µm) berichten [234]. Generell ist für Polymer-Keramik-Komposite bei Raumtemperatur mit steigender Frequenz eine sinkende Permittivität und ein steigender dielektrischer Verlust zu beobachten [147, 185, 231, 235, 236].

Die physikalischen Eigenschaften des verwendeten Polyester-Gießharzes sind in Tab. 4.2 zusammengefasst.

4 Ergebnisse und Diskussion

Tab. 4.2: Materialeigenschaften des verwendeten Polymersystems.

Eigenschaft	Symbol	Randbedingungen	Wert
Viskosität	η	100 s^{-1}, 20°C	0.24 Pas
Aushärtezeit		RT, $\eta \geq 1.5$ Pas	30 min
Permittivität	ε_r	1 kHz, RT	3.4
dielektr. Verlust	$tan\delta$	1 kHz, RT	0.004
Dichte	ρ	RT	1.18 gcm^{-3}
molare Masse	M$_W$	ausgeheizt 50°C	ca. 6300 gmol^{-1}
Härte VICKERS	HV	100 p, RT	ca. 5 HV 0.1
Glasübergang	T$_G$		90°C
Zersetzung		Masseverlust $\leq 98\%$	557°C
Temperaturstabilität		Masseverlust $\leq 2\%$	198°C

4.2 Materialscreening mit kommerziellen nanoskaligen Füllstoffen

Die Herstellung dünner Schichten ist ein entscheidendes Kriterium für die Herstellung von integrierten Kondensatoren mit hoher Kapazität, da die Dicke des Dielektrikums antiproportional in die Größe der Kapazität eingeht. Die theoretisch erreichbare dünnste Schicht ist im Wesentlichen von der Größe der verwendeten Pulverpartikel und Aggregate abhängig. Die Wahl von Nanopulvern unterstützt somit das Bestreben, dünne Schichten zu realisieren.

Eine Auswahl an oxidkeramischen nanoskaligen Materialien wird daher auf die Verwendbarkeit in Kompositen hoher Permittivität untersucht. Die in dieser Untersuchungsreihe verwendeten Materialien sind in Tab. 4.3 zur Übersicht aufgelistet.

Die erreichten Permittivitäten liegen zwischen 6 und 11 bei 25 Vol% Pulverfüllgrad (Abb. 4.20a). BaTiO$_3$ und SrTiO$_3$ sind die Materialien, die die höchsten Permittivitäten und die niedrigsten dielektrischen Verluste (Abb. 4.20b) aufweisen. Durch die hohen relativen Oberflächen ist es schwer möglich, hohe Füllgrade zu erreichen. Des Weiteren sind die Kristallstrukturen bei nanoskaligen Materialien in einigen Fällen (z.B. BaTiO$_3$ und SrTiO$_3$) nicht die selben, wie bei makroskaligen Materialien. Aufgrund der niedrigen Füllgrade und der nanoskaligen Partikelgröße der verwendeten Materialien werden im Vergleich zur Literatur (Tab. B.1 und Abb. 2.20) nur sehr niedrige Permittivitätswerte für Polymer-Komposite erreicht.

BaTiO$_3$ und SrTiO$_3$ haben bei diesen Untersuchungen die besten Ergebnisse bezüglich der Permittivität und der dielektrischen Verluste geliefert. Daher werden die weiteren Untersuchungen kommerzieller Materialien auf diese beiden Materialklassen beschränkt.

4.2 Materialscreening mit kommerziellen nanoskaligen Füllstoffen

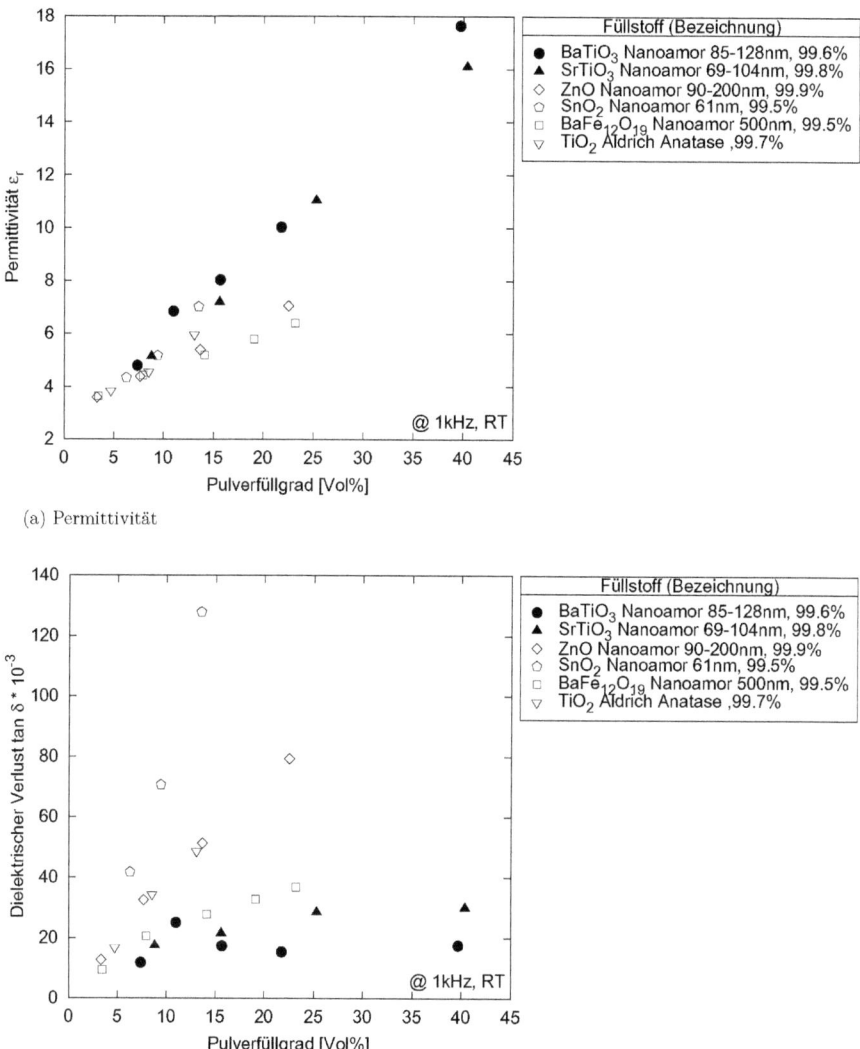

(a) Permittivität

(b) Dielektrischer Verlust

Abb. 4.20: Dielektrische Eigenschaften von Polyester-Gießharz-Kompositsystemen mit kommerziellen nanoskaligen Füllstoffen.

4 Ergebnisse und Diskussion

Tab. 4.3: Übersicht der untersuchten nanoskaligen anorganischen Füllstoffe. Reinheit und APS sind die Angaben der Hersteller.

Name	Formel	Hersteller	Reinh.	APS	Anhang
Bariumferrat	$BaFe_{12}O_{19}$	*Nanoamor*	99.5%	500 nm	Anh. C.7.1
Bariumtitanat	$BaTiO_3$	*Nanoamor*	99.6%	85–128 nm	Anh. C.7.2
Strontiumtitanat	$SrTiO_3$	*Nanoamor*	99.8%	69–104 nm	Anh. C.7.4
Titandioxid	TiO_2	*Aldrich*	99.7%	k.A.	Anh. C.1.4
Zinkoxid	ZnO	*Nanoamor*	99.9%	90–200 nm	Anh. C.7.5
Zinndioxid	SnO_2	*Nanoamor*	99.5%	61 nm	Anh. C.7.3

4.3 Polyester-Reaktionsgießharz mit kommerziellen mikro- und nanoskaligen Barium- und Strontiumtitanaten

Es werden 13 kommerzielle $BaTiO_3$-Pulver von sechs unterschiedlichen Herstellern und drei $SrTiO_3$-Pulver von drei Herstellern untersucht. Ziel der Untersuchungen ist die Identifizierung geeigneter Füllstoffe für Komposite mit optimierten dielektrischen Eigenschaften. Die Partikelgrößenverteilungen sind (laut Angaben der Hersteller) für diese Auswahl an Pulvern weit verteilt, so dass Abhängigkeiten von der Partikelgröße sichtbar werden sollten.

Bariumtitanate

Die in dieser Untersuchung verwendeten Produkte unterschiedlicher Hersteller sind zur Übersicht in Tab. 4.4 zusammengestellt.

Die mit kommerziellen $BaTiO_3$ als Füllstoff erreichten Permittivitäten und dielektrischen Verluste sind in Abb. 4.21 dargestellt. Die erreichten Permittivitäten liegen alle innerhalb eines sehr schmalen Bereiches. Bei einem Pulverfüllgrad von 60 m% werden Permittivitäten von 9.2 bis 14.5 gemessen (Abb. 4.21a). Der dielektrische Verlust schwankt in einem großen Bereich von 0.008 bis 0.021 (Abb. 4.21b). Mit einzelnen Pulvern konnten Komposite mit Füllgraden von bis zu 80 m% und einer Permittivität von über 25 realisiert werden.

Der anhand der Ergebnisse aus den Untersuchungen von KINOSHITA et al. [60] zu erwartende große Permittivitätsunterschied in Abhängigkeit der Korngröße des $BaTiO_3$ ist hier nicht zu erkennen.

Um den Einfluss der Partikelgrößen kommerzieller Pulver auf die dielektrischen Eigenschaften von Polymer-Keramik-Kompositen systematisch zu untersuchen, werden $BaTiO_3$-Pulver der Firma *Inframat Advanced Materials* mit nominellen Partikelgrößen von 100 nm, 200 nm, 300 nm, 400 nm, 500 nm und 700 nm (vergl. Cat. Bezeichnungen Tab. 4.5) als Füllstoffe untersucht. Die steigende Partikelgröße in dieser Pulverserie ist in REM Aufnahmen der unbehandelten Originalpulver (Abb. 4.22) deutlich zu

4.3 Polyester-Reaktionsgießharz mit kommerziellen $BaTiO_3$ und $SrTiO_3$

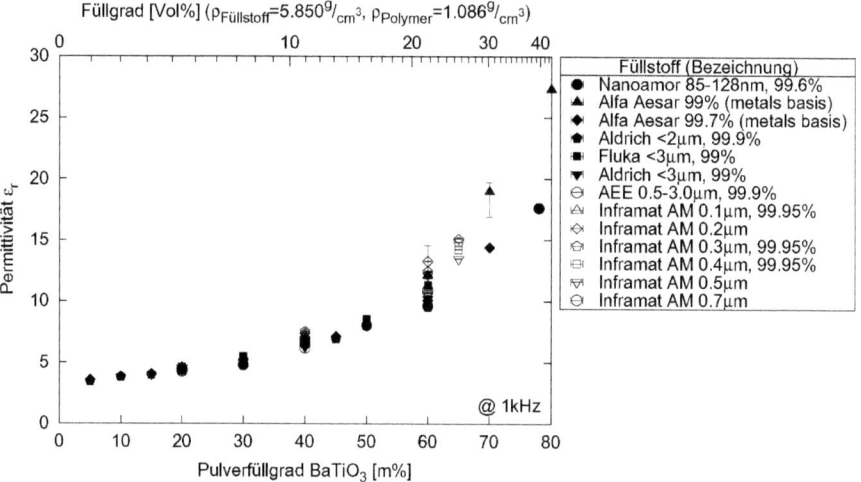

(a) Permittivität von $BaTiO_3$ gefüllten Kompositen.

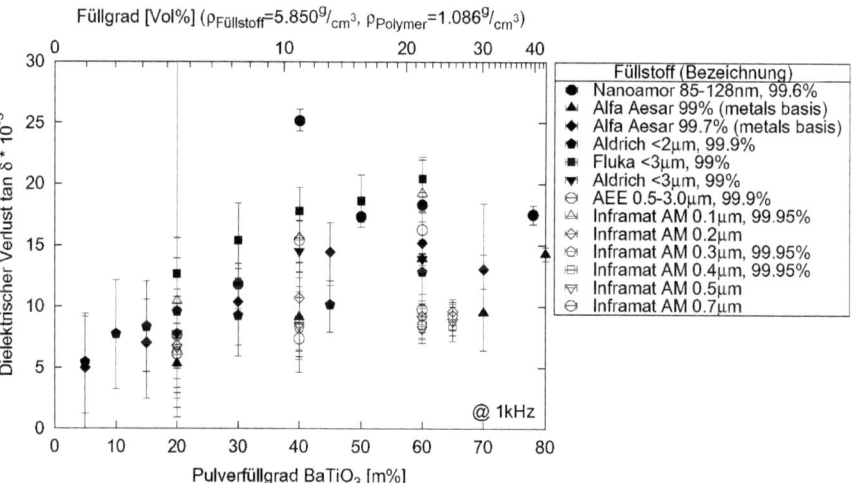

(b) Dielektrischer Verlust von $BaTiO_3$ gefüllten Kompositen.

Abb. 4.21: Dielektrische Eigenschaften von Polyester-Gießharz-Kompositsystemen mit kommerziellen $BaTiO_3$ Füllstoffen.

4 Ergebnisse und Diskussion

Tab. 4.4: Übersicht der untersuchten kommerziellen $BaTiO_3$. Reinheit und APS laut Hersteller.

Hersteller	Reinh.	APS	Anhang
Aldrich	99.9%	<2 µm	Anh. C.1.1
Aldrich	99%	<3 µm	Anh. C.1.2
Alfa Aesar	99%	k.A.	Anh. C.2.1
Alfa Aesar	99.7%	k.A.	Anh. C.2.2
Atlantic Equipment Engineers	99.9%	0.5–3.0 µm	Anh. C.3.1
Fluka	99%	<3 µm	Anh. C.4.1
Inframat Advanced Materials	99.95%	100 nm	Anh. C.5.1
Inframat Advanced Materials	99.95%	200 nm	Anh. C.5.2
Inframat Advanced Materials	99.95%	300 nm	Anh. C.5.3
Inframat Advanced Materials	99.95%	400 nm	Anh. C.5.4
Inframat Advanced Materials	99.95%	500 nm	Anh. C.5.5
Inframat Advanced Materials	99.95%	700 nm	Anh. C.5.6
Nanoamor	99.6%	85–128 nm	Anh. C.7.2

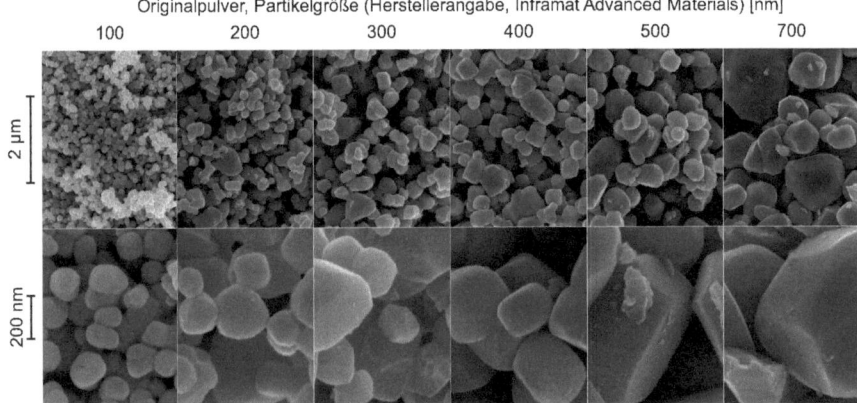

Abb. 4.22: REM-Aufnahmen der *Inframat Advanced Materials* $BaTiO_3$ Pulverserie. Angegeben sind die Partikelgrößen des Herstellers (vergl. Tab. 4.5).

4.3 Polyester-Reaktionsgießharz mit kommerziellen $BaTiO_3$ und $SrTiO_3$

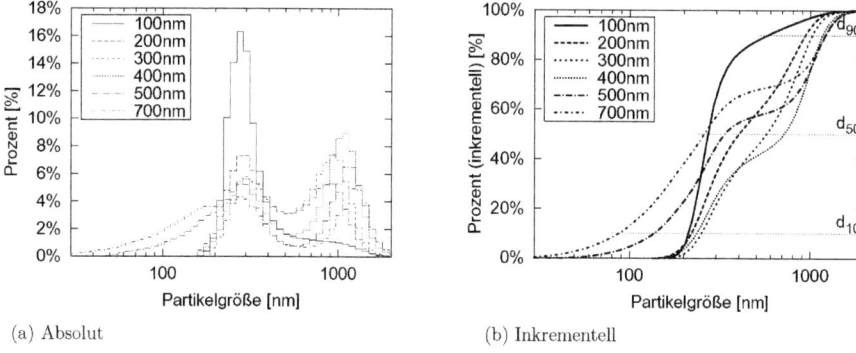

(a) Absolut (b) Inkrementell

Abb. 4.23: Partikelgrößenverteilung aus Laserbeugung (gemessen in Ethanol).

erkennen. Die mittels Laserbeugung gemessene Partikelgrößenverteilung in Ethanol nach Ultraschalldispergierung ist in Abb. 4.23 dargestellt. Die d_{10}, d_{50} und d_{90} Zahlenwerte sind im Vergleich mit der Partikelgröße aus Dichte und Oberfläche (Sphärisches Modell) sowie der Dichte, Oberfläche und relativen Oberfläche in Tab. 4.5 zusammengefasst. Die aus der Oberfläche und der Dichte berechneten Partikelgrößen zeigen eine sehr gute Übereinstimmung mit den Herstellerangaben. Die Laserbeugungsmessungen zeigen für das 100 nm Pulver einen scharfen Peak bei 300 nm und für alle anderen Spezies einen Peak bei 300 nm und einen bei 1000 nm. Dies lässt darauf schließen, dass die Pulver agglomeriert vorliegen.

Während die Dichte des 100 nm Pulvers mit 5.75 $\frac{g}{cm^3}$ leicht unterhalb der theoretischen Dichte von 5.85 $\frac{g}{cm^3}$ liegt, liegen die anderen Pulver (200 nm bis 700 nm) leicht oberhalb zwischen 5.9 $\frac{g}{cm^3}$ und 6.1 $\frac{g}{cm^3}$ (Abb. 4.24 und Tab. 4.5). Die Oberfläche der Pulver steigt mit sinkender Partikelgröße von 10.2 $\frac{m^2}{cm^3}$ (1.7 $\frac{m^2}{g}$) auf 60.0 $\frac{m^2}{cm^3}$ (10.4 $\frac{m^2}{g}$).

Die Viskosität der Kompositsysteme aus diesen Pulvern ist in Abb. 4.25 dargestellt. Systeme, die mit dem 200 nm-Pulver gefüllt sind, zeigen die höchsten Viskositäten. Tendenziell sinkt aber in Übereinstimmung mit der Literatur die Viskosität mit steigender Partikelgröße [237].

Die Röntgenbeugung der Pulverserie (Abb. 4.26) zeigt für das 100 nm-Pulver eine kubische Gitterstruktur. Die übrigen Pulver aus dieser Serie sind tetragonal. Bei der 700 nm-Spezies sind die Cu-K_α- und Cu-K_β-Maxima am deutlichsten differenziert, was auf einen deutlichen Anstieg der Größe der Einkristalle im Pulver schließen lässt.

Die mit diesen Füllstoffen erreichten Permittivitäten liegen bei 60 m% Füllgrad zwischen 11 und 14 (Abb. 4.27a). Hierbei zeigt das 200 nm-Pulver, welches die kleinsten Partikel mit tetragonaler Struktur aufweist, die höchste Permittivität. Das kubische 100 nm-Pulver erzeugt die höchsten dielektrischen Verluste (Abb. 4.27b). Die niedrigsten dielektrischen Verluste in dieser Serie werden an Kompositen

4 Ergebnisse und Diskussion

Tab. 4.5: Partikelgrößen der BaTiO$_3$-Pulver von Inframat Advanced Materials (Laserbeugung und Oberfläche- / Dichte-Messungen).

Inframat Adv. Mat. Cat.	d [nm]	Laserbeugung d_{10} [nm]	d_{50} [nm]	d_{90} [nm]	BET / Dichte $d_{sph.}$ [nm]	A_r [$\frac{m^2}{cm^3}$]	BET A_{bet} [$\frac{m^2}{g}$]	Dichte ρ [$\frac{g}{cm^3}$]
5622ON-01	100	213	271	578	100	60.0	10.4	5.75
5622-ON2	200	220	399	934	242	24.8	4.1	5.99
5622-ON3	300	250	571	1021	286	21.0	3.5	5.96
5622-ON4	400	236	717	1162	382	15.7	2.6	6.01
5622-ON5	500	136	333	1205	475	12.6	2.1	6.07
5622-ON7	700	88	258	1214	589	10.2	1.7	6.01

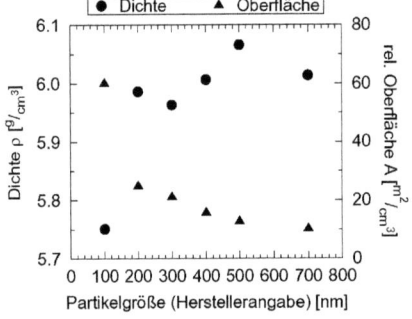

Abb. 4.24: Dichte und Oberfläche der originalen BaTiO$_3$-Pulver von *Inframat Advanced Materials*.

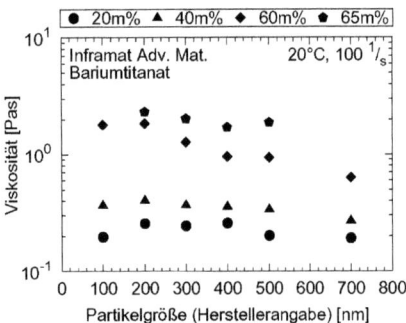

Abb. 4.25: Viskosität von mit BaTiO$_3$ gefülltem Komposit in Abhängigkeit der Partikelgröße und des Füllgrads.

4.3 Polyester-Reaktionsgießharz mit kommerziellen BaTiO$_3$ und SrTiO$_3$

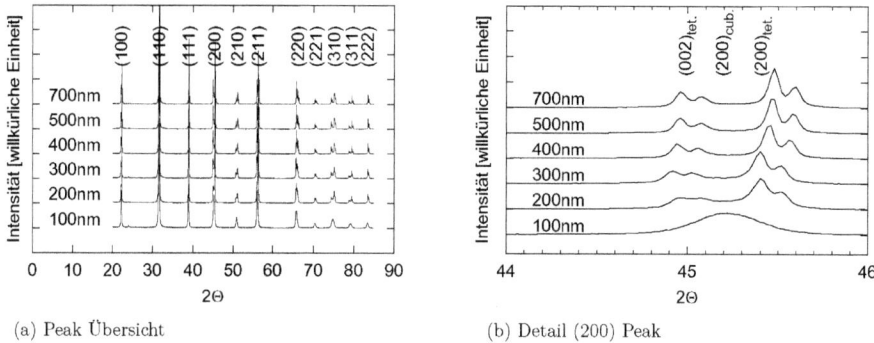

(a) Peak Übersicht

(b) Detail (200) Peak

Abb. 4.26: XRD Messung der unbehandelten BaTiO$_3$ *Inframat Advanced Materials* Pulver.

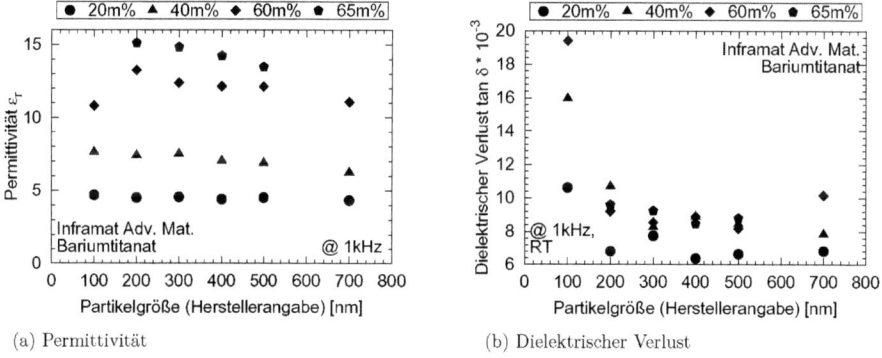

(a) Permittivität

(b) Dielektrischer Verlust

Abb. 4.27: Dielektrische Eigenschaften von Kompositmaterialien mit kommerziellen (*Inframat Advanced Materials*) BaTiO$_3$-Füllstoffen unterschiedlicher Partikelgrößenverteilung.

4 Ergebnisse und Diskussion

Tab. 4.6: Übersicht der untersuchten kommerziellen SrTiO$_3$. Reinheit und APS laut Hersteller.

Hersteller	Reinh.	APS	Anhang
Aldrich	99%	<5 µm	Anh. C.1.3
Inframat Advanced Materials	99.95%	100 nm	Anh. C.5.7
Nanoamor	99.8%	69–104 nm	Anh. C.7.4

mit dem 300 nm-Pulver als Füllstoff gemessen. Bei diesem ist die tetragonale Struktur noch deutlicher ausgeprägt als bei den 200 nm-Pulvern (vergl. Cu-K$_\alpha$- und Cu-K$_\beta$-Peaks in Abb. 4.26).

Die aus der Literatur bekannten großen Effekte in Abhängigkeit der Kristallgröße auf die Permittivität von BaTiO$_3$-Festkörpern sind in dieser Serie kommerzieller Pulver nicht zu erkennen. Alle Pulver zeigen trotz unterschiedlicher Partikelgrößen das selbe dielektrische Verhalten als Füllstoff im Kompositmaterial. Die Partikelgröße alleine ist kein direktes Maß für die Kristallitgröße und die Kristallstruktur im Pulver. Die Güte eines Pulvers, das als Füllstoff in Polymer-Kompositen mit hoher Permittivität eingesetzt werden soll, ist nicht allein an der Partikelgröße des Pulvers zu erkennen.

Strontiumtitanat

Die in dieser Untersuchung verwendeten Produkte unterschiedlicher Hersteller sind zur Übersicht in Tab. 4.6 zusammengestellt. Auf dem freien Markt sind BaTiO$_3$-Pulver in größerer Vielfalt verfügbar als SrTiO$_3$-Pulver. Dies ist insbesondere auf die breite Verwendung von BaTiO$_3$ in elektrischen Bauteilen zurückzuführen.

Die kommerziellen SrTiO$_3$-Pulver zeigen als Füllstoff ähnliche Ergebnisse wie die BaTiO$_3$-Pulver. Die mit unterschiedlichen Füllgraden im Komposit erreichten Permittivitäten liegen alle in einem sehr schmalen Band (Abb. 4.28a). Dies ist aufgrund der kubischen Struktur des SrTiO$_3$ bei Raumtemperatur und dem damit einhergehenden paraelektrischen Verhalten (CURIE-Punkt weit unterhalb 0°C) zu erwarten. Die dielektrischen Verluste streuen wesentlich stärker über die Materialpalette (Abb. 4.28b) als bei den BaTiO$_3$-Proben (vergl. Abb. 4.21b). Der wesentliche Einfluss der Kristallitgröße und Kristallstruktur ist bei Kompositen mit SrTiO$_3$ als Füllstoff in der Optimierung der dielektrischen Verluste zu finden.

4.4 Einfluss der thermischen Behandlung von nanoskaligen Füllstoffen

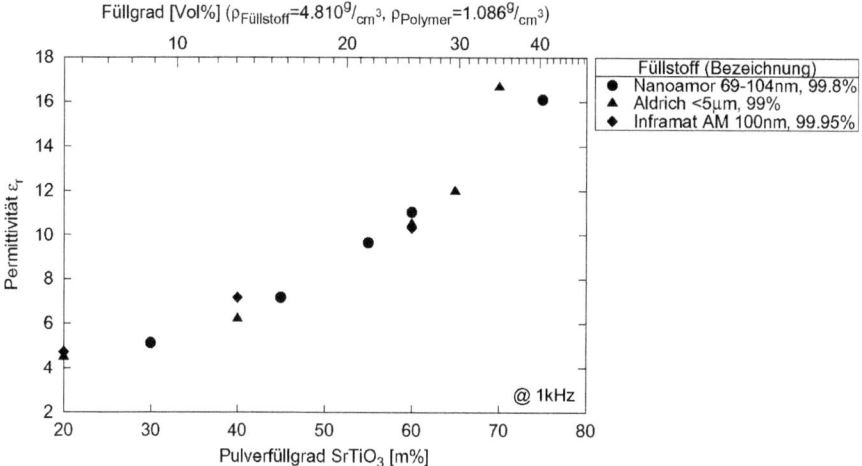

(a) Permittivität von SrTiO$_3$ gefüllten Kompositen.

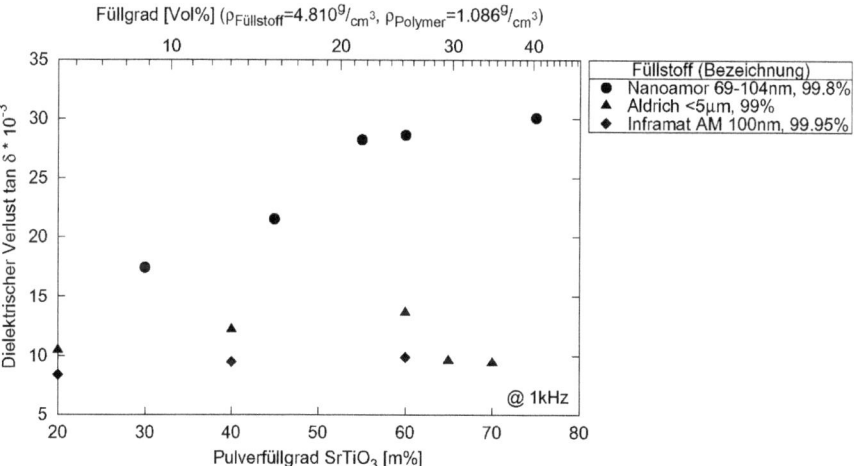

(b) Dielektrischer Verlust von SrTiO$_3$ gefüllten Kompositen.

Abb. 4.28: Dielektrische Eigenschaften von Polyester-Gießharz-Kompositsystemen mit kommerziellen SrTiO$_3$-Füllstoffen.

4 Ergebnisse und Diskussion

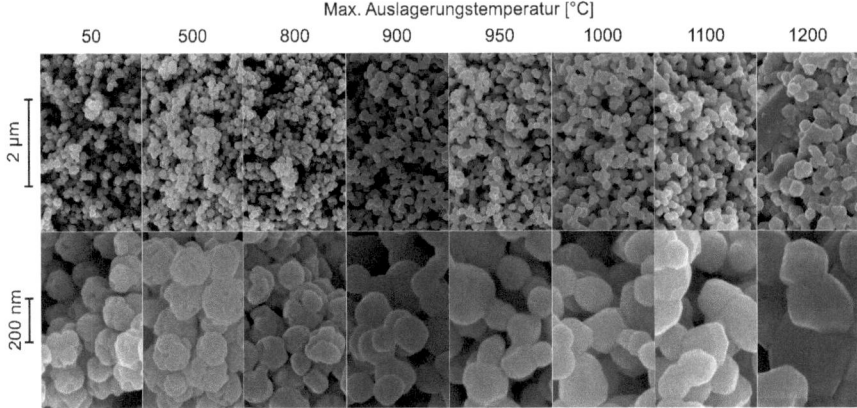

Abb. 4.29: REM-Aufnahmen der *Nanoamor*-BaTiO$_3$-Ausheizserie bei unterschiedlichen Ausheiztemperaturen.

4.4 Einfluss der thermischen Behandlung von nanoskaligen BaTiO$_3$- und SrTiO$_3$-Füllstoffen auf die Pulvereigenschaften und die dielektrischen Eigenschaften der Kompositmaterialien

Um kontrolliert Kristallwachstum und Partikelwachstum herbei zu führen wird das kommerzielle BaTiO$_3$ (*Nanoamor*, Anh. C.7.2) und SrTiO$_3$ (*Nanoamor*, Anh. C.7.4) bei Temperaturen zwischen 500°C und 1400°C ausgelagert. Der Einfluss dieser Behandlung auf die Pulver und die daraus hergestellten Komposite wird ausführlich im Vergleich zu den bei 50°C getrockneten Originalpulvern untersucht.

Die Vorgehensweise für die Temperaturbehandlung der im Folgenden behandelten Pulver ist in Kapitel 3.2 ausführlich beschrieben.

Die REM-Aufnahmen der Originalpulver und der dazugehörigen Ausheizserien sind für die BaTiO$_3$-Serie in Abb. 4.29 und für die SrTiO$_3$-Serie in Abb. 4.30 mit Ausheiztemperaturen zwischen 50°C (Originalpulver) und 1200°C (BaTiO$_3$) respektive 1400°C (SrTiO$_3$) abgebildet. Bei beiden Serien ist deutlich zu erkennen, dass durch das Ausheizen ein signifikantes Kornwachstum erzielt werden kann. Ab einer Grenztemperatur von 900°C für das BaTiO$_3$ und 800°C für das SrTiO$_3$ kann die Bildung von Sinterhälsen beobachtet werden. Auch die Morphologie ändert sich mit steigender Ausheiztemperatur. Während bei den Originalpulvern primär „runde" Partikel vorherrschen, entstehen bei höheren Tem-

4.4 Einfluss der thermischen Behandlung von nanoskaligen Füllstoffen

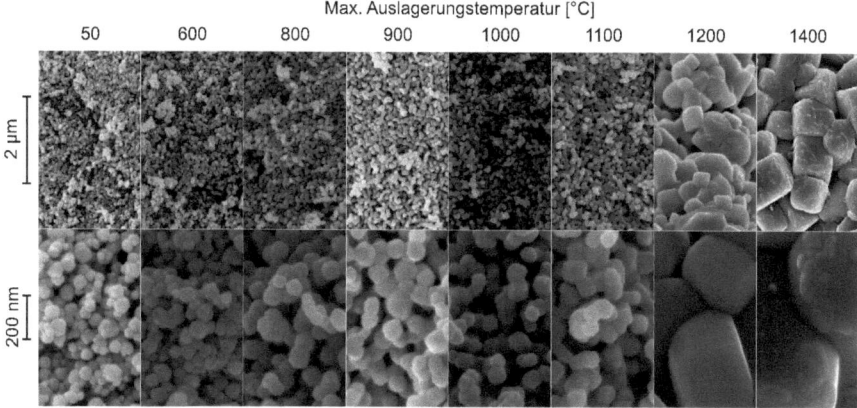

Abb. 4.30: REM-Aufnahmen der *Nanoamor*-SrTiO$_3$-Ausheizserie bei unterschiedlichen Ausheiztemperaturen.

peraturen Partikel mit scharf abgegrenzten Kanten. Dies ist auf den höheren Grad der Kristallisation zurückzuführen.

Das originale BaTiO$_3$-Pulver zeigt im Vergleich zum SrTiO$_3$-Pulver eine weitere Besonderheit: Auf der Oberfläche befinden sich kleine „Einbuchtungen". Diese bilden sich bereits bei Auslagerungstemperaturen von 900°C zurück.

Die Dichte und die rel. Oberfläche ($\frac{m^2}{cm^3}$) der temperaturausgelagerten BaTiO$_3$- und SrTiO$_3$-Nanopulver sind in Abb. 4.31 dargestellt.

Die Dichte des BaTiO$_3$ steigt von 5.53 $\frac{g}{cm^3}$ auf 5.94 $\frac{g}{cm^3}$ bei Auslagerung bis 1200°C (Abb. 4.31a). Die theoretische Dichte liegt bei 5.85 $\frac{g}{cm^3}$. Die Oberfläche steigt – entgegen der Erwartung – von 58.0 $\frac{m^2}{cm^3}$ (10.5 $\frac{m^2}{g}$) bis auf 71.5 $\frac{m^2}{cm^3}$ (12.7 $\frac{m^2}{g}$) bei einer Auslagerung des Pulvers bei 650°C. Erst bei höheren Temperaturen sinkt die Oberfläche auf 6.5 $\frac{m^2}{cm^3}$ (1.1 $\frac{m^2}{g}$). Der aus Dichte und Oberfläche nach einem sphärischen Modell berechnete Partikeldurchmesser steigt von 104 nm auf 918 nm (Tab. 4.7).

Das SrTiO$_3$-Pulver verhält sich hier wie erwartet. Die Dichte des Originalpulvers liegt mit 4.38 $\frac{g}{cm^3}$ unterhalb der theoretischen Dichte von 4.81 $\frac{g}{cm^3}$. Durch die Auslagerung bei erhöhten Temperaturen steigt diese bis auf 5.1 $\frac{g}{cm^3}$ – leicht höher als die theoretische Dichte. Die Oberfläche sinkt von 152.5 $\frac{m^2}{cm^3}$ auf 45.5 $\frac{m^2}{cm^3}$ bei einer Auslagerungstemperatur von 1100°C und dann drastisch auf unter 2 $\frac{m^2}{cm^3}$ bei Auslagerungstemperaturen von 1200°C oder höher. Der aus Dichte und Oberfläche nach einem sphärischen Modell berechnete Partikeldurchmesser steigt von 40 nm auf 132 nm und dann bei Auslagerungstemperaturen ab 1200°C auf über 3.3 μm (Tab. 4.8).

Trotz unterschiedlicher Schmelztemperaturen der beiden Materialien BaTiO$_3$ und SrTiO$_3$ liegt die kritische Sintertemperatur (drastischer Anstieg des Partikelwachstums) zwischen 1100°C und 1200°C.

4 Ergebnisse und Diskussion

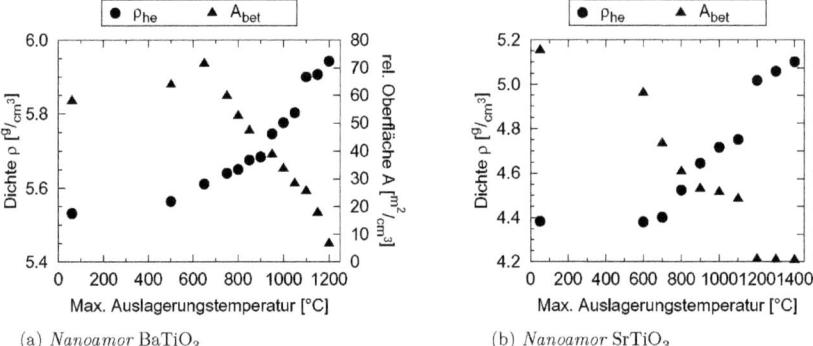

(a) *Nanoamor* BaTiO$_3$ (b) *Nanoamor* SrTiO$_3$

Abb. 4.31: Dichte (He-Pyknometrie) und relative Oberfläche (BET) in Abhängigkeit der maximalen Ausheiztemperatur.

Tab. 4.7: Dichte, Oberfläche und Partikelgröße der thermisch ausgelagerten BaTiO$_3$-Nanopulver

T_{Max} [°C]	ρ_{he} [$\frac{g}{cm^3}$]	A_{bet} [$\frac{m^2}{g}$]	$A_{rel.}$ [$\frac{m^2}{cm^3}$]	$d_{sph.}$ [nm]
60	5.531	10.5	58.0	104
500	5.564	11.5	63.8	94
650	5.611	12.7	71.5	84
750	5.640	10.6	59.7	100
800	5.651	9.3	52.6	114
850	5.676	8.3	47.3	126
900	5.685	6.7	38.0	158
950	5.746	6.8	38.8	154
1000	5.776	5.8	33.7	178
1050	5.803	4.9	28.3	212
1100	5.901	4.3	25.6	234
1150	5.907	3.0	17.8	338
1200	5.943	1.1	6.5	918

Tab. 4.8: Dichte, Oberfläche und Partikelgröße der thermisch ausgelagerten SrTiO$_3$-Nanopulver

T_{Max} [°C]	ρ_{he} [$\frac{g}{cm^3}$]	A_{bet} [$\frac{m^2}{g}$]	$A_{rel.}$ [$\frac{m^2}{cm^3}$]	$d_{sph.}$ [nm]
50	4.384	34.8	152.5	40
600	4.381	27.8	121.8	50
700	4.402	19.4	85.3	70
800	4.524	14.4	65.1	92
900	4.645	11.4	52.8	114
1000	4.716	10.7	50.4	120
1100	4.751	9.6	45.5	132
1200	5.019	0.4	1.8	3320
1300	5.060	0.3	1.5	4088
1400	5.102	0.2	1.2	4900

4.4 Einfluss der thermischen Behandlung von nanoskaligen Füllstoffen

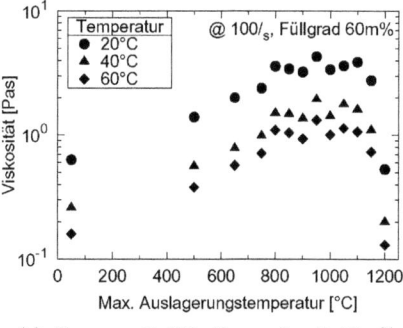

(a) Nanoamor-BaTiO$_3$-Komposit mit 60 m% Füllgrad.

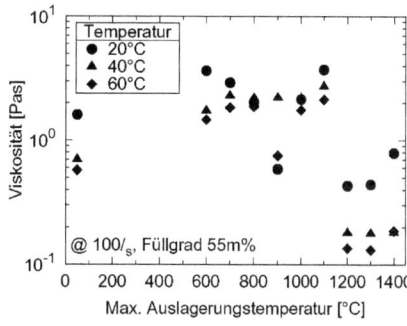

(b) Nanoamor-SrTiO$_3$-Komposit mit 55 m% Füllgrad.

Abb. 4.32: Viskosität von Kompositen mit 22 Vol% Füllgrad in Abhängigkeit der Auslagerungstemperatur des Füllstoffes.

Die Viskosität der Komposite in Abhängigkeit der Auslagerungstemperatur des Füllstoffes ist in Abb. 4.32 dargestellt. Diese steigt mit steigender Ausheiztemperatur zunächst an. Dies ist – trotz sinkender Oberfläche (vergl. Abb. 4.31) – auf die Bildung von Sinterhälsen zwischen den sphärischen Partikeln der Originalpulver und dem damit erhöhten Binder-Totvolumen zwischen den Partikeln zurückzuführen (Abb. 4.29). Erst beim Erreichen der Sintertemperatur und dem vollständigen Sintern der Partikel zu großen, eigenständigen Partikeln, sinkt die Viskosität wie erwartet mit sinkender Oberfläche.

Die Phasenzusammensetzungen und die Entwicklung der Gitterkonstanten mit steigender Auslagerungstemperatur der BaTiO$_3$- und SrTiO$_3$- Auslagerungsserie werden mit XRD-Messungen und Rietveld-Verfeinerungen der Daten untersucht. Für die BaTiO$_3$-Serie wird ein tetragonales Strukturmodell (Raumgruppe $P4mm$) verwendet. Für die SrTiO$_3$-Serie ein kubisches (Raumgruppe $Pm3m$).

Die XRD-Messungen der Auslagerungsreihe (Abb. 4.33 und Abb. 4.34) zeigen für beide Pulverspezies eine Relaxation des Gitters (s. Peakshift Abb. 4.33b und Abb. 4.34b) bei niedrigen Auslagerungstemperaturen (500°C bzw. 600°C). Die Pulver haben im Auslieferungszustand ein verspanntes Gitter, das schon durch sehr niedrige Temperaturen (im Vergleich zur Sintertemperatur oder Schmelztemperatur der Pulver) entspannt werden kann.

Für die BaTiO$_3$-Auslagerungsserie kann bis 800°C keine deutliche Spaltung des {200} Reflexes beobachtet werden. Daher muss die Kristallstruktur bis zu dieser Temperatur als pseudo-kubisch angenommen werden. In der Literatur ist bekannt, dass die kubische Struktur des BaTiO$_3$ stabilisiert werden kann, wenn die Kristallitgröße kleiner ist als eine kritische Kristallitgröße. Diese liegt zwischen 25 nm und 200 nm (typisch ca. 100 nm, Tab. 2.2) [54, 238, 239]. Bei Auslagerungstemperaturen

4 Ergebnisse und Diskussion

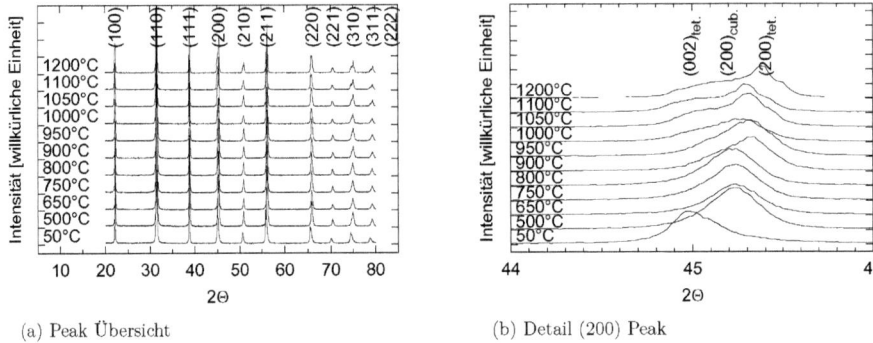

(a) Peak Übersicht

(b) Detail (200) Peak

Abb. 4.33: XRD-Messung des ausgeheizten $BaTiO_3$-*Nanoamor*-Pulvers in Abhängigkeit der Auslagerungstemperatur.

oberhalb von 900°C ist die Aufspaltung der pseudo-kubischen {200} Reflexe in die tetragonalen (200) und (002) Reflexe im Refraktogramm deutlich zu erkennen. Diese Aufspaltung der Reflexe ist eng verbunden mit einem steigenden $\frac{c}{a}$-Verhältnis und Partikelwachstum, wie es auch im REM beobachtet werden kann.

Die $SrTiO_3$-Spezies ist immer rein kubisch. Ab ca. 900°C sind die $Cu\text{-}K_\alpha$ und $Cu\text{-}K_\beta$ Peaks zu unterscheiden (Abb. 4.34b). Die Differenzierung dieser Peaks lässt auf stark wachsende Kristallite zurückschließen. In Übereinstimmung mit der Dichte und der Oberfläche (vergl. Tab. 4.8) sind diese beiden Peaks ab einer Auslagerungstemperatur von 1200°C besonders scharf voneinander zu differenzieren.

Die Permittivitäten von Kompositen mit 22 Vol% Füllgrad bei Raumtemperatur und einer Messfrequenz von 1 kHz sind für die $BaTiO_3$-Füllstoffe (Abb. 4.35a) und $SrTiO_3$-Füllstoffe (Abb. 4.35b) in Abb. 4.35 dargestellt.

Der Verlauf der effektiven Kompositpermittivitäten beider Spezies zeigt ein ausgeprägtes Maximum bei einer Auslagerungstemperatur der Pulver-Füllstoffe zwischen 800°C und 1100°C (die absoluten gemessenen Maxima liegen für $BaTiO_3$ als Füllstoff bei 1100°C und für $SrTiO_3$ bei 1000°C). Während beim $BaTiO_3$ ein Permittivitätsgewinn von über einem Faktor 2 erreicht werden kann, ist der Gewinn beim $SrTiO_3$ im Vergleich zum Aufwand der Pulvervorbereitung fast zu vernachlässigen.

Der Verlauf des dielektrischen Verlustes ist dem der Permittivität entgegengesetzt. Beide Materialien zeigen beim Maximum der Permittivität ein Minimum des dielektrischen Verlustes. Beim $SrTiO_3$ ist hier eine Reduktion des dielektrischen Verlustes von 0.03 auf unter 0.01 zu beobachten.

Das unterschiedliche Verhalten und Ansprechen von $BaTiO_3$ und $SrTiO_3$ auf die thermische Auslagerung lässt sich hauptsächlich mit der Kristallstruktur begründen. Der CURIE-Punkt des $SrTiO_3$

4.4 Einfluss der thermischen Behandlung von nanoskaligen Füllstoffen

Tab. 4.9: Gitterkonstanten und Röntgendichte von thermisch ausgelagertem $SrTiO_3$. Die mittels He-Pyknometrie bestimmte Dichte ist zur Referenz mit angegeben (Auslagerungstemperatur T, Gitterkonstanten c, absoluter Fehler err_c, weight profile ratio R_{wp}, Röntgendichte ρ_{xrd} und He-Pyknometrie Dichte ρ_{he}).

T [°C]	c [Å]	err_c [$\cdot 10^{-4} Å$]	R_{wp} [%]	ρ_{xrd} [$\frac{g}{cm^3}$]	ρ_{he} [$\frac{g}{cm^3}$]
50	3.9253	1.1	14.04	5.0382	4.384
600	3.9112	1.1	14.35	5.0929	4.381
700	3.9095	1.0	14.05	5.0993	4.402
800	3.9085	0.9	13.24	5.1035	4.524
900	3.9080	0.7	12.41	5.1055	4.645
1000	3.9078	0.6	12.10	5.1061	4.716
1100	3.9056	0.5	21.75	5.1147	4.751
1200	3.9055	0.5	21.66	5.1150	5.019
1300	3.9056	0.4	21.76	5.1147	5.060

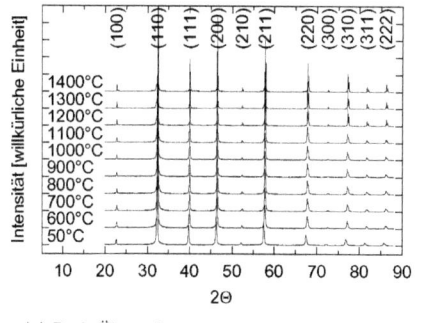

(a) Peak Übersicht

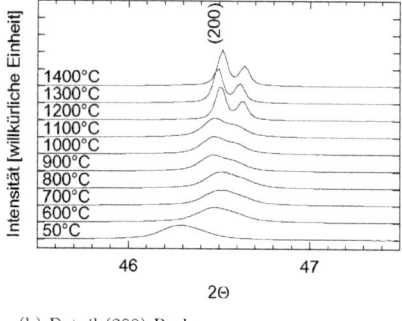

(b) Detail (200) Peak

Abb. 4.34: XRD-Messung des ausgeheizten $SrTiO_3$-*Nanoamor*-Pulvers in Abhängigkeit der Auslagerungstemperatur.

4 Ergebnisse und Diskussion

Tab. 4.10: Gitterkonstanten und Röntgendichte von thermisch ausgelagertem $BaTiO_3$. Die mittels He-Pyknometrie bestimmte Dichte ist zur Referenz mit angegeben (Auslagerungstemperatur T, Gitterkonstanten a und c, absolute Fehler err_a und err_c weight profile ratio R_{wp}, Röntgendichte ρ_{xrd} und He-Pyknometrie Dichte ρ_{he}).

T [°C]	a [Å]	err_a [·10^{-4}Å]	c [Å]	err_c [·10^{-4}Å]	$\frac{c}{a}$	R_{wp} [%]	ρ_{xrd} [$\frac{g}{cm^3}$]	ρ_{he} [$\frac{g}{cm^3}$]
50	4.0237	1.8	4.0331	2.9	1.0023	13.14	5.931	5.531
500	4.0053	1.0	4.0195	1.4	1.0035	10.78	6.005	5.564
650	4.0051	1.1	4.0181	1.7	1.0032	11.54	6.008	5.611
750	4.0032	1.0	4.0174	1.4	1.0035	11.21	6.015	5.640
800	4.0039	1.0	4.0179	1.3	1.0035	11.03	6.012	5.651
900	4.0027	0.9	4.0197	1.2	1.0042	11.37	6.013	5.685
950	4.0016	0.9	4.0188	1.2	1.0043	11.20	6.017	5.746
1000	4.0029	1.2	4.0229	1.6	1.0050	12.77	6.008	5.776
1050	3.9999	1.0	4.0229	1.2	1.0058	12.60	6.017	5.803
1100	4.0005	1.1	4.0250	1.4	1.0061	13.63	6.011	5.901
1200	3.9990	1.2	4.0242	1.5	1.0063	15.16	6.017	5.943

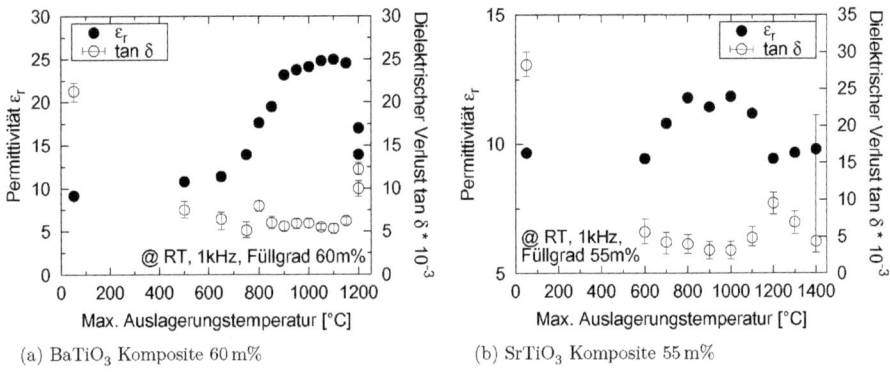

(a) $BaTiO_3$ Komposite 60 m% (b) $SrTiO_3$ Komposite 55 m%

Abb. 4.35: Dielektrische Eigenschaften von Kompositen mit thermisch modifiziertem $BaTiO_3$- und $SrTiO_3$-Füllstoff in Abhängigkeit der Auslagerungstemperatur des Pulvers.

4.4 Einfluss der thermischen Behandlung von nanoskaligen Füllstoffen

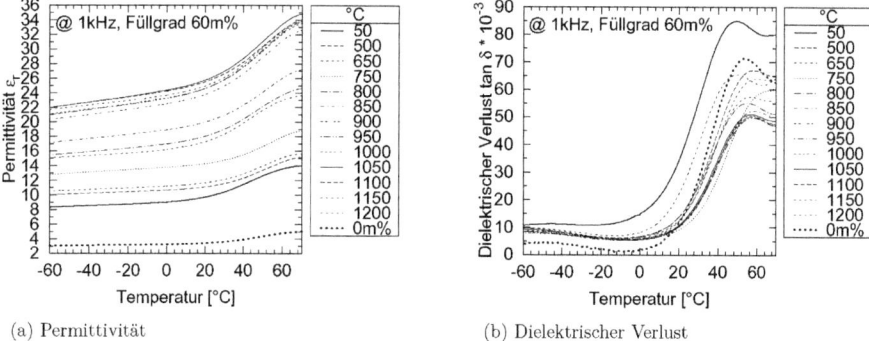

(a) Permittivität (b) Dielektrischer Verlust

Abb. 4.36: Dielektrische Eigenschaften von Kompositen mit 60 m% BaTiO$_3$ (*Nanoamor*) in Abhängigkeit der Temperatur und der Kalzinierungstemperatur des Pulvers. Das Verhalten des ungefüllten Polymers (0 m%) ist als Referenz mit angegeben.

liegt weit unterhalb der Raumtemperatur und das SrTiO$_3$ ist deswegen bei Raumtemperatur rein kubisch. Das Auslagern bei erhöhten Temperaturen und langsames Abkühlen bewirkt hier hauptsächlich eine Relaxation des Kristallgitters bei gleichzeitigem Wachstum der einkristallinen Domänen, verbunden mit einer Erhöhung der Röntgendichte und einem Abnehmen der Gitterkonstante c (Tab. 4.9). Im kubischen Kristall sind die Kristallrichtungen nicht zu unterscheiden und daher sind auch die dielektrischen Eigenschaften hauptachsenunabhängig. Beim BaTiO$_3$ hingegen liegt der Curie-Punkt oberhalb der Raumtemperatur bei ca. 120°C. Bei Raumtemperatur ist das Material daher tetragonal. Durch die thermische Auslagerung steigt das $\frac{c}{a}$-Verhältnis (Tab. 4.10) mit steigender Temperatur. Gleichzeitig sinkt die Länge der Gitterparameter a und c. Die größte Permittivität zeigt BaTiO$_3$ in Richtung der nicht polaren a-Achsen [39]. Die Permittivität entlang der längeren c-Achse ist um mehrere Größenordnungen niedriger. Die erste Auslagerung bewirkt eine drastische Änderung der Gitterkonstante und eine Relaxation des Gitters. Neben den Gitterkonstanten spielen auch die Kristallitgrößen beim BaTiO$_3$ eine wichtige Rolle (vergl. [60, 61]). Da sich die Gitterkonstante und die Kristallitgröße nicht direkt unabhängig voneinander beeinflussen lassen, wird durch Ausheizen das theoretische Optimum von Gitterkonstante und Kristallitgröße nicht unbedingt erreicht.

Die Temperaturabhängigkeit der dielektrischen Eigenschaften der BaTiO$_3$ Komposite ist in Abb. 4.36 dargestellt. Insbesondere der erste Auslagerungsschritt von 500°C verringert die Temperaturabhängigkeit im Vergleich zum unbehandelten Füllstoff. Mit steigender Permittivität steigt auch die Temperaturabhängigkeit der Permittivität des Materialsystems (Abb. 4.36a). Das Originalpulver liefert im Vergleich der dielektrischen Verluste das schlechteste Ergebnis (Abb. 4.36b).

4 Ergebnisse und Diskussion

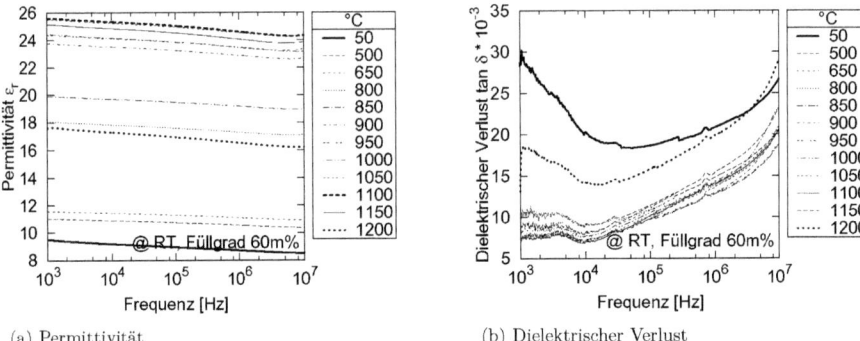

(a) Permittivität

(b) Dielektrischer Verlust

Abb. 4.37: Dielektrische Eigenschaften von Kompositen mit 60 m% $BaTiO_3$ (*Nanoamor*) bei Raumtemperatur in Abhängigkeit der Frequenz und der Kalzinierungstemperatur des Pulvers.

Die Frequenzabhängigkeit der Kompositpermittivität bei Raumtemperatur ist nahezu unabhängig von der Auslagerungstemperatur des $BaTiO_3$ (Abb. 4.37a). Die schlechtesten Ergebnisse der dielektrischen Verluste in Abhängigkeit der Frequenz werden mit dem Originalpulver und dem bei 1200°C zu hoher Temperatur ausgelagerten Pulver erzeugt. Bei einer Auslagerung des Füllstoffes zwischen 500°C und 1150°C konnte eine deutliche Reduktion der dielektrischen Verluste erreicht werden (Abb. 4.37b).

Die Temperatur- und Frequenzabhängigkeit der Kompositpermittivität ist exemplarisch für das bei 1000°C ausgelagerte $BaTiO_3$ in Abb. 4.38 dargestellt. Die Frequenzabhängigkeit der Permittivität und des dielektrischen Verlustes steigt insbesondere bei Temperaturen oberhalb von 20°C.

Die dielektrischen Eigenschaften der $SrTiO_3$-Komposite (22 Vol%) in Abhängigkeit der Temperatur sind in Abb. 4.39 mit der korrespondierenden Polyester-Gießharz-Kurve als Referenz (vergl. Abb. 4.18) wiedergegeben. Die Permittivität (Abb. 4.39a) zeigt für alle Komposite eine Abhängigkeit von der Temperatur, die qualitativ der des ungefüllten Gießharzes gleicht. Bei niedrigen Ausheiztemperaturen des Füllstoffes kommt eine nahezu lineare Temperaturabhängigkeit im Temperaturbereich von -60°C bis 30°C hinzu. Bei einer Ausheiztemperatur des $SrTiO_3$-Pulvers von 1000°C ist – neben der bekannten höchsten Permittivität – auch eine sehr gute Temperaturunabhängigkeit der Permittivität erreicht. Bei höheren Temperaturbehandlungen des Pulver bleibt diese Temperaturunabhängigkeit der Permittivität erhalten.

Die dielektrischen Verluste sind im Temperaturbereich von -60°C bis 10°C am niedrigsten für das ungefüllte Reaktionsgießharz. Die höchsten dielektrischen Verluste werden über den gesamten gemessenen Temperaturbereich von -60°C bis 70°C mit Kompositen erreicht, die mit dem Originalpulver gefüllt sind. Ab 10°C werden mit ausgeheizten Pulvern die niedrigsten dielektrischen Verluste erreicht.

4.4 Einfluss der thermischen Behandlung von nanoskaligen Füllstoffen

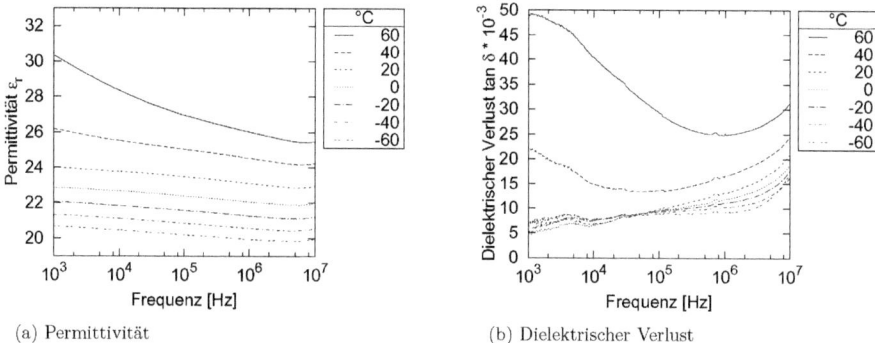

(a) Permittivität   (b) Dielektrischer Verlust

Abb. 4.38: Dielektrische Eigenschaften von Kompositen mit 60 m% $BaTiO_3$ (*Nanoamor*) in Abhängigkeit der Temperatur und der Frequenz bei einer Kalzinierungstemperatur des Füllstoffes von 1000°C.

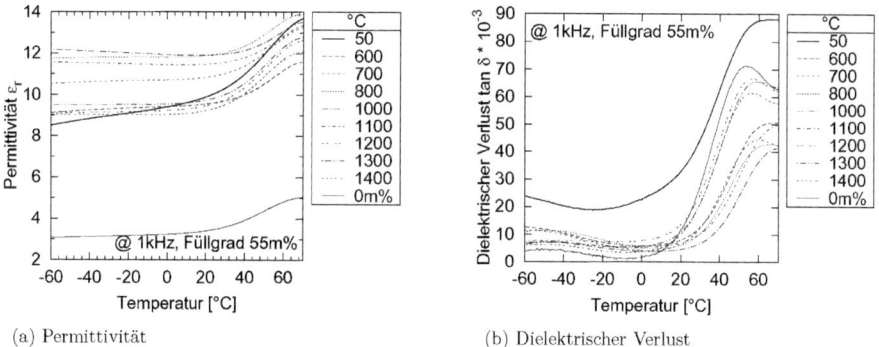

(a) Permittivität   (b) Dielektrischer Verlust

Abb. 4.39: Dielektrische Eigenschaften von Kompositen mit 55 m% $SrTiO_3$ (*Nanoamor*) in Abhängigkeit der Temperatur und der Kalzinierungstemperatur des Pulvers. Das Verhalten des ungefüllten Polymers (0 m%) ist als Referenz mit angegeben.

4 Ergebnisse und Diskussion

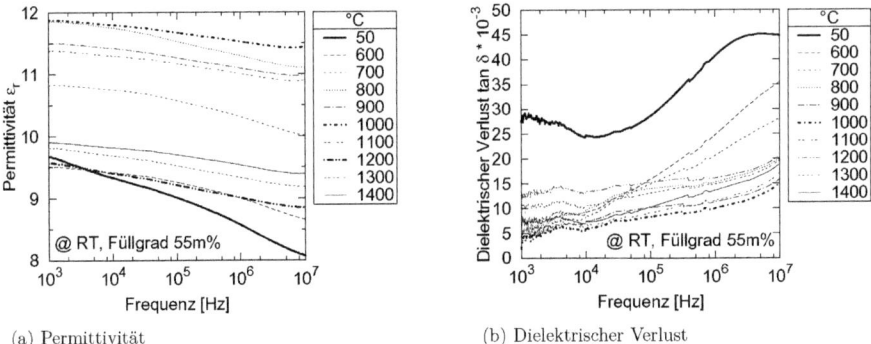

(a) Permittivität

(b) Dielektrischer Verlust

Abb. 4.40: Dielektrische Eigenschaften von Kompositen mit 55 m% $SrTiO_3$ (*Nanoamor*) bei Raumtemperatur in Abhängigkeit der Frequenz und der Kalzinierungstemperatur des Pulvers.

Auch hier liefert der Füllstoff, der bei 1000°C temperaturbehandelt ist, die besten Ergebnisse über den gesamten gemessenen Temperaturbereich.

Die Frequenzabhängigkeit der dielektrischen Eigenschaften der $SrTiO_3$ ist in Abb. 4.40 wiedergegeben. Das Kalzinieren des Originalpulvers bewirkt hier in jedem Fall eine Reduktion der Frequenzabhängigkeit der Permittivität (Abb. 4.40a) und eine signifikante Reduktion des dielektrischen Verlustes über den gesamten gemessenen Frequenzbereich von 1 kHz bis 10 MHz (Abb. 4.40b). Die höchsten Permittivitäten und niedrigsten dielektrischen Verluste werden über den gesamten Frequenzbereich bei einer Kalzinierungstemperatur von 1000°C erreicht.

Die Abhängigkeit der Permittivität von der Frequenz und der Temperatur ist für diese Material in Abb. 4.41 dargestellt. Die Frequenzabhängigkeit ist für das bei 1000°C ausgelagerte $SrTiO_3$ deutlich unabhängiger von der Temperatur als das vergleichbare $BaTiO_3$ (vergl. Abb. 4.38) − insbesondere im Temperaturbereich von -60°C bis 40°C. Dies gilt sowohl für die Permittivität, als auch für die dielektrischen Verluste.

Die Glasübergangstemperaturen der im Rahmen dieser Untersuchungsreihe hergestellten Proben sind in Abb. 4.42 im Vergleich zu der Temperatur, bei der die Proben den maximalen dielektrischen Verlust zeigen, dargestellt. Aufgrund der großen Messungenauigkeit bei der DTA und den großen Unterschieden in der Probenmasse bei beiden Messmethoden (DTA 32 mg–60 mg, tanδ ca. 13 g Polymeranteil) ist im Rahmen dieser Messungen kein direkter Zusammenhang dieser beiden Werte festzustellen. Auch ist keine Abhängigkeit von der Partikelgröße und der Glasübergangstemperatur festzustellen, da die kleinsten Partikelgrößen vermutlich noch zu groß sind, um eine Absenkung der Glasübergangstemperatur, wie er bei nanoskaligen Partikeln beobachtet werden kann, zu zeigen (vergl. [174, 240]).

4.4 Einfluss der thermischen Behandlung von nanoskaligen Füllstoffen

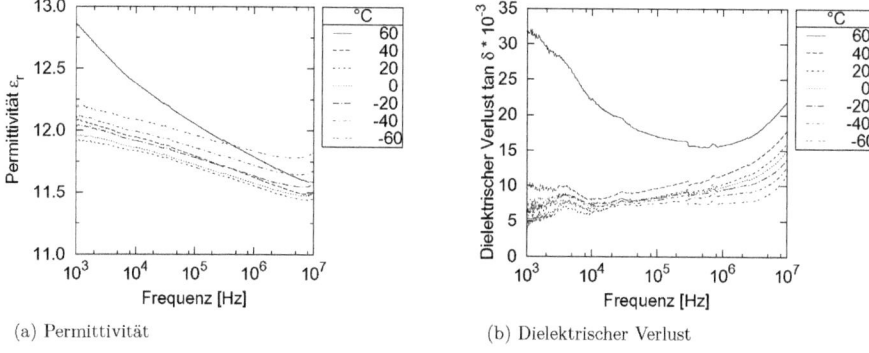

(a) Permittivität

(b) Dielektrischer Verlust

Abb. 4.41: Dielektrische Eigenschaften von Kompositen mit 55 m% $SrTiO_3$ (*Nanoamor*) in Abhängigkeit der Temperatur und der Frequenz bei einer Kalzinierungstemperatur des Füllstoffes von 1000°C.

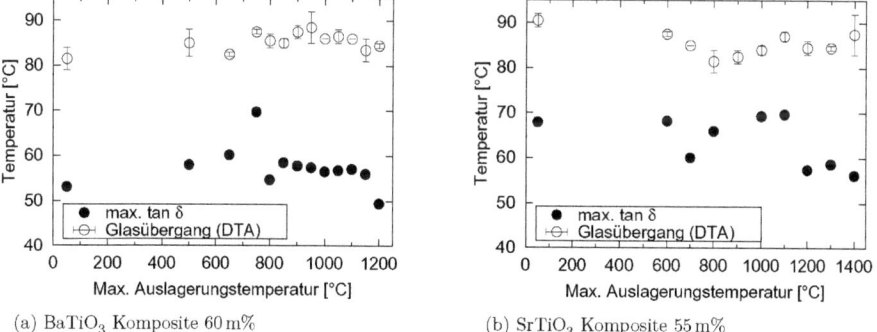

(a) $BaTiO_3$ Komposite 60 m%

(b) $SrTiO_3$ Komposite 55 m%

Abb. 4.42: Temperatur des maximalen Verlustwinkels und Glasübergangstemperatur (aus DTA-Messung) in Abhängigkeit der Kalzinierungstemperatur des Füllstoffes.

4 Ergebnisse und Diskussion

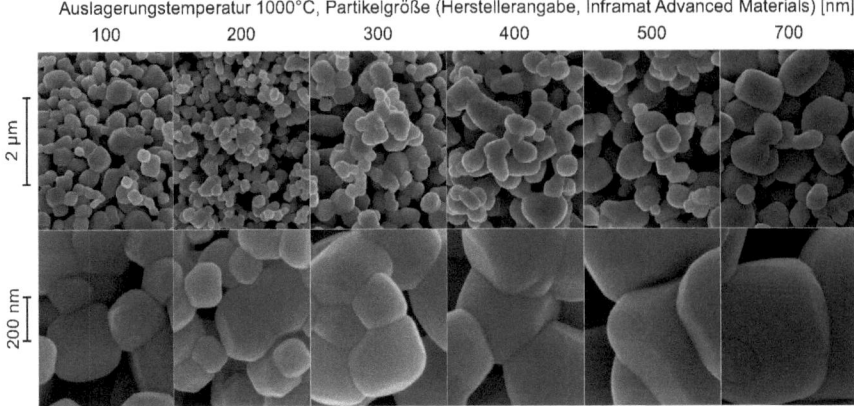

Abb. 4.43: REM-Aufnahmen der *Inframat-Advanced-Materials*-BaTiO$_3$-Pulverserie ausgelagert bei 1000°C. Angegeben sind die originalen Partikelgrößen des Herstellers (vergl. Tab. 4.5 und Abb. 4.22).

4.5 Einfluss der Temperaturbehandlung kommerzieller BaTiO$_3$-Mikro-Pulver auf die dielektrischen Eigenschaften von Kompositen

Ein wesentlicher Einfluss der Temperaturbehandlung der nanoskaligen Pulver ist die Relaxation des Kristallgitters (vergl. Kap. 4.4). Daher ist auch ein Einfluss der Temperaturbehandlung auf bereits tetragonale Pulver zu erwarten. Für diese Untersuchungen wird die *Inframat-Advanced-Materials*-BaTiO$_3$-Pulverserie und das BaTiO$_3$ *Alfa Aesar* (metals basis, 99%) verwendet. Diese Pulver wurden bereits ausführlich in Kap. 4.3 diskutiert.

Die REM-Aufnahmen der bei 1000°C ausgeheizten *Inframat-Advanced-Materials*-BaTiO$_3$-Pulverserie sind in Abb. 4.43 dargestellt. Im Vergleich zu den Originalpulvern (vergl. Abb. 4.22) hat bei allen Pulvern durch die Temperaturbehandlung ein starkes Kornwachstum stattgefunden. Hierbei ist bemerkenswert, dass die 100 nm-Spezies deutlich sinteraktiver zu sein scheint, als die 200 nm-Spezies. Das Auslagern bei 1000°C hat in allen Fällen eine deutliche Veränderung der Pulvermorphologie zur Folge.

Im Gegensatz zu der *Inframat-Advanced-Materials*-Serie ändert sich die Pulvermorphologie bei dem BaTiO$_3$ von *Alfa Aesar* durch das Auslagern bei 1000°C fast gar nicht (Abb. 4.44). Dies ist im Wesentlichen auf die großen Partikel und den hohen Grad der Kristallinität zurück zu führen. Um bei diesem Pulver Partikelwachstum zu induzieren wären höhere Temperaturen nötig.

4.5 Einfluss der Temperaturbehandlung von Mikropulvern

Abb. 4.44: REM-Aufnahmen des BaTiO$_3$ von *Alfa Aesar* für unterschiedliche Auslagerungstemperaturen (50°C und 1000°C) der Pulver.

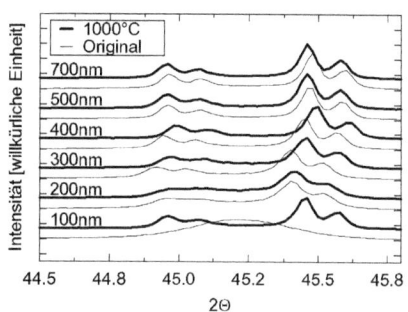

Abb. 4.45: XRD-Messungen (Ausschnitt: (002) und (200) Peak) der originalen und bei 1000°C ausgeheizten *Inframat-Advanced-Materials*-BaTiO$_3$-Pulver.

Ein Ausschnitt aus der XRD-Messung der unbehandelten und temperaturbehandelten *Inframat-Advanced-Materials*-Pulver ist in Abb. 4.45 wiedergegeben. Dargestellt sind der (002) und der (200) Peak sowie deren Aufspaltung in den Cu-K$_\alpha$- und Cu-K$_\beta$-Peak. Der Einfluss der Temperaturbehandlung ist für die 700 nm- und 500 nm-Spezies am besten zu erkennen. Während die (002) Peaks (linker Doppelpeak) deckungsgleich sind, sind die (200) Peaks (rechter Doppelpeak) gegeneinander verschoben. Bei der 100 nm-Spezies findet eine Umwandlung von der kubischen Phase (ein einzelner Peak) in die tetragonale Phase statt. Diese Ergebnisse decken sich mit den Ergebnissen aus Kap. 4.4.

Der Einfluss der Temperaturbehandlung auf die Permittivität von Kompositen mit 60 m% (22 Vol%) Füllgrad der *Inframat-Advanced-Materials*-Pulver ist in Abb. 4.46 dargestellt. Bei sämtlichen Kompositen wird eine deutliche Verbesserung der Permittivität des Komposits durch die Temperaturbehandlung des Füllstoffes beobachtet. Der größte Permittivitätsgewinn ist bei der 300 nm-Spezies zu beobachten. Eine Füllgradstudie mit dem 300 nm-Pulver (original und ausgeheizt bei 1000°C) zeigte, dass durch das Ausheizen sowohl höhere Füllgrade (wegen der geringeren Oberfläche und größerer Primärpartikel im Pulver), als auch höhere Komposit-Permittivitäten realisiert werden können (Abb. 4.47). Bei 80 m% können so Permittivitäten von über 50 erreicht werden. Dieses hoch gefüllte Material hat eine sehr hohe Viskosität und ist nicht mehr zu dünnen Schichten zu verarbeiten.

Die Ergebnisse des ausgeheizten *Alfa-Aesar*-Pulvers sind in Abb. 4.48 dargestellt. Bei diesem Pulver sind keine Veränderungen durch das Ausheizen erreicht worden. Dies ist vor allem auf die Partikel-

4 Ergebnisse und Diskussion

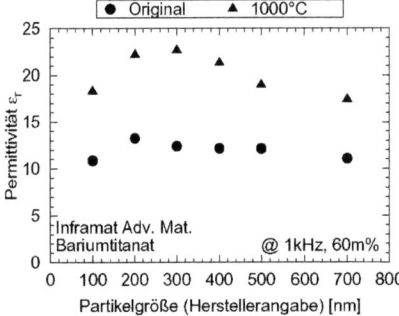

Abb. 4.46: Einfluss des Kalzinierens von Pulvern unterschiedlicher Partikelgröße auf die Permittivität von Kompositmaterialien bei 60 m% Füllgrad (aufgetragen ist die Originalpartikelgrößenangabe des Herstellers).

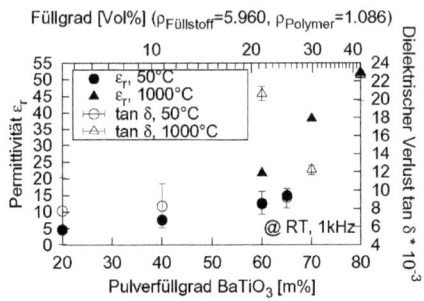

Abb. 4.47: Dielektrische Eigenschaften von Kompositmaterialien mit *Inframat-Advanced-Materials*-BaTiO$_3$ (300 nm) als Füllstoff (kalziniert bei 1000°C und original) in Abhängigkeit des Pulverfüllgrades.

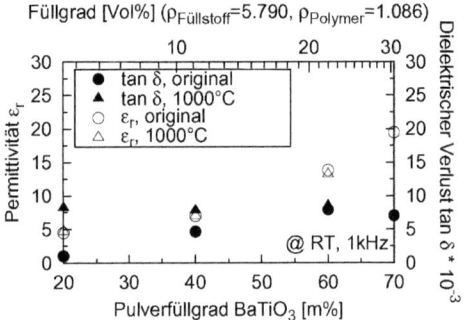

Abb. 4.48: Einfluss des ausheizens von mikroskaligem BaTiO$_3$ Pulver (*Alfa Aesar*) auf die Permittivität und den dielektrischen Verlust.

und Kristallitgröße des unbehandelten Originalpulvers zurück zu führen. Die optimale Kristallitgröße ist bei diesem Pulver bereits überschritten.

4.6 Komposite mit multimodalen Pulvermischungen als Füllstoff

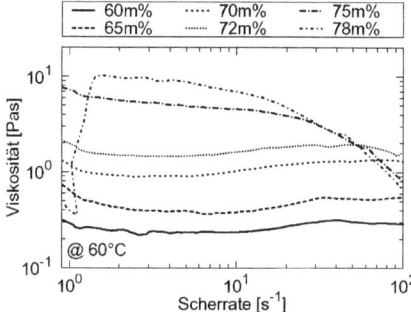

Abb. 4.49: Viskosität der multimodalen Komposite ohne Härter bei 60°C in Abhängigkeit der Scherrate bei unterschiedlichen Füllgraden (60 m%, 65 m%, 70 m%, 72 m%, 75 m%, 78 m%).

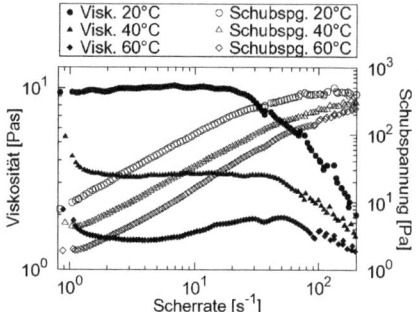

Abb. 4.50: Viskosität und Schubspannung eines multimodalen Komposits ohne Härter mit einem Füllgrad von 72 m% in Abhängigkeit der Scherrate bei 20°C, 40°C und 60°C.

4.6 Komposite mit multimodalen Pulvermischungen als Füllstoff

Um den Füllgrad und die Packungsdichte der Kompositproben weiter erhöhen zu können, wird eine multimodale Pulvermischung (vergl. [241]) aus *Inframat Advanced Materials* 70 m% 700 nm und 30 m% 100 nm hergestellt, die vorher bei 1000°C kalziniert und anschließend gesiebt wurden. Diese Pulvermischung wird dann zu einem Komposit verarbeitet. Der Füllgrad lässt sich auf diese Weise auf bis zu 40 Vol% erhöhen.

Die Viskosität der multimodalen Komposite vor der Zugabe des Härters bei 60°C ist in Abb. 4.49 in Abhängigkeit der Scherrate dargestellt. Ab einem Füllgrad von 75 m% werden die Komposite strukturviskos. Ein Teil dieses Effektes ist auf Slip-Effekte zwischen Kegel und Material zurückzuführen. Bei dieser erhöhten Temperatur sind diese Komposite theoretisch im Maskengießverfahren verarbeitbar, allerdings ist die Topfzeit ab dem Zeitpunkt der Zugabe des MEKP sehr gering (vergl. Abb. 4.15 und Abb. 4.14).

Die Abhängigkeit der Viskosität von der Temperatur und Scherrate ist für ein multimodales Komposit mit 72 m% Füllgrad in Abb. 4.50 wiedergegeben. Die Viskosität dieses Systems liegt auch bei Raumtemperatur noch unter 11 Pas und kann auch bei nicht erhöhten Temperaturen noch zu Schichten verarbeitet werden (Kap. 4.9).

Die dielektrischen Eigenschaften der Komposite mit multimodalem Füllstoff sind in Abb. 4.51 dargestellt. Die Permittivität bei 60 m% entspricht der Permittivität, die auch mit den „monomodalen" Systemen erreicht wird (vergl. Abb. 4.46). Die Permittivität steigt bis zu dem maximal untersuchten

4 Ergebnisse und Diskussion

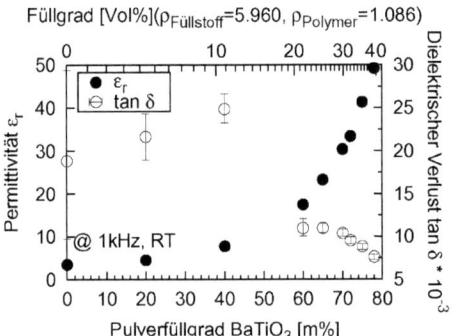

Abb. 4.51: Permittivität und dielektrischer Verlust von mit multimodalem BaTiO$_3$ gefüllten Kompositen bei 1 kHz und verschiedenen Füllgraden.

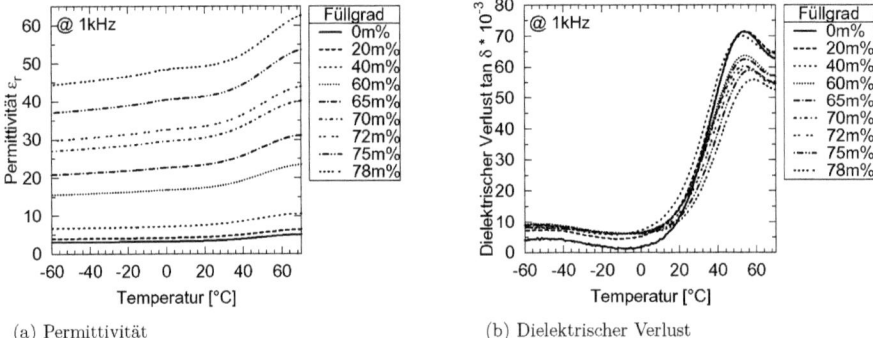

(a) Permittivität

(b) Dielektrischer Verlust

Abb. 4.52: Permittivität und dielektrischer Verlust in Abhängigkeit der Temperatur von Kompositen mit multimodalem BaTiO$_3$-Füllstoff für verschiedene Füllgraden.

4.6 Komposite mit multimodalen Pulvermischungen als Füllstoff

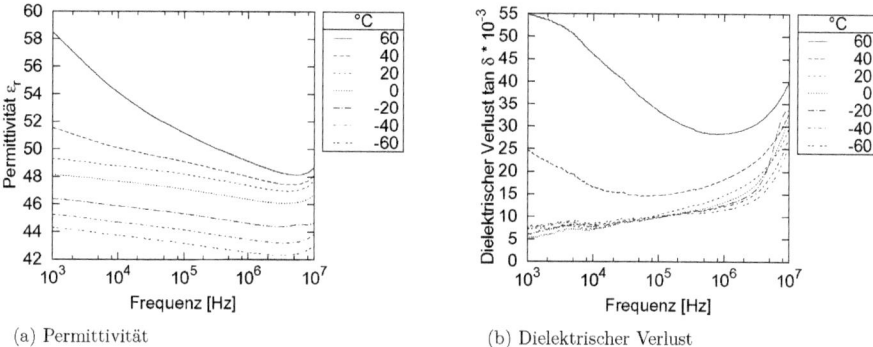

(a) Permittivität (b) Dielektrischer Verlust

Abb. 4.53: Permittivität und dielektrischer Verlust in Abhängigkeit der Temperatur und der Frequenz von einem Komposit mit multimodalem BaTiO$_3$-Füllstoff bei einem Füllgrad von 78 m%.

Füllgrad von 78 m% auf einen Wert von knapp unter 50. Der dielektrische Verlust sinkt bei dieser Versuchsreihe mit steigendem Pulverfüllgrad. Mit dem multimodalen System kann die absolute Permittivität nicht zusätzlich erhöht werden, die Viskosität ist bei 78 m% Füllstoffanteil aber noch messbar, was sie im Falle eines monomodalen Füllstoffes nicht mehr ist.

Die Abhängigkeiten der Permittivität und des dielektrischen Verlustes von der Temperatur sind für verschiedene Füllgrade in Abb. 4.52 dargestellt. Insbesondere der Verlauf des dielektrischen Verlustes ändert sein Verhalten mit der Temperatur. Bei Raumtemperatur liegt der dielektrische Verlust des ungefüllten Polyesters noch oberhalb dem des mit 78 m% BaTiO$_3$ gefüllten Systems. Unterhalb von 18°C kehrt sich diese Reihenfolge zugunsten des ungefüllten Systems um (Abb. 4.52b).

Das frequenz- und temperaturabhängige Verhalten der Permittivität und des dielektrischen Verlustes einer multimodalen Probe mit 78 m% Füllstoffgehalt ist in Abb. 4.53 dargestellt. Bis zu einer Frequenz von 1 MHz entspricht der Verlauf beider Kurven sehr gut dem Verhalten von Kompositproben mit 60 m% BaTiO$_3$ (*Nanoamor*) ausgeheizt bei 1000°C (Abb. 4.38). Oberhalb von 1 MHz zeigen sowohl die Permittivität (Abb. 4.53a und 4.38a), als auch der dielektrische Verlust (Abb. 4.53b und 4.38b) der multimodalen Probe einen stärkeren Anstieg, als die der *Nanoamor*-Probe. Die Absoluten Permittivitätswerte liegen zwischen 58 (1 kHz, 60°C) und 42 (10 MHz, -60°C), was einer Abhängigkeit von plus 20% und minus 10% um den Wert bei 20°C und 100kHz entspricht.

4 Ergebnisse und Diskussion

Tab. 4.11: Ausbeuten der $Ba_{0.7}Sr_{0.3}TiO_3$-Ansätze

Charge	Datum	Turm	Zyklon	Gesamt
1	06.05.2008	72.52 g	188.54 g	261.06 g
2	08.05.2008	86.58 g	168.55 g	255.13 g
3	14.05.2008	86.38 g	171.12 g	257.50 g
4	15.05.2008	72.14 g	181.68 g	253.82 g
5	20.05.2008	86.90 g	175.62 g	262.52 g
	Summe	404.52 g	885.51 g	**1290.03 g**

4.7 Barium-Strontium-Titanat als Füllstoff

Der mit der Sol-Gel-Methode synthetisierte und sprühgetrocknete Prekursor (Kap. 3.3) wurde in fünf separaten Chargen hergestellt (Tab. 4.11) und anschließend zu einer Großcharge vermischt.

Der Prekursor wird in statischer Atmosphäre test-kalziniert. Die Ergebnisse der Kalzinierungsreihe sind anhand von REM-Aufnahmen in Abb. 4.54 dokumentiert. Die Partikelgröße schwankt sehr stark zwischen den Kalzinierungen und steigt nicht wie erwartet mit steigender Temperatur kontinuierlich an. Die Farbe der so hergestellten Pulver geht von schwarz bei einer Kalzinierungstemperatur von 800°C über grau nach weiß bei 1100°C (Abb. 4.55). Dies lässt auf Kohlenstoffrückstände und unzureichende Sauerstoffzufuhr in der statischen Atmosphäre zurückschließen. Die finale Charge wird bei 900°C unter 5 $\frac{l}{min}$ Luftdurchfluss in Kleinchargen zu je 80 g Prekursor kalziniert. Hierbei wird ein durchweg weißes Pulver erhalten. Große Agglomerate werden mit Hilfe eines 250 μm Siebes vom Pulver getrennt. Das so erhaltene Pulver wird bei *H.C. Starck* mit der Methode der Röntgenfluoreszenzspektrometrie untersucht. Dabei werden folgende Massenanteile gemessen (Molanteile berechnet mit der Annahme, dass die restliche Masse durch den Sauerstoff gegeben ist[2]):

Ba: 43.11 m%   (12.96 mol%)

Sr: 11.06 m%   (5.21 mol%)

Ti: 21.19 m%   (18.27 mol%)

Das Verhältnis von Ba zu Sr beträgt demnach 0.713:0.287. Das Material wird im Rahmen dieser Arbeit weiterhin als $Ba_{0.7}Sr_{0.3}TiO_3$ bezeichnet. Das BaSrTi:O Verhältnis sollte theoretisch 0.4:0.6 betragen. Unter der Annahme, dass die fehlende Masse alleinig aus Sauerstoffatomen besteht, ist das BaSrTi:O Verhältnis 0.364:0.636.

---

[2]Verwendete atomare Molmassen: Ba: 137.3277 $\frac{g}{mol}$ [224, S.11-81], Sr: 87.621 $\frac{g}{mol}$ [224, S.11-53], Ti: 47.883 $\frac{g}{mol}$ [224, S.11-42], O: 15.99943 $\frac{g}{mol}$ [224, S.11-37].

4.7 Barium-Strontium-Titanat als Füllstoff

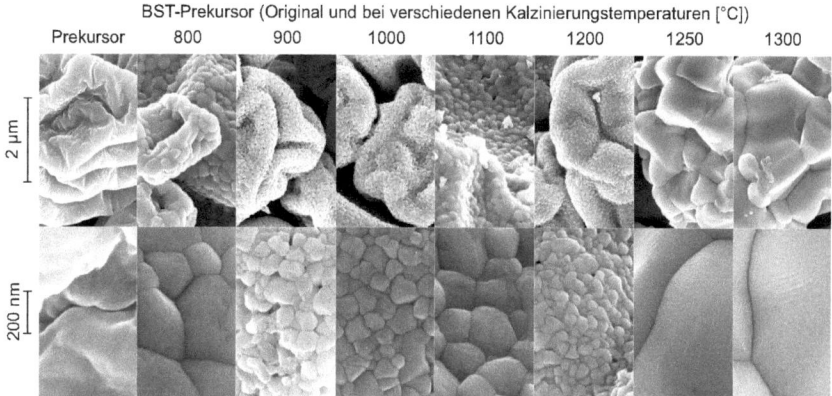

Abb. 4.54: REM-Aufnahmen der Kalzinierungsreihe des Prekursors (links) in statischer Atmosphäre bei unterschiedlichen maximalen Kalzinierungstemperaturen.

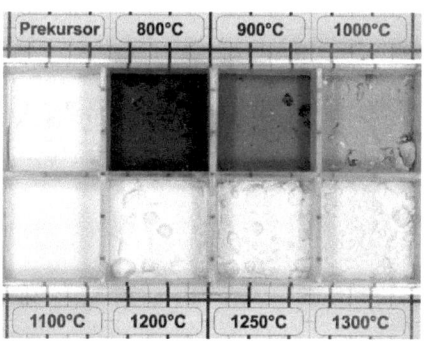

Abb. 4.55: Testkalzinierung des $Ba_{0.7}Sr_{0.3}TiO_3$-Prekursors bei unterschiedlichen Temperaturen in statischer Ofenatmosphäre.

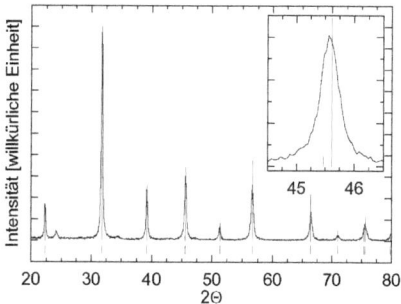

Abb. 4.56: XRD-Messung des bei 900°C unter Luftdurchfluss kalzinierten $Ba_{0.7}Sr_{0.3}TiO_3$. Im Inset ist der {200} Peak vergrößert dargestellt. Die eingezeichneten Peakpositionen und -Intensitäten entstammen JCPDS-ICDD 44-0093 ($Ba_{0.77}Sr_{0.23}TiO_3$, tetragonal).

4 Ergebnisse und Diskussion

XRD-Untersuchungen im Bereich der {200} Peaks zeigten für alle Kalzinierungstemperaturen keine Peakaufsplittung und ein durchweg kubisches Pulver (Abb. 4.56). Der CURIE-Punkt dieses Pulvers liegt somit unterhalb der Raumtemperatur.

Die dielektrischen Kennwerte bei Raumtemperatur und 1 kHz sind für Komposite mit $Ba_{0.7}Sr_{0.3}TiO_3$ (Auslagerungstemperatur 900°C) in Abb. 4.57 dargestellt. Bei 60 m% Füllgrad konnten Permittivitätswerte erreicht werden, die leicht unterhalb derer von Kompositen mit optimiertem *Nanoamor* $BaTiO_3$ und gleichem Massengehalt (Volumengehalt vergleichbar) liegen. Die Temperaturabhängigkeit der Permittivität und des dielektrischen Verlustes ist in Abb. 4.58 dargestellt. Der in der Nähe der Raumtemperatur zu erwartende CURIE-Punkt kann in dieser Messung nicht gefunden werden. Durch die chaotische Anordnung der Kristalldomänen und die Überlagerung mit den Eigenschaften des Polymers wird dieser Effekt hier nicht deutlich ausgeprägt.

Die Frequenz- und Temperaturabhängigen Untersuchungen (Abb. 4.59) zeigen vor allem ein sehr stabiles Verhalten des dielektrischen Verlustes über einen breiten Frequenz (10^3 Hz–10^6 Hz) und Temperaturbereich (20°C– -60°C). Die Permittivität sinkt wie erwartet mit sinkender Temperatur und steigender Frequenz von 24.6 (1 kHz, 60°C) auf 17.5 (10 MHz, -60°C).

Wegen des sehr begrenzten Probenmaterials konnten Abhängigkeiten von der Auslagerungstemperatur nicht systematisch untersucht werden. An einer einzelnen Probe konnte gezeigt werden, dass erneutes Auslagern des $Ba_{0.7}Sr_{0.3}TiO_3$ Pulvers bei 1100°C eine Steigerung der Permittivität des Komposits bei 60 m% Füllgrad von 20.5 auf 22.3 ermöglicht. Dies weißt darauf hin, dass auch bei diesem Materialsystem eine Optimierung durch Auslagerung möglich ist.

4.8 Modellierung der Permittivität von Kompositsystemen

Die Feldlinien in einem Material mit Domänen unterschiedlicher Permittivität verlaufen nicht parallel zu einem äußeren homogenen Feld sondern folgen den MAXWELLSCHEN Gleichungen. Für eine dielektrische Kugel ist dieser Feldlinienverlauf in Abb. 4.60 für unterschiedliche Verhältnisse von $\varepsilon_{ra}:\varepsilon_{ri}$ dargestellt. Die Randbedingungen für diese Berechnung sind in Abb. 2.22 dargestellt. Der Quelltext zur Berechnung der Feldlinien ist im Anh. D.1 wiedergegeben.

Ist $\varepsilon_{ra} \gg \varepsilon_{ri}$ werden die Feldlinien nahezu vollständig aus der dielektrischen Kugel verdrängt. Im umgekehrten Fall ($\varepsilon_{ra} \ll \varepsilon_{ri}$) wird die Anzahl der Feldlinien in der Kugel erhöht und damit auch die Weglänge, die jede Feldlinie durchschnittlich im Material hoher Permittivität zurücklegt.

Wie mehrere „Partikel" hoher Permittivität die Feldlinien verformen, wird mit einfachen FEM-Simulationen mit der Software „*FlexPDE*" untersucht. Dabei soll ein Eindruck gewonnen werden, wo aus Sicht der Feldlinien die Grenzen von einfachen Kondensatormodellen zu suchen sind. Die Simulation wird auf ein ebenes Problem reduziert. In die Grundfläche (Kantenlänge 1, ε_{ra}=3) werden unterschiedliche Geometrien mit einem Flächenanteil von 32% (entspricht bei Extrapolation in die Bildebene hinein einem Füllgrad von 32 Vol%) und einem ε_{ri} von 1 bis 100000 eingebracht. Der obere Rand des Simulationsbereichs wird dabei auf ein Potential von eins und der untere Rand auf ein Poten-

4.8 Modellierung der Permittivität von Kompositsystemen

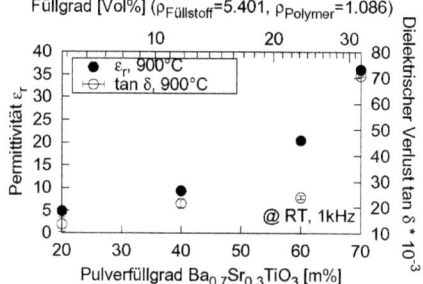

Abb. 4.57: Permittivität und dielektrischer Verlust in Abhängigkeit des Füllgrades von $Ba_{0.7}Sr_{0.3}TiO_3$ gefülltem Komposit.

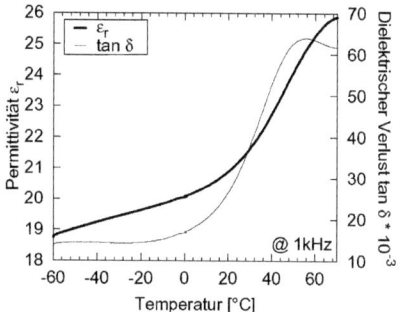

Abb. 4.58: Permittivität und dielektrischer Verlust in Abhängigkeit der Temperatur von $Ba_{0.7}Sr_{0.3}TiO_3$ gefülltem Komposit (60 m%).

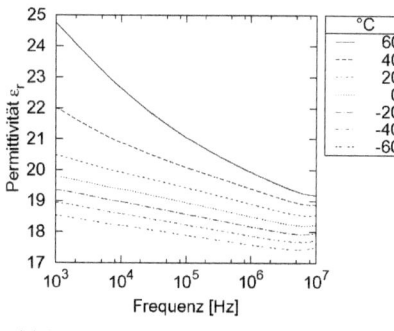

(a) Permittivität

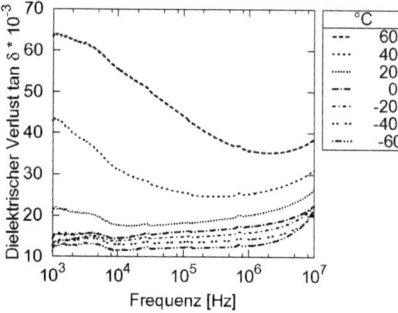

(b) Dielektrischer Verlust

Abb. 4.59: Permittivität und dielektrischer Verlust in Abhängigkeit der Frequenz von $Ba_{0.7}Sr_{0.3}TiO_3$ gefülltem Komposit (60 m%) bei verschiedenen Temperaturen.

4 Ergebnisse und Diskussion

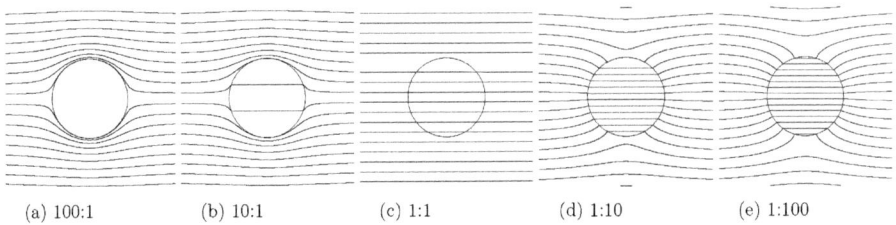

(a) 100:1 (b) 10:1 (c) 1:1 (d) 1:10 (e) 1:100

Abb. 4.60: Feldlinienverlauf von $\vec{E}$ berechnet nach [17, S.98] (Gl. 2.63a bis 2.63c) bei unterschiedlichen Verhältnissen von ε_{ra}:ε_{ri}.

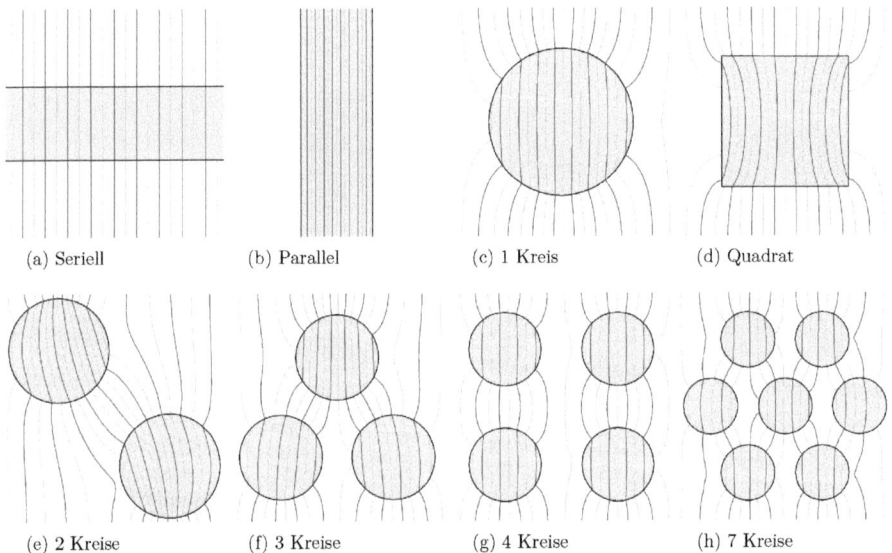

(a) Seriell (b) Parallel (c) 1 Kreis (d) Quadrat

(e) 2 Kreise (f) 3 Kreise (g) 4 Kreise (h) 7 Kreise

Abb. 4.61: Simulation des Feldlinienverlaufs mit „*FlexPDE*" in der Ebene für unterschiedliche Geometrien identischer Fläche bei einem ε_{ra}:ε_{ri} Verhältnis von 1:100.

4.8 Modellierung der Permittivität von Kompositsystemen

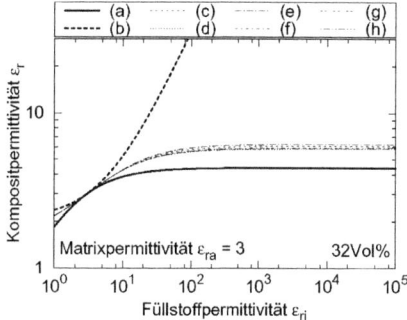

Abb. 4.62: Simulation der Kompositpermittivität in Abhängigkeit der Füllstoffpermittivität bei konstanter Matrixpermittivität und konstantem Volumenfüllgrad für die Geometrien in Abb. 4.61 (a)–(h).

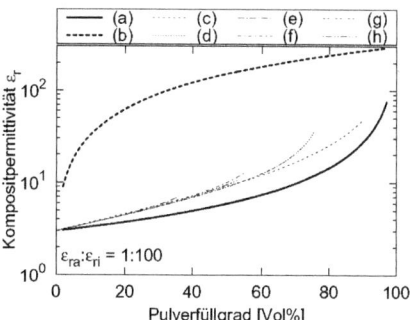

Abb. 4.63: Simulation der Kompositpermittivität in Abhängigkeit des Volumenfüllgrades bei konstanter Matrix- und Füllstoffpermittivität für die Geometrien in Abb. 4.61 (a)–(h).

tial von null gelegt. Der rechte und linke Bildrand sind potentialfrei. Der Quelltext zur Durchführung dieser Simulationen ist im Anh. D.2 wiedergegeben.

Der Feldlinienverlauf bei $\varepsilon_{ri}=300$ ist in Abb. 4.61 dargestellt. Die Flächen hoher Permittivität sind dabei gelb eingefärbt. Für den seriellen Fall findet keine Verzerrung der Feldlinien statt (Abb. 4.61a). Im parallelen Fall verlaufen die Feldlinien „vollständig" in dem Material mit der hohen Permittivität (Abb. 4.61b). Die Geometrie eines Kreise erzeugt einen Feldlinienverlauf, der im Gebiet niedriger Permittivität den durch die geschlossene Lösung der MAXWELLSCHEN Gleichungen berechneten Feldlinienverlauf entspricht (Abb. 4.61c und 4.60). Im Innern werden, entgegen den Gleichungen in [17, S.97], auch im Bereich hoher Permittivität die Feldlinien verzerrt und verlaufen nicht parallel zum äußeren Feld in unendlicher Entfernung. Bei einem Quadrat entspricht der mittlere Teil näherungsweise einer seriellen Schaltung (Abb. 4.61d und 4.61a). Zum Rand hin werden die Feldlinien – wie bei dem Kreis – in das Gebiet hoher Permittivität hineingezogen und beeinflussen auch den Feldlinienverlauf im Innern dieses Gebietes. Bei mehreren Gebieten werden die Feldlinien von einem Gebiet zum nächsten „übergeben" und der zurückgelegte Weg in Gebieten hoher Permittivität wird maximiert (Abb. 4.61e–4.61h).

In Abb. 4.62 ist die Permittivität der in Abb. 4.61 vorgestellten Geometrien bei unterschiedlichen Permittivitäten des Füllstoffes dargestellt. Der parallele und serielle Verlauf entsprechen exakt den für die Parallel- und Reihenschaltung von Kondensatoren erwarteten Werten. Die Kompositpermittivität bei anderen Geometrien folgt grundsätzlich dem seriellen Kurvenverlauf, ist aber wegen der erhöhten Weglänge der Feldlinien in Bereichen hoher Permittivität gegenüber diesem leicht erhöht.

4 Ergebnisse und Diskussion

Die Permittivität des Komposits überschreitet hierbei aber niemals einen Wert von 10 – unabhängig von der Füllstoffpermittivität. Dieses Ergebnis stimmt mit den Erwartungen aus dem Experiment nicht überein. Hier werden bei Füllgraden von 22 Vol% bereits Permittivitäten von 24.8 erreicht (Abb. 4.35).

Ähnliches lässt sich bei der Simulation der Kompositpermittivität in Abhängigkeit des Füllgrades beobachten (Abb. 4.63). Kompositpermittivitäten von über 20 bei einem $\varepsilon_{ra}{:}\varepsilon_{ri}$ Verhältnis von 1:100 werden erst ab einem Füllgrad von ca. 70 Vol% erreicht. Die auf ein ebenes Problem reduzierten Simulationen nach der Finiten Elementen Methode sind daher nur bedingt geeignet, die Effekte von Füllstoffen in einer polymeren Matrix darzustellen.

Die Berechnung von Kompositpermittivitäten mit reinen Kondensatormodellen wird aufgrund des Feldlinienverlaufs nie vollständig die Wirklichkeit im Komposit beschreiben. Bei der Modellannahme eines Plattenkondensators verlaufen alle Feldlinien immer parallel zueinander und senkrecht zu den parallelen Platten. Aufgrund der komplizierten Berechnung mittels FEM – insbesondere bei einer Weiterführung in die dritte Dimension – wäre eine einfache Modellierung mit geschlossenen Formeln aber wünschenswert. Ausgehend von diesen FEM-Ergebnissen sollten insbesondere Modelle, die der Reihenschaltung von Kondensatoren angelehnt sind, die Permittivität von Kompositen besser beschreiben, als solche, denen eine Parallelschaltung von Kondensatoren zugrunde liegt.

Um die Permittivität von Kompositsystemen mit einfachen Mitteln zu modellieren, werden im Folgenden einfach Kondensatormodelle hergeleitet und mit Modellen aus der Literatur anhand von realen Messdaten verglichen und bewertet.

4.8.1 Modelle auf Basis der Parallel- und Serienschaltung von Kondensatoren

Die Modellierung von Permittivitäten mittels einfacher serieller und paralleler Kombination von Kondensatoren ist der Versuch, klassische Kondensatormodelle auf komplexe dreidimensionale Materialstrukturen anzuwenden. Eine Übersicht über die hergeleiteten Modelle ist in Tab. 4.12 zusammengestellt. Aufgrund der Partikelform und des daraus resultierenden Feldlinienverlaufs ist bei diesen Modellen zu erwarten, dass die physikalische Wirklichkeit nur näherungsweise durch die Modelle abgebildet wird.

Modell „p1": Einfache Parallelschaltung von zwei Kondensatoren

Angenommen ein Komposit-System besteht aus einer endlich Anzahl n von parallel geschalteten Kondensatoren. Die Kapazität C_g des Gesamtsystems beträgt dann (Gl. 4.1):

$$C_g = \sum_{i=1}^{n} C_i \qquad (4.1)$$

4.8 Modellierung der Permittivität von Kompositsystemen

Tab. 4.12: Übersicht über die Ersatzschaltbilder der Kondensatormodelle.

Modell	Ersatzschaltbild	Gl.
„p1" (S. 108)		4.26a
„s1" (S. 110)		4.26b
„p2" (S. 111)		4.26c
„s2" (S. 111)		4.26d
„pm" (S. 111)		4.26e

Angenommen die n Kondensatoren bestehen aus zwei unterschiedlichen Spezies. Der ersten Spezies deren Dielektrikum eine Permittivität von ε_{r1} (in Abb. weiß gezeichnet) hat und der zweiten, deren Dielektrikum eine Permittivität von ε_{r2} (in Abb. schwarz gezeichnet) hat. Durch Ordnen der Kondensatoren lässt sich die Gl. 4.1 ohne Beschränkung der Allgemeinheit vereinfachen zu einer Parallelschaltung von zwei Plattenkondensatoren mit unterschiedlichen Dielektrika (Gl. 4.2).

$$C_g = C_1 + C_2 \tag{4.2}$$

Die Kapazität lässt sich mit den Gleichungen für Plattenkondensatoren aus der Fläche A, dem Elektrodenabstand d, der Permittivität ε_{ri} und der Vakuumpermittivität berechnen (Gl. 4.3).

$$C_i = \varepsilon_0 \cdot \varepsilon_{ri} \cdot \frac{A_i}{d_i} \tag{4.3}$$

4 Ergebnisse und Diskussion

Dabei lässt sich die Fläche A_g aufteilen und den beiden Dielektrika ε_{r1} und ε_{r2} zuordnen. Die Flächenanteile a_i berechnen für die Dielektrika ε_{ri} nach Gl. 4.4.

$$A_g = A_1 + A_2 \tag{4.4a}$$

$$a_1 = \frac{A_1}{A_g} = 1 - a_2 \tag{4.4b}$$

$$a_2 = \frac{A_2}{A_g} = 1 - a_1 \tag{4.4c}$$

Die Permittivität des Systems lässt sich aus den Gl. 4.2, 4.3 und 4.4 berechnen (Gl. 4.5).

$$\varepsilon_r = \frac{C}{\varepsilon_0} \cdot \frac{d}{A} = a_1 \varepsilon_{r1} + a_2 \varepsilon_{r2} = a_1 \cdot (\varepsilon_{r1} - \varepsilon_{r2}) + \varepsilon_{r2} \tag{4.5}$$

Im Rahmen der Modellannahme sei die Dicke d der Kondensatoren für beide Teilmodelle identisch. Daher gilt Gl. 4.6.

$$v_1 = \frac{V_1}{V_1 + V_2} = \frac{A_1 d}{A_1 d + A_2 d} = a_1 \tag{4.6}$$

Analog gilt Gl. 4.6 auch für v_2. Die Flächenanteile entsprechen somit den Volumenanteilen der zwei Dielektrika mit den Permittivitäten ε_{r1} und ε_{r2}.

Die Permittivität des Polymers lässt sich nach dem Modell p1 mit der Permittivität des Füllstoffes ε_{rf} und der Permittivität des Matrixmaterials ε_{rm} sowie dem Füllgrad v_f berechnen (Gl. 4.7).

$$\varepsilon_r^{p1}(v_f) = v_f(\varepsilon_{rf} - \varepsilon_{rm}) + \varepsilon_{rm} \tag{4.7}$$

Modell „s1": Einfache Serienschaltung von zwei Kondensatoren

Analog zur parallelen Schaltung der Kompositkomponenten kann ein Modell mit serieller Anordnung der Komponenten angenommen werden. In diesem Fall sind m Kondensatoren parallel geschaltet, die jeweils n_i seriell geschaltete Kondensatoren enthalten (Gl. 4.8).

$$C_g = \sum_{i=1}^{m} \frac{1}{\sum_{j=1}^{n_i} \frac{1}{C_j}} \tag{4.8}$$

Unter der Modellannahme, dass in einem Kompositsystem eine homogene Verteilung der Komponenten gegeben ist, lässt sich das Modell vereinfachen zu Gl. 4.9.

4.8 Modellierung der Permittivität von Kompositsystemen

$$\frac{1}{C_g} = \frac{1}{C_1} + \frac{1}{C_2} \qquad (4.9)$$

Mit Gl. 4.3 und der Modellannahme, dass $A = A_1 = A_2$ gilt, gilt dann für das serielle Modell die Gl. 4.10.

$$\frac{\epsilon_0 \cdot A}{C_g \cdot d} = \epsilon_r^{s1}(v_f) = \frac{1}{v_f \cdot \left(\frac{1}{\epsilon_{rf}} - \frac{1}{\epsilon_{rm}}\right) + \frac{1}{\epsilon_{rm}}} \qquad (4.10)$$

Weiterentwicklung – Modelle „p2" und „s2": Serien- und Parallelschaltung der Modelle „p1" und „s1"

Das serielle und parallele Modell lässt sich kombinieren zu zwei weiteren Modellen, die sowohl serielle als auch parallele Schaltung der Komponenten kombinieren. Der Anteil des parallelen Modells „p1" am Gesamtmodell sei durch die Konstante $k_p = 1 - k_s$ gegeben. Die Permittivität der kombinierten Modelle lautet dann (Gl. 4.11 und 4.12):

$$\epsilon_r^{s2}(v_f, k_p) = \frac{1}{k_p \cdot \left(\frac{1}{\epsilon_r^{p1}} - \frac{1}{\epsilon_r^{s1}}\right) + \frac{1}{\epsilon_r^{s1}}} \qquad (4.11)$$

$$\epsilon_r^{p2}(V_f, k_p) = k_p \cdot (\epsilon_r^{p1} - \epsilon_r^{s1}) + \epsilon_r^{s1} \qquad (4.12)$$

Weiterentwicklung – Modell „pm": Serienschaltung zweier Kondensatoren mit einem parallelen Matrixkondensator

Gerade bei niedrigen Füllgraden ist es wahrscheinlich, dass zwar ein Teil der Polymermatrix, aber kein Anteil des Füllstoffes parallel zu einer seriellen Anordnung der Komponenten wirkt. Insbesondere durch die vollständige Umschließung der Partikel mit polymerem Matrixmaterial ist insbesondere bis zur Perkolationsschwelle – und je nach System auch darüber hinaus – keine durchgängige Verbindung von Füllstoffpartikeln von einer Elektrode zur anderen wahrscheinlich (vergl. [242]). Die in den vorangegangen Kapiteln hergeleiteten und entwickelten Grundgleichungen werden im Folgenden entsprechend umgeformt und weiterentwickelt um der physikalischen Vorstellung einer partikelgefüllten Matrix näher zu kommen.

Das absolute Volumen der Matrix im seriellen Teil des Modells sei V_{sm}, das des Füllstoffes V_{sf} und das parallel liegende Matrixvolumen sei V_{pm}. Die Dielektrizitätskonstante der Matrix sei ϵ_{rm} und die des Füllstoffes ϵ_{rf}. Der Füllstoff-Füllgrad im seriellen Teil des Modells ist dann (Gl. 4.13):

$$v_{sf} = \frac{V_{sf}}{V_{sf} + V_{sm}} \qquad (4.13)$$

4 Ergebnisse und Diskussion

Die Permittivität des seriellen Teilmodells lässt sich somit durch das Modell „s1" (Gl. 4.10) beschreiben (Gl. 4.14).

$$\epsilon_{rs}^{pm}(v_{sf}) = \frac{1}{v_{sf} \cdot \left(\frac{1}{\epsilon_{rf}} - \frac{1}{\epsilon_{rm}}\right) + \frac{1}{\epsilon_{rm}}} \tag{4.14}$$

Mit dem Volumen des seriellen Teils $V_s = V_{sf} + V_{sm}$ ist der Volumenanteil v_s des seriellen Teilmodells am Gesamtmodell gegeben durch Gl. 4.15.

$$v_s = \frac{V_{sm} + V_{sf}}{V_{sm} + V_{sf} + V_{pm}} \tag{4.15}$$

Der Volumenanteil des Matrixmaterials am Gesamtmodell, der parallel geschaltet ist, ist somit durch $1 - v_s$ gegeben. Die Gesamtpermittivität des Modells lässt sich somit über das parallele Modell „p1" (Gl. 4.7) erschließen zu (Gl. 4.16):

$$\epsilon_r^{pm} = v_s \cdot \left(\epsilon_{rs}^{pm}(v_{sf}) - \epsilon_{rm}\right) + \epsilon_{rm} \tag{4.16}$$

Der Füllstoff-Füllgrad des Gesamtsystems v_f besteht aus dem Füllgrad des seriellen Teilmodells multipliziert mit dem Volumenanteil des seriellen Modells am Gesamtmodell. Die Herleitung ist in den Gl. 4.17–4.19 dargestellt. Der Faktor v_{sf} wird gemäß Gl. 4.20 ersetzt.

$$v_f = \frac{V_{sf}}{V_{sm} + V_{sf} + V_{pm}} \tag{4.17}$$

$$= \frac{V_{sf}}{V_{sf} + V_{sM}} \cdot \frac{V_{sm} + V_{sf}}{V_{sm} + V_{sf} + V_{pm}} \tag{4.18}$$

$$= v_{sf} \cdot v_s \tag{4.19}$$

$$v_{sf} = \frac{v_f}{v_s} \tag{4.20}$$

Mit dem Faktor k, der den Anteil Matrixmaterial beschreibt, der dem Gesamtmodell parallel geschaltet ist, lässt sich auch der Parameter v_s in Abhängigkeit des Füllgrades des Gesamtsystems v_f darstellen (Gl. 4.24). Die Herleitung ist in Gl. 4.21–4.23 dargestellt.

$$v_{pm} = 1 - v_s \tag{4.21}$$

$$v_{pm} \leq 1 - v_f = v_m \tag{4.22}$$

$$v_{pm} = k \cdot v_m = 1 - v_s \tag{4.23}$$

$$v_s = 1 - k \cdot (1 - v_f) \tag{4.24}$$

4.8 Modellierung der Permittivität von Kompositsystemen

Die Dielektrizitätskonstante des Gesamtsystems lässt sich somit in Abhängigkeit des Füllstoff-Füllgrad v_f und dem Anteil des parallel geschalteten Matrixmaterials k wie folgt darstellen (Gl. 4.25):

$$\epsilon_r^{pm}(v_f, k) = v_s \cdot \left(\epsilon_{rs}^{pm}\left(\frac{v_f}{v_s}\right) - \epsilon_{rm}\right) + \epsilon_{rm}$$

$$= \varepsilon_{rm} + (1 - k(1 - v_f))$$

$$\cdot \left(\left(\frac{v_f}{1 - k(1 - v_f)}\right)\left(\frac{1}{\varepsilon_{rf}} - \frac{1}{\varepsilon_{rm}}\right) + \frac{1}{\varepsilon_{rm}}\right)^{-1} - \varepsilon_{rm}\right) \quad (4.25)$$

Die vier Grenzfälle des Modells „pm" sind im Folgenden dargestellt:

k = 0 ⇒ ■ serielles Modell „s1"
k = 1 ⇒ ■ paralleles Modell „p1"
v_f= 0 ⇒ □ $\epsilon_r^{pm} = \epsilon_{rm}$
v_f= 1 ⇒ ■ $\epsilon_r^{pm} = \epsilon_{rf}$

4.8.2 Zusammenfassung der Kondensatormodelle

Die Gl. für die Modelle „p1", „s1", „p2", „s2" und „pm" sind in Gl. 4.26 zusammenfassend dargestellt.

$$\varepsilon_{reff}^{p1} = v_f(\varepsilon_{rf} - \varepsilon_{rm}) + \varepsilon_{rm} \quad (4.26a)$$

$$\varepsilon_{reff}^{s1} = \left(v_f\left(\frac{1}{\varepsilon_{rf}} - \frac{1}{\varepsilon_{rm}}\right) + \frac{1}{\varepsilon_{rm}}\right)^{-1} \quad (4.26b)$$

$$\varepsilon_{reff}^{p2} = k(\varepsilon_{reff}^{p1} - \varepsilon_{reff}^{s1}) + \varepsilon_{reff}^{s1} \quad (4.26c)$$

$$\varepsilon_{reff}^{s2} = \left(k\left(\frac{1}{\varepsilon_{reff}^{p1}} - \frac{1}{\varepsilon_{reff}^{s1}}\right) + \frac{1}{\varepsilon_{reff}^{s1}}\right)^{-1} \quad (4.26d)$$

$$\varepsilon_{reff}^{pm} = \varepsilon_{rm} + (1 - k(1 - v_f))$$

$$\cdot \left(\left(\frac{v_f}{1 - k(1 - v_f)}\right)\left(\frac{1}{\varepsilon_{rf}} - \frac{1}{\varepsilon_{rm}}\right) + \frac{1}{\varepsilon_{rm}}\right)^{-1} - \varepsilon_{rm}\right) \quad (4.26e)$$

4.8.3 Vergleich der Kondensator- und Literaturmodelle

Zum Vergleich des generellen Kurvenverlaufs bei charakteristischen Parametern (frei gewählt) sind die Kurvenverläufe der Literatur- und Kondensatormodelle in Abb. 4.64 und Abb. 4.65 mit den gegebenen Parametern (s. Bildunterschrift) dargestellt. Zur Referenz sind die Verläufe der Parallel- (theoretischer Maximalwert) und Serienschaltung (theoretischer Minimalwert) zweier Kondensatoren mit gestrichelten schwarzen Linien dargestellt. Als graue, gestrichelte Kurve sind die jeweils invertierten Modelle

4 Ergebnisse und Diskussion

in den Kurven, mit ggf. anders gewählten freien Parametern, mit dargestellt. Die Modelle werden invertiert indem $\varepsilon_{rf} \leftrightarrow \varepsilon_{rm}$ und $v_f \leftrightarrow v_m = 1-v_f$ jeweils miteinander vertauscht werden.

Das Volumetrische Mischungsgesetz (Abb. 4.64a und Gl. 2.40) entspricht der Parallelschaltung zweier Kondensatoren (Abb. 4.65a und Gl. 4.26a). Auch die Kurvenverläufe der Modelle von MAXWELL-WAGNER-SILLAR (Abb. 4.64c und Gl. 2.47) und LOOYENGA (Abb. 4.64b und Gl. 2.45) orientieren sich sehr stark an der Parallelschaltung zweier Kondensatoren. Das Modell nach LICHTENECKER verläuft (bei log. skalierter Ordinate) direkt zwischen den beiden Grundmodellen (Abb. 4.64h und Gl. 2.41). Das Modell von JAYSUNDERE und SMITH (Abb. 4.64e und Gl. 2.48) verläuft leicht unterhalb des Modells von LICHTENECKER. Das Modell nach FELDERHOF folgt eher dem Verlauf eines seriellen Kondensatormodells (Abb. 4.64g und Gl. 2.51). Das Modell nach BRUGGEMAN (Abb. 4.64f und Gl. 2.43) orientiert sich bei niedrigen Füllstoffanteilen an dem seriellen Modell und bei hohen Füllgraden an dem parallelen Modell. Dies berücksichtigt, dass die Partikel bei niedrigen Füllgraden getrennt voneinander in der Matrix auftreten, bei höheren Füllgraden aber geschlossene Pfade durch das Material entstehen, die einer Parallelschaltung von Füllstoff und Matrix entsprechen. Alle diese Modelle haben keinen freien Parameter. In den meisten praktischen Fällen ist hier die einzige Unbekannte die Permittivität des Füllstoffes ε_{rf}.

Das modifizierte Modell nach LICHTENECKER (Abb. 4.64i und Gl. 2.42) enthält einen freien Parameter, der die „Steigung" der Kurve beeinflusst. Dies hat zur Konsequenz, dass auch bei 100 Vol% Füllgrad das Komposit nicht die Permittivität des Füllstoffes erreicht. Das Modell nach YAMADA berücksichtigt die Form der Pulverpartikel mit einem freien Parameter (Abb. 4.64j und Gl. 2.49).

Bei den invertierten Modellen entspricht MAXWELL-WAGNER-SILLAR dem invertierten Modell von MAXWELL-GARNETT (Abb. 4.64c und 4.64d). Die jeweiligen invertierten Modelle werden deswegen nicht weiter diskutiert. Das invertierte Modell nach JAYSUNDERE und SMITH verläuft außerhalb der von seriellem und parallelem Modell vorgegebenen Schranken und beschreibt für das reine Polymer eine signifikant höhere Permittivität als für den Füllstoff (Abb. 4.64e) und wird deswegen auch nicht weiter berücksichtigt. Die Modelle nach YAMADA, FELDERHOF und LICHTENECKER modifiziert liefern im invertierten Fall einen neuen Modellverlauf, der im Folgenden gesondert betrachtet wird (Abb. 4.64j, 4.64i und 4.64g). Die Modelle werden mit dem Namenszusatz „(invertiert)" oder „(inv.)" gesondert markiert. Bei den restlichen Modellen ist der invertierte Verlauf identisch mit dem Originalverlauf der Modelle, weswegen die invertierten Modellvarianten nicht weiter in Betracht gezogen werden.

Der generelle Kurvenverlauf der hergeleiteten Kondensatormodelle aus Kap. 4.8.2 ist in Abb. 4.65 zusammengefasst. Das Modell „p2" verläuft unterhalb der Kurve des Modells „p1", bis es bei sehr hohen Füllgraden entlang der Kurve von Modell „s1" verläuft. Dies gilt analog für das Modell „s2". Das Modell „pm" verläuft zwischen den Modellen „p1" und „s1". Das invertierte Modell „pm" zeigt einen ähnlichen Verlauf wie das Modell „s2".

Zur weiteren Beurteilung der Modelle werden reale Messdaten modelliert. Hierzu wird eine Ausgleichungsrechnung mit der Software „*GnuPlot*" durchgeführt, welche eine Implementierung des MARQUARDT-LEVENBERG Algorithmus verwendet. Das Iterationslimit (Δ(WSSR)) beträgt $1\cdot10^{-10}$. Alle

4.8 Modellierung der Permittivität von Kompositsystemen

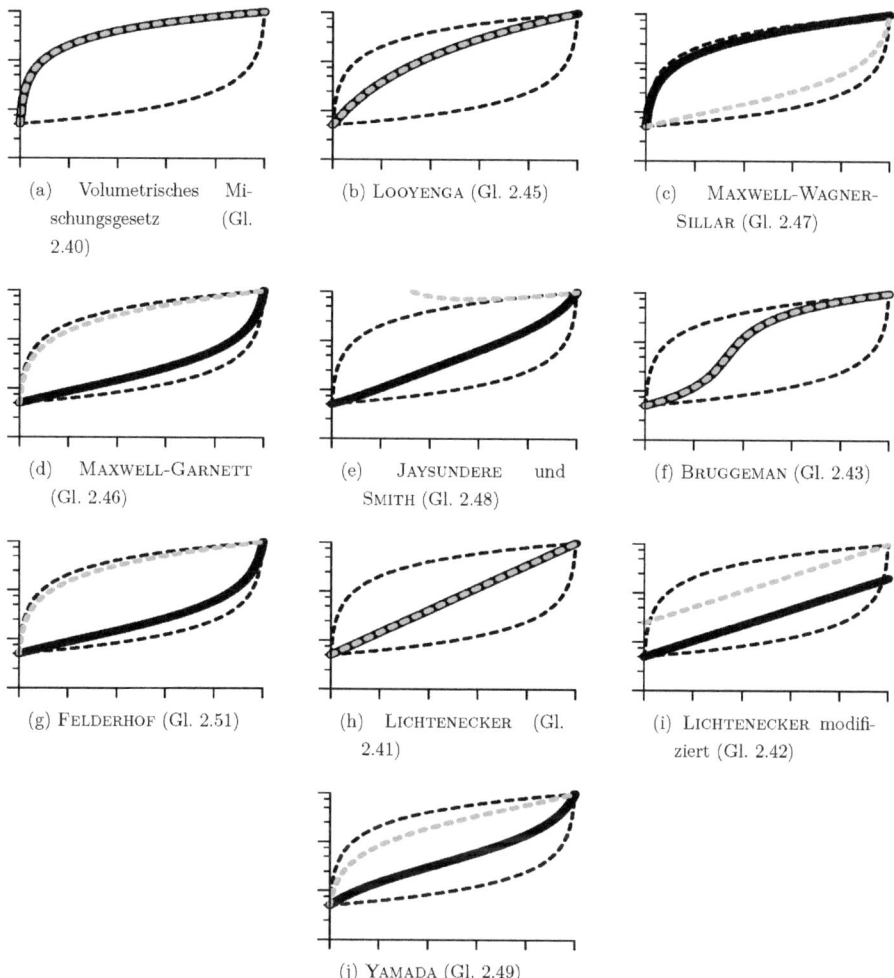

Abb. 4.64: Genereller Kurvenverlauf der Literaturmodelle zur Berechnung der Permittivität von Kompositen. Aufgetragen ist die berechnete Permittivität des Komposits (Ordinate, logarithmische Skalierung) gegen den Füllgrad des Feststoffs (Abszisse, lineare Skalierung in Vol%). Die Permittivitäten wurden gewählt mit $\varepsilon_{rm}=5$ (Polymer) und $\varepsilon_{rf}=1000$ (Perowskit Keramik). Die graue Kurve repräsentiert den Verlauf des invertierten Modells ($\varepsilon_{rf} \leftrightarrow \varepsilon_{rm}$ und $v_f \leftrightarrow v_m$). Die Parameter k und k_{inv} wurden für die folgenden Graphen gewählt: (i) k = k_{inv} = 0.3 (j) k = 8.1, k_{inv} = 1.5.

4 Ergebnisse und Diskussion

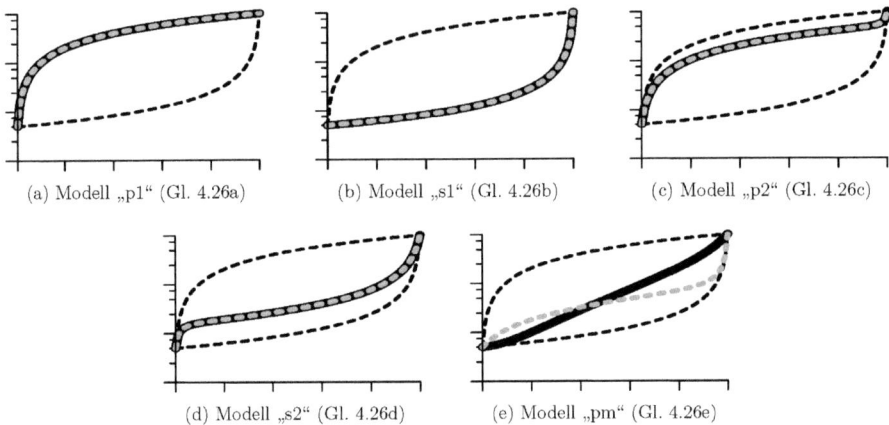

(a) Modell „p1" (Gl. 4.26a) (b) Modell „s1" (Gl. 4.26b) (c) Modell „p2" (Gl. 4.26c)

(d) Modell „s2" (Gl. 4.26d) (e) Modell „pm" (Gl. 4.26e)

Abb. 4.65: Genereller Kurvenverlauf der Kondensatormodelle zur Berechnung der Permittivität von Kompositen. Aufgetragen ist die berechnete Permittivität des Komposits (Ordinate, logarithmische Skalierung) gegen den Füllgrad des Feststoffs (Abszisse, lineare Skalierung in Vol%). Die Permittivitäten wurden gewählt mit ε_{rm}=5 (Polymer) und ε_{rf}=1000 (Perowskit Keramik). Die graue Kurve repräsentiert den Verlauf des invertierten Modells ($\varepsilon_{rf} \leftrightarrow \varepsilon_{rm}$ und $v_f \leftrightarrow v_m$). Die Parameter k und k_{inv} wurden für die folgenden Graphen gewählt: (c) k − k_{inv} = 0.5 (d) k = k_{inv} = 0.7 (e) k = 1-k_{inv} = 0.94.

Ausgleichungsrechnungen sind innerhalb dieses Limits konvergiert. Die Startbedingungen für die Ausgleichungsrechnung betragen ε_{rf}=1000 und ε_{rm}=3.26 (fest, da bekannt aus Messungen an ungefülltem UP$_{m20}$) sowie k=0.5 (wo vorhanden).

Die Messdaten stammen aus einer Füllgradstudie mit BaTiO$_3$ (*Alfa Aesar*, Anh. C.2.2) als Füllstoff und UP$_{m20}$ als Polymermatrix. Die Messdaten dieser Versuchsreihe wurden gewählt, da hierfür die meisten Proben mit unterschiedlichen Füllgraden zur Verfügung stehen (0 m%, 5 m%, 15 m%, 30 m%, 45 m%, 60 m% und 70 m%).

Die Ergebnisse der Ausgleichungsrechnung sind in Tab. 4.13 zusammengefasst. Hierbei liefern, entgegen den Erwartungen aus den FEM-Simulationen, die rein seriellen Kondensatormodelle die schlechtesten Ergebnisse. Das Modell „s1" konvergiert mit einer Fehlerquadratsumme von über 143 bei einem ε_{rf} von 8·10^{10}. Das Modell „s2" konvergiert zwar mit sehr guten SS$_{Res}$=0.10- und χ^2_{red}=0.02-Werten, aber dabei wird das k ≫ 1. Das bedeutet, dass das parallele Segment im Modell 158% des Volumens einnehmen müsste. Des Weiteren ist für dieses Modell die Permittivität bei 100 Vol% Pulverfüllgrad niedriger als bei bei 50 Vol%. Beide seriellen Modelle sind nicht geeignet, die physikalischen Vorgänge im Komposit zu beschreiben.

4.8 Modellierung der Permittivität von Kompositsystemen

Die elektrische Kommunikation zwischen den kristallinen Domänen im Material ist im Pulver, im Vergleich zum Festkörper, durch den großen Abstand der Pulverpartikel zueinander gestört. Daher sind sehr hohe Permittivitäten, wie sie für einkristalline $BaTiO_3$ in der a-Achse gefunden werden, im Pulver nicht zu erwarten. Insbesondere ist im Pulver eine Gleichberechtigung der Achsen und somit eine durchschnittliche Permittivität wie sie von Gl. 2.29 und 2.30 beschrieben werden zu erwarten. Mit den Werten des $BaTiO_3$ bei Raumtemperatur aus Abb. 2.11 sind somit Füllstoffpermittivitäten zwischen 560 und 3200 zu erwarten.

Die Modelle „s1", „p2", „pm" (invertiert), MAXWELL-GARNETT, JAYSUNDERE und SMITH, FELDERHOF, YAMADA (invertiert) und YAMADA prognozieren hingegen Pulverpermittivitäten zwischen $4 \cdot 10^5$ (Modell „p2") und $5 \cdot 10^{12}$ (JAYSUNDERE und SMITH). Diese Modelle werden deswegen für weitere Betrachtungen nicht mehr berücksichtigt.

Tab. 4.13: Ergebnisse der Ausgleichsrechnung aller Modelle mit realen Messdaten ($BaTiO_3$ (*Alfa Aesar*) in UP_{m20}). ε_{rf}: Permittivität Füllstoff (Ergebnis der Ausgleichsreichnung), ε_{rm}: Permittivität Polymermatrix (gemessen), SS_{Res}: Summe der Fehlerquadrate, n_i: Anzahl der Iterationen

Modell	Parameter	Graph
Volumetrisches Mischungsmodell (Gl. 2.40) und Modell „p1" (Gl. 4.26a)	$\varepsilon_{rm} = 3.26$ $\varepsilon_{rf} = 37$ $\chi^2_{red} = 0.32$ $SS_{Res} = 1.92$ $n_i = 4$	
Modell „s1" (Gl. 4.26b)	$\varepsilon_{rm} = 3.26$ $\varepsilon_{rf} = 8.385 \cdot 10^{10}$ $\chi^2_{red} = 23.95$ $SS_{Res} = 143.75$ $n_i = 10$	

4 Ergebnisse und Diskussion

Tab. 4.13: Ergebnisse der Ausgleichsrechnungen (fortgesetzt).

Modell	Parameter	Graph
Modell „p2" (Gl. 4.26c)	$\varepsilon_{rm} = 3.26$ $\varepsilon_{rf} = 4.315 \cdot 10^5$ $k = 6.8512 \cdot 10^{-5}$ $\chi^2_{red} = 0.30$ $SS_{Res} = 1.54$ $n_i = 11219$	
Modell „s2" (Gl. 4.26d)	$\varepsilon_{rm} = 3.26$ $\varepsilon_{rf} = 18$ $k = 1.5865$ $\chi^2_{red} = 0.02$ $SS_{Res} = 0.10$ $n_i = 181$	
Modell „pm" (Gl. 4.26e)	$\varepsilon_{rm} = 3.26$ $\varepsilon_{rf} = 45$ $k = 0.9945$ $\chi^2_{red} = 0.09$ $SS_{Res} = 0.46$ $n_i = 41$	
Modell „pm" (invertiert) (Gl. 4.26e)	$\varepsilon_{rm} = 3.26$ $\varepsilon_{rf} = 4.984 \cdot 10^5$ $k = 5.9321 \cdot 10^{-5}$ $\chi^2_{red} = 0.30$ $SS_{Res} = 1.54$ $n_i = 9729$	

4.8 Modellierung der Permittivität von Kompositsystemen

Tab. 4.13: Ergebnisse der Ausgleichsrechnungen (fortgesetzt).

Modell	Parameter	Graph
MAXWELL-GARNETT (Gl. 2.46)	$\varepsilon_{rm} = 3.26$ $\varepsilon_{rf} = 3.904 \cdot 10^{11}$ $\chi^2_{red} = 11.88$ $SS_{Res} = 71.28$ $n_i = 12$	
MAXWELL-WAGNER-SILLAR (Gl. 2.47)	$\varepsilon_{rm} = 3.26$ $\varepsilon_{rf} = 49$ $\chi^2_{red} = 0.19$ $SS_{Res} = 1.18$ $n_i = 4$	
JAYSUNDERE und SMITH (Gl. 2.48)	$\varepsilon_{rm} = 3.26$ $\varepsilon_{rf} = 4.653 \cdot 10^{12}$ $\chi^2_{red} = 3.14$ $SS_{Res} = 18.88$ $n_i = 14$	
LICHTENECKER (Gl. 2.41)	$\varepsilon_{rm} = 3.26$ $\varepsilon_{rf} = 482$ $\chi^2_{red} = 0.20$ $SS_{Res} = 1.22$ $n_i = 5$	

4 Ergebnisse und Diskussion

Tab. 4.13: Ergebnisse der Ausgleichsrechnungen (fortgesetzt).

Modell	Parameter	Graph
LICHTENECKER modifiziert (Gl. 2.42)	$\varepsilon_{rm} = 3.26$ $\varepsilon_{rf} = 938$ $k = 0.1175$ $\chi^2_{red} = 0.24$ $SS_{Res} = 1.22$ $n_i = 6$	
LICHTENECKER modifiziert (invertiert) (Gl. 2.42)	$\varepsilon_{rm} = 3.26$ $\varepsilon_{rf} = 366$ $k = 0.0215$ $\chi^2_{red} = 0.10$ $SS_{Res} = 0.52$ $n_i = 7$	
YAMADA (Gl. 2.49)	$\varepsilon_{rm} = 3.26$ $\varepsilon_{rf} = 1.346 \cdot 10^{12}$ $k = 7.7544$ $\chi^2_{red} = 0.02$ $SS_{Res} = 0.10$ $n_i = 21$	
YAMADA (invertiert) (Gl. 2.49)	$\varepsilon_{rm} = 3.26$ $\varepsilon_{rf} = 1.675 \cdot 10^6$ $k = 1.0000$ $\chi^2_{red} = 0.02$ $SS_{Res} = 0.10$ $n_i = 19271$	

4.8 Modellierung der Permittivität von Kompositsystemen

Tab. 4.13: Ergebnisse der Ausgleichsrechnungen (fortgesetzt).

Modell	Parameter	Graph
FELDERHOF (Gl. 2.51)	$\varepsilon_{rm} = 3.26$ $\varepsilon_{rf} = 3.903 \cdot 10^{11}$ $\chi^2_{red} = 11.88$ $SS_{Res} = 71.28$ $n_i = 12$	
FELDERHOF (invertiert) (Gl. 2.51)	$\varepsilon_{rm} = 3.26$ $\varepsilon_{rf} = 49$ $\chi^2_{red} = 0.19$ $SS_{Res} = 1.18$ $n_i = 4$	
LOOYENGA (Gl. 2.45)	$\varepsilon_{rm} = 3.26$ $\varepsilon_{rf} = 99$ $\chi^2_{red} = 0.02$ $SS_{Res} = 0.12$ $n_i = 5$	
BRUGGEMAN (Gl. 2.43)	$\varepsilon_{rm} = 3.26$ $\varepsilon_{rf} = 206$ $\chi^2_{red} = 1.54$ $SS_{Res} = 9.25$ $n_i = 11$	

4 Ergebnisse und Diskussion

Die Modelle „p1", „pm", MAXWELL-WAGNER-SILLAR, LICHTENECKER LICHTENECKER modifiziert, LICHTENECKER modifiziert (invertiert), FELDERHOF (invertiert), LOOYENGA und BRUGGEMAN berechnen die Permittivität des Füllstoffes zu Werten zwischen ε_{rf}=37 („p1", Volumetrisches Mischungsmodell) und ε_{rf}=938 (LICHTENECKER modifiziert). Die χ^2_{red} Werte liegen alle deutlich unter 1. Die Funktionen sind damit alle überbestimmt. Die Modelle nach LICHTENECKER prognostizieren Füllstoffpermittivitäten, die eine Größenordnung über den Prognosen der anderen sechs Modelle liegen.

Im Vergleich der Modelle „p1", „pm", MAXWELL-WAGNER-SILLAR, FELDERHOF (invertiert), LOOYENGA und BRUGGEMAN zeigt das Modell nach BRUGGEMAN die schlechtesten Resultate gemessen an der Fehlerquadratsumme (SS_{Res}=9.25) und prognostiziert die höchste Füllstoffpermittivität (ε_{rf}=206). Die niedrigste Füllstoffpermittivität (ε_{rf} = 37) prognostiziert das Modell „p1".

Die schlechten Ergebnisse der seriellen Modelle lassen die Vermutung zu, dass der Hauptmechanismus bei der Berechnung der Permittivität von Kompositen die Parallelschaltung der Komponenten ist. Das einfache parallele Modell beschreibt die vorhandenen Messdaten bereits mit guter Genauigkeit. Das Modell „pm" unterstützt diese Vermutung. Mit einem k-Wert von 0.9945 sind bei dieser Ausgleichungsrechnung 99.45% des Matrixmaterials im parallelen Kondensator und nur 0.65% in Serie mit dem Füllstoff geschaltet. Diese Serienschaltung kann der Grund dafür sein, dass auch bei einem Füllgrad von über 30 Vol% die Perkolationsschwelle noch nicht überschritten ist. Der theoretische Standardwert für die Perkolationsschwelle wird mit 16 Vol% angenommen [242, 243]. Für Systeme, in denen die Füllstoffpartikel von einer dünnen Polymerschicht überzogen sind, ist dieser Wert deutlich höher. Für Systeme, bei denen die Leitfähigkeit beeinflusst werde soll, wird dieser Wert niedriger liegen, als für Systeme, bei denen die Permittivität beeinflusst werden soll, da ein einziger Leitfähigkeitspfad durch das Polymer nahezu den gesamten Strom transportieren kann. Ein einziger durchgängiger Pfad an Füllstoffpartikeln im Dielektrikum aber nicht alle Feldlinien in sich vereinen wird (vergl. Abb. 4.60 und 4.61).

Die im Rahmen dieser Arbeit untersuchten kommerziellen $BaTiO_3$-Füllstoffe resultieren alle in sehr nah beieinander liegenden Komposit-Permittivitäten. Unter gleicher Berücksichtigung aller vorhandener Messwerte (vergl. Abb. 4.21a) lässt sich eine „globale" Permittivität der Füllstoffe für die hier untersuchten Pulver ermitteln. Die Ergebnisse dieser Ausgleichungsrechnung sind in Tab. 4.14 für ausgewählte Modelle zusammenfassend dargestellt. Die von diesen Modellen prognostizierte Permittivität der kommerziell erhältlichen $BaTiO_3$ Pulver liegt zwischen 44 (volumetrisches Mischungsgesetz und „'p1") und 985 (LICHTENECKER modifiziert).

4.8 Modellierung der Permittivität von Kompositsystemen

Tab. 4.14: Ergebnisse der Ausgleichsrechnung ausgewählter Modelle mit realen Messdaten (alle vorhandenen unmodifizierten kommerziellen Bariumtitanate) in UP$_{m20}$. ε_{rf}: Permittivität Füllstoff (Ergebnis der Ausgleichsreichnung), ε_{rm}: Permittivität Polymermatrix (gemessen), SS$_{Res}$: Summe der Fehlerquadrate, n$_i$: Anzahl der Iterationen

Modell	Parameter	Graph
Volumetrisches Mischungsmodell (Gl. 2.40) und Modell „p1" (Gl. 4.26a)	$\varepsilon_{rm} = 3.26$ $\varepsilon_{rf} = 44$ $\chi^2_{red} = 2.80$ $SS_{Res} = 230.3$ $n_i = 4$	
Modell „pm" (Gl. 4.26e)	$\varepsilon_{rm} = 3.26$ $\varepsilon_{rf} = 64$ $k = 0.9916$ $\chi^2_{red} = 1.66$ $SS_{Res} = 134.87$ $n_i = 54$	
MAXWELL-WAGNER-SILLAR (Gl. 2.47)	$\varepsilon_{rm} = 3.26$ $\varepsilon_{rf} = 58$ $\chi^2_{red} = 2.38$ $SS_{Res} = 195.35$ $n_i = 4$	

4 Ergebnisse und Diskussion

Tab. 4.14: Ergebnisse der Ausgleichsrechnungen (fortgesetzt).

Modell	Parameter	Graph
LICHTENECKER (Gl. 2.41)	$\varepsilon_{rm} = 3.26$ $\varepsilon_{rf} = 657$ $\chi^2_{red} = 2.97$ $SS_{Res} = 243.97$ $n_i = 5$	
LICHTENECKER modifiziert (Gl. 2.42)	$\varepsilon_{rm} = 3.26$ $\varepsilon_{rf} = 985$ $k = 0.0709$ $\chi^2_{red} = 3.01$ $SS_{Res} = 243.97$ $n_i = 6$	
LICHTENECKER modifiziert (invertiert) (Gl. 2.42)	$\varepsilon_{rm} = 3.26$ $\varepsilon_{rf} = 380$ $k = 0.0504$ $\chi^2_{red} = 2.11$ $SS_{Res} = 171.03$ $n_i = 8$	
FELDERHOF (invertiert) (Gl. 2.51)	$\varepsilon_{rm} = 3.26$ $\varepsilon_{rf} = 58$ $\chi^2_{red} = 2.38$ $SS_{Res} = 195.35$ $n_i = 4$	

4.8 Modellierung der Permittivität von Kompositsystemen

Tab. 4.14: Ergebnisse der Ausgleichsrechnungen (fortgesetzt).

Modell	Parameter	Graph
LOOYENGA (Gl. 2.45)	$\varepsilon_{rm} = 3.26$ $\varepsilon_{rf} = 127$ $\chi^2_{red} = 1.64$ $SS_{Res} = 134.87$ $n_i = 7$	

4.8.4 Berechnung der Permittivitätssteigerung von BaTiO$_3$ Pulver (Nanoamor) durch thermische Auslagerung

Auf Basis der im vorangegangenen Kapitel evaluierten Modelle kann für die Ausheizserie des BaTiO$_3$-Pulvers (*Nanoamor*) die Permittivitätssteigerung durch Ausheizen der Füllstoffe mit den vorhanden effektiven Gesamtpermittivitäten für die Komposite (Abb. 4.35a) abgeschätzt werden. Statt eine Porenkorrektur in einem Festkörper durchzuführen, wird also die Permittivität der Poren abgeschätzt.

Hierzu werden die Modellgleichungen nach ε_{rf} aufgelöst und, wo vorhanden, ein Toleranzbereich für k angenommen (Volumetrisches Mischungsgesetz und „p1": Gl. 2.40 ⇔ Gl. 4.27, „pm": Gl. 4.26e ⇔ Gl. 4.28, LOOYENGA: Gl. 2.45 ⇔ Gl. 4.29, MAXWELL-WAGNER-SILLAR: Gl. 2.47 ⇔ Gl. 4.30, LICHTENECKER: Gl. 2.41 ⇔ Gl. 4.31, LICHTENECKER modifiziert: Gl. 2.42 ⇔ Gl. 4.32). Für die Modelle von FELDERHOF (invertiert) und LICHTENECKER modifiziert (invertiert) existiert keine geschlossene Lösung für ε_{rf}. Eine Abschätzung der Füllstoffpermittivität ist somit nur mit numerischen Methoden möglich (hier: Newtonverfahren).

$$\varepsilon_{rf} = \frac{1}{v_f} \cdot (\varepsilon_{reff} - (1 - v_f) \cdot \varepsilon_{rm}) \tag{4.27}$$

$$\varepsilon_{rf} = \frac{\varepsilon_{rm}v_f \cdot (k\varepsilon_{rm}v_f - k\varepsilon_{rm} + \varepsilon_{reff})}{k\varepsilon_{rm}v_f^2 - (k-1) \cdot \varepsilon_{reff}v_f - (k-1) \cdot (\varepsilon_{rm} - \varepsilon_{reff})} \tag{4.28}$$

$$\varepsilon_{rf} = \left(\frac{\varepsilon_{reff}^{\frac{1}{3}} - \varepsilon_{rm}^{\frac{1}{3}}}{v_f} + \varepsilon_{rm}^{\frac{1}{3}} \right)^3 \tag{4.29}$$

4 Ergebnisse und Diskussion

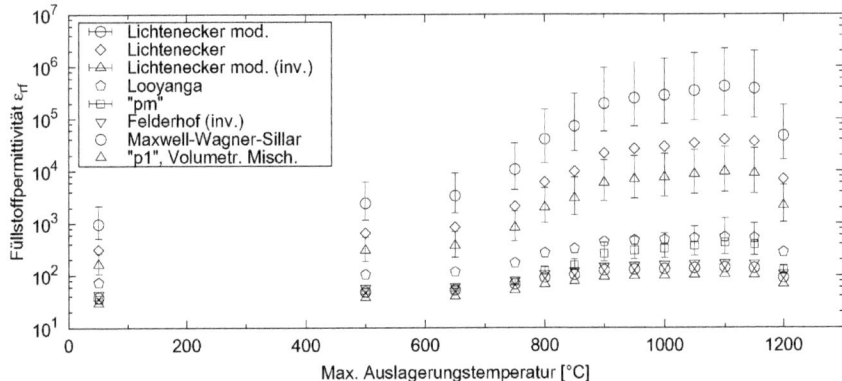

Abb. 4.66: Permittivität des Füllstoffes in Abhängigkeit von der Ausheiztemperatur des Füllstoffes berechnet mit ausgewählten Modellen. Wahl der freien Konstanten k: „pm": k=0.993±0.0015, LICHTENECKER mod.: k=0.2±0.1, LICHTENECKER mod. inv.:k=0.05±0.04.

$$\varepsilon_{rf} = \frac{1}{4v_f} \cdot \left(\pm \left(\sqrt{(2\varepsilon_{rm} + \varepsilon_{reff})^2 \cdot v_f^2} \right. \right.$$

$$\overline{-6v_f \cdot (\varepsilon_{rm} - \varepsilon_{reff}) \cdot (2\varepsilon_{rm} - \varepsilon_{reff}) + 9 \cdot (\varepsilon_{rm} - \varepsilon_{reff})^2} \right)$$

$$\left. + v_f \cdot (2\varepsilon_{rm} - \varepsilon_{reff}) - 3 \cdot (\varepsilon_{rm} - \varepsilon_{reff}) \right) \quad (4.30)$$

$$\varepsilon_{rf} = \varepsilon_{rm} \cdot e^{\left(\frac{-\ln(\varepsilon_{rm}) + \ln(\varepsilon_{reff})}{v_f} \right)} \quad (4.31)$$

$$\varepsilon_{rf} = \varepsilon_{rm} \cdot e^{\left(\frac{\ln(\varepsilon_{rm}) - \ln(\varepsilon_{reff})}{(k-1) \cdot v_f} \right)} \quad (4.32)$$

Die mit ausgewählten Modellen berechneten Füllstoffpermittivitäten sind in Abb. 4.66 dargestellt. Erwartungsgemäß prognostizieren die Modelle nach LICHTENECKER die größten Füllstoffpermittivitäten. Die niedrigsten Füllstoffpermittivitäten werden vom volumetrischen Mischungsgesetz prognostiziert. Die berechneten Permittivitäten für den optimierten Füllstoff liegen modellunabhängig signifikant höher als die „globale" Permittivität der unbehandelten kommerziellen Füllstoffe.

Durch das Ausheizen und Optimieren des Füllstoffes konnte die Komposit-Permittivität real um einen Faktor 2.7 gesteigert werden (Abb. 4.35a). Die hier ausgewerteten Modelle berechnen für den

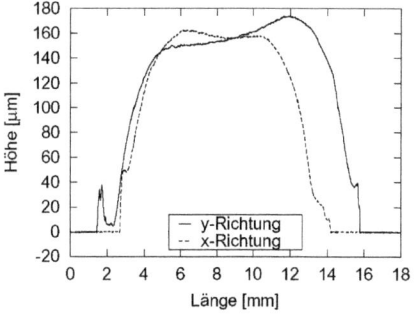

(a) Linienprofil (b) Flächenprofil, z-Achse 10-fach überhöht

Abb. 4.67: Typisches Linienprofil einer rechteckigen Teststruktur und Flächenprofil einer quadratischen Teststruktur, hergestellt aus 70 m% BaTiO$_3$ gefülltem UP$_{m20}$ auf PMMA als Testsubstrat.

Füllstoff eine Steigerung zwischen 3.5 (volumetrisches Mischungsgesetz, ε_{rf} von 29 auf 104) und 1028 (LICHTENECKER mod., k=0.3[3], ε_{rf} von 2182 auf 2242878). Insbesondere die hohen Werte bei LICHTENECKER entsprechen nicht mehr einer physikalischen Realität von Materialparametern. Unabhängig vom verwendeten Modell fällt die Steigerung der Komposit-Permittivität immer niedriger aus, als die Steigerung der Füllstoffpermittivität. Das Modell nach LOOYENGA, welches die Messdaten am besten beschreibt, berechnet eine Steigerung der Füllstoffpermittivität um einen Faktor 7.54 von ε_{rf}=73 auf ε_{rf}=539.

4.9 Demonstrator

4.9.1 Erste Generation Demonstratoren

D0-KA: Demonstrator 0, Kondensator A: 70 m% BaTiO$_3$ (*Alfa Aesar*)

Bei der ersten Generation Demonstratoren wird das Dielektrikum gezielt auf die Elektroden aufgebracht, ausgehärtet und die zweite Leiterplatte mit ungefülltem Gießharz aufgeklebt. Die dielektrische Schicht besteht aus UP$_{m20}$, gefüllt mit 70 m% BaTiO$_3$ (*Alfa Aesar*, Anh. C.2.1, unbehandelt).

Ein typisches Höhenprofil der strukturierten dielektrischen Schicht ist in Abb. 4.67 dargestellt. Die Laufrichtung des Rakels in Abb. 4.67a ist in y-Richtung von 0 mm nach 18 mm. An der Kante der Maske ist eine Aufwölbung des Materials zu erkennen. Quer zur Laufrichtung des Rakels (in Richtung

---
[3]Für homogene Mischungen wird laut [161] k=0.3 gesetzt und existiert nicht als freier Faktor.

4 Ergebnisse und Diskussion

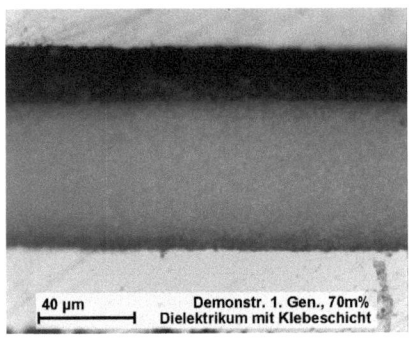
(a) Dielektrikum mit Klebeschicht

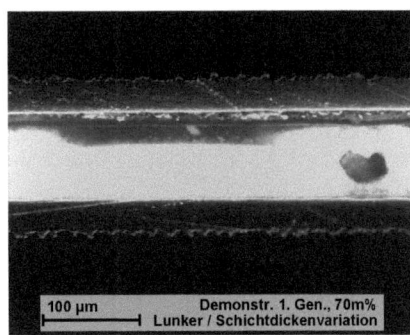
(b) Fehlerquellen

Abb. 4.68: Schliffbilder von eingebetteten Kondensatoren der ersten Generation (D0-KA).

der Rakelkante) ist die Struktur eher Symmetrisch. Die Ecken der Maskenstruktur aus Kapton-Folie (*DuPont*, Lieferant *Conrad Elektronik*) wurden von der Kompositmasse unterlaufen (Abb. 4.67b). Auch das Kantenprofil der Flächen ist nicht homogen. Es existieren sowohl hochstehende Grate, als auch abgeflachte Bereiche.

Schliffbilder eines eingebetteten Kondensators der ersten Generation ist in Abb. 4.68 dargestellt. Die Klebeschicht, mit der die beiden Leiterplatten des Demonstrators verbunden werden, nimmt einen wesentlichen Teil des Volumens zwischen den Leiterplatten ein (Abb. 4.68a). Der Kleber wird durch die auf der Leiterplatte erhabene dielektrische Schicht nur bedingt verdrängt. Des Weiteren ist das Dielektrikum unregelmäßig hoch. Es existieren Poren und am Rand zur aufgeklebten Leiterplatte findet teilweise eine Delamination der Schicht statt (Abb. 4.68b).

Mit eingebetteten Kondensatoren der ersten Generation werden Kapazitäten von 1.5 $\frac{pF}{mm^2}$ (Raumtemperatur, 1 kHz) bei einem dielektrischen Verlust $\tan \delta$ von 0.014 realisiert [244].

4.9.2 Zweite Generation Demonstratoren

Der Unterschied zur ersten Generation besteht darin, dass die dielektrische Schicht auch die Klebefunktion mit übernimmt. Auf diese Weise soll die dicke Schicht reinen Polymers an der oberen Elektrode vermieden werden.

D1-KA: Demonstrator 1, Kondensator A: 72 m% $BaTiO_3$ (*Inframat Advanced Materials*, 70 m% 700 nm, 30 m% 100 nm, ausgeheizt bei 1000°C)

D1-KB: Demonstrator 1, Kondensator B: 72 m% $BaTiO_3$ (*Inframat Advanced Materials*, 70 m% 700 nm, 30 m% 100 nm, ausgeheizt bei 1000°C)

4.9 Demonstrator

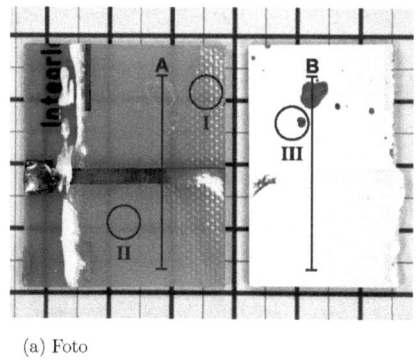
(a) Foto

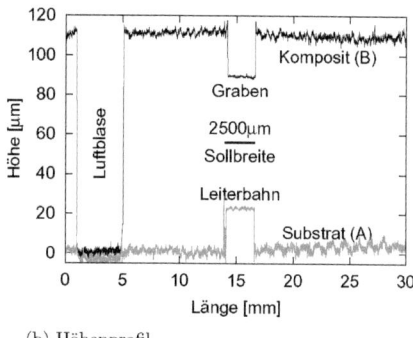
(b) Höhenprofil

Abb. 4.69: Substrat und Kompositschicht des eingebetteten Kondensators D1-KA.

Schicht

Um die Haftung der Kompositschicht zu beurteilen werden die Leiterplatten eines Randstücks des zersägten Kondensators D1-KA getrennt. Dabei bleibt die Kompositschicht bevorzugt an einer Leiterplatte haften, während die andere Leiterplatte nahezu kompositfrei ist (Abb. 4.69a). Zur Mitte des Demonstrators hin hat es in periodischen Abständen feste Anbindungen an die Leiterplatte gegeben, die mechanisch stabiler sind, als das Kompositmaterial (Abb. 4.69a-I). In den Randbereich hingegen hat sich die Schicht nahezu rückstandsfrei abgelöst (Abb. 4.69a-II). Die Kompositschicht selber enthält teilweise Lufteinschlüsse, die durch die gesamte Kompositschicht hindurchreichen (Abb. 4.69a-III).

Um die Dicke der Kompositschicht zu bestimmen, wird ein Linienprofil auf der Kompositschicht (Abb. 4.69a-B) aufgenommen. Vergleichend wird die Dicke der Kupferschicht (Abb. 4.69a-A) bestimmt. Das Ergebnis dieser Messung ist in Abb. 4.69b dargestellt. An beiden Kanten der Luftblase beträgt die gemessene Schichtdicke ca. 110 μm. Die Grabentiefe stimmt gut mit der Kupferdicke von ca. 20 μm überein. Diese Dicke liegt unterhalb der vom Hersteller angegebenen Kupferauflagendicke von 35 μm. Die Soll-Breite der Leiterbahn von 2.5 mm ist zur Referenz in die Grafik eingezeichnet. Die gemessenen Breiten von Graben und Leiterbahn sind aufgrund von nicht vermeidbaren Winkelfehlern bei der Messung nicht aussagekräftig.

Die Probleme, die bei der Schichtherstellung auftreten können, sind in Abb. 4.70 dargestellt. Beim Fügen der Leiterplatten entsteht ein Positionierungsfehler, der dazu führt, dass die Kupferelektroden nicht deckungsgleich übereinander liegen. Dieser ist in Abb. 4.70a gut zu erkennen. Durch das Schrumpfen der Schicht während der Polymerisation kommt es an einigen Stellen zur Delamination. Die Schicht bleibt an einer der Elektroden haften. An der gegenüberliegenden Elektrode bildet sich ein Spalt zwischen Dielektrikum und Elektrode aus (Abb. 4.70b und 4.70h). Nur an wenigen Stellen ist das Dielektrikum wirklich fehlerfrei (Abb. 4.70c). Des Weiteren bilden sich vereinzelt auch Risse

4 Ergebnisse und Diskussion

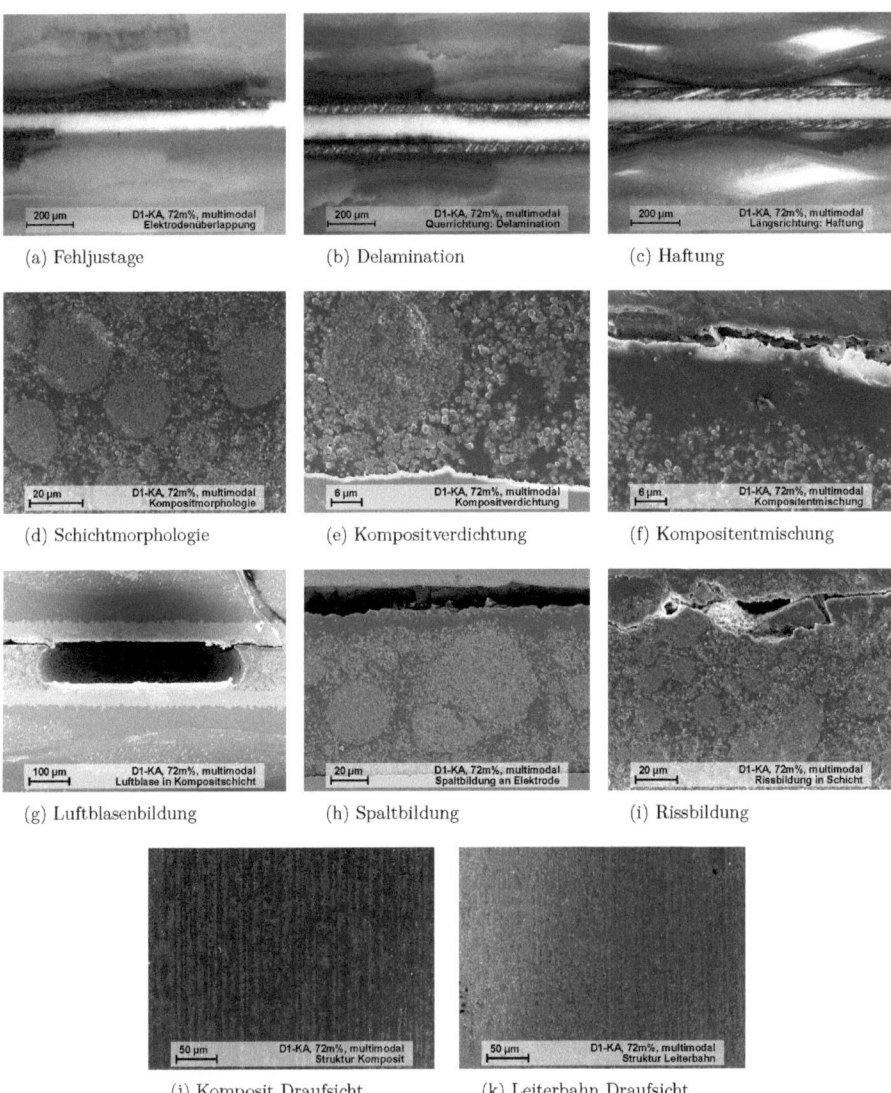

(a) Fehljustage (b) Delamination (c) Haftung

(d) Schichtmorphologie (e) Kompositverdichtung (f) Kompositentmischung

(g) Luftblasenbildung (h) Spaltbildung (i) Rissbildung

(j) Komposit Draufsicht (k) Leiterbahn Draufsicht

Abb. 4.70: Mikroskop- und REM- Untersuchungen der dielektrischen Schicht und Kupferleiterbahn von D1-KA im Schliffbild und in der Draufsicht. Bis auf (c) wurden alle Schliffe in Querrichtung zur Leiterbahn in der Mitte der Elektrode angefertigt.

4.9 Demonstrator

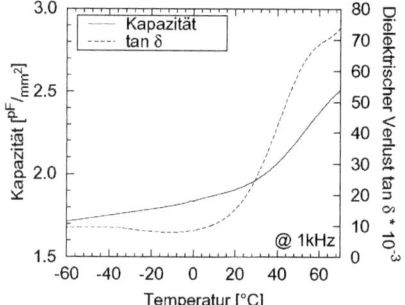

Abb. 4.71: Kapazität und dielektrischer Verlust in Abhängigkeit der Temperatur bei 1 kHz des Kondensators D1-KA.

im Kompositmaterial selbst (Abb. 4.70i). Auftretende Luftblasen durchdringen aufgrund der geringen Dicke des Dielektrikums dieses zumeist ganz und bilden – modellhaft betrachtet – einen Reihenkondensator mit dem Dielektrikum Luft (Abb. 4.70g). Die Morphologie der Kompositschicht ist in Abb. 4.70d dargestellt. Die Zwischenräume, zwischen den in der Schicht enthaltenen großen Aggregaten, sind mit kleinen Partikeln aufgefüllt. Während der Polymerisation liegen die Elektroden planparallel zum Trockenschrankboden ausgerichtet. Hierbei sinken die Füllstoffpartikel aufgrund der Schwerkraft ab, bis die Viskosität des polymeren Matrixmaterials groß genug ist, um diese zu halten. Hierdurch entsteht an der oberen Elektrode eine füllstoffverarmte Zone (Abb. 4.70f) und an der unteren Elektrode eine mit Füllstoff angereicherte Zone (Abb. 4.70e). Insbesondere die Risse und die füllstoffverarmte Schicht bilden einen Serienkondensator mit niedrigpermittivem Dielektrikum und Verringern die Gesamtkapazität des eingebetteten Kondensators sowie dessen mechanische Stabilität.

Die leichte Wellenstruktur der Kupferleiterbahnen, die sich im Höhenprofil der Leiterbahn erahnen lassen (Abb. 4.69b), sind im REM sowohl auf der Leiterbahn (Abb. 4.70k), als auch in der mit der Leiterbahn beim Aushärten in Kontakt stehenden Kompositschicht (Abb. 4.70j) klar erkennbar.

Kondensator

Der Berechnung der Kapazitätsdichte wird der theoretische Elektrodendurchmesser von 30 mm (Elektrodenfläche 706.9 mm^2) des Leiterplattendesigns zugrundegelegt. Verschiebungen der Elektroden zueinander sind in den Berechnungen nicht berücksichtigt.

Die für den Kondensator D1-KA gemessene Kapazität ist in Abhängigkeit der Temperatur bei ein 1 kHz in Abb. 4.71 dargestellt. Der Kurvenverlauf entspricht qualitativ dem Kurvenverlauf der multimodalen Kompositsysteme (Abb. 4.52).

4 Ergebnisse und Diskussion

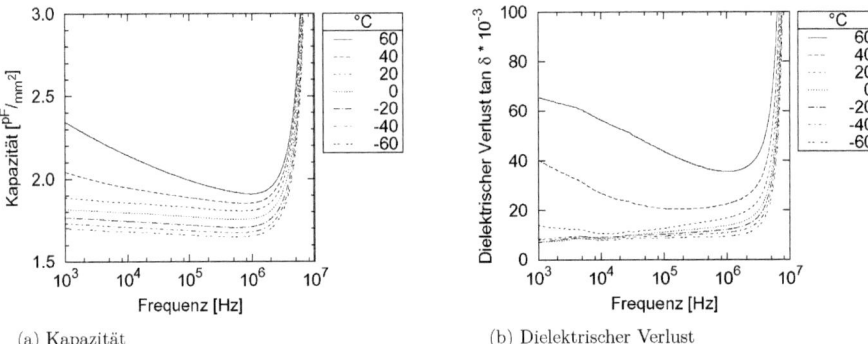

(a) Kapazität

(b) Dielektrischer Verlust

Abb. 4.72: Dielektrische Eigenschaften in Abhängigkeit der Frequenz und der Temperatur des Kondensators D1-KA.

Das frequenzabhängige Verhalten hingegen wird bei diesem Demonstratordesign durch die parasitären Effekte stark beeinflusst. Insbesondere bei Frequenzen oberhalb von 1 MHz steigen die Kapazität und der dielektrische Verlust rapide an (Abb. 4.72). Unterhalb von 1 MHz entspricht der Verlauf qualitativ dem Verlauf der Permittivität und des dielektrischen Verlustes von Kompositen mit $BaTiO_3$-Füllstoffen (Abb. 4.53).

Um einen ersten Eindruck von der Alterung des Dielektrikums zu bekommen, wird der Kondensator D1-KB einem thermozyklischen Belastungstest unterzogen. Hierfür werden 11 Zyklen zwischen -60°C und 80°C mit einer Heizrate von ±0.5 $\frac{K}{min}$ gefahren mit Haltezeiten von je 10 min bei den Maximaltemperaturen. Der Kondensator war wegen vorangegangener Messungen mit einem Temperaturzyklus vorbelastet. Die Ergebnisse dieser Untersuchung sind in Abb. 4.73 dargestellt.

Bei der Kapazität ist über den gesamten Temperaturbereich eine Alterung zu beobachten, die sich in einer leichten Abnahme der Kapazität äußert (Abb. 4.73a). Der dielektrische Verlust hingegen verläuft unterhalb von 50°C unabhängig von der Anzahl der Temperaturzyklen. Oberhalb von 50°C sinkt der dielektrische Verlust mit der Anzahl der Temperaturzyklen ab. Der Unterschied zwischen der Heiz- und der Kühlphase ist sowohl bei der Kapazität, als auch beim dielektrischen Verlust auf die Wärmekapazität des Kondensators zurück zu führen. Die angegebene Temperatur ist die gemessene Temperatur des Thermoschrankes. Die Kondensatortemperatur liegt deswegen wären der Heizphase des Klimaschrankes unterhalb der Klimaschranktemperatur und während der Kühlphase entsprechend oberhalb der Klimaschranktemperatur. Die durch die Temperaturzyklen hervorgerufene Änderung der Kapazität und des dielektrischen Verlustes ist bei 70°C in Abb. 4.73c grafisch dargestellt. Die Änderung wird mit steigender Zykluszahl immer kleiner.

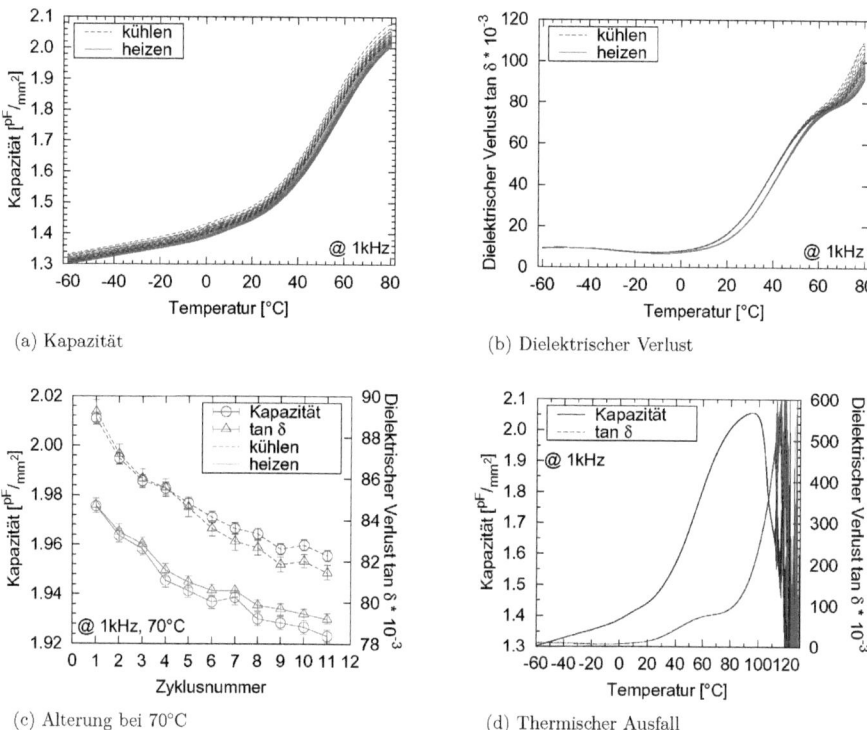

Abb. 4.73: Kapazität und dielektrischer Verlust unter thermozyklischer Beanspruchung (-60°C–80°C, 11 Zyklen) bei 1 kHz sowie Änderung der Kapazität und des dielektrischen Verlustes bei 70°C in Abhängigkeit der Zykluszahl von Kondensator D1-KB. Ausfall des Kondensators D1-KB bei thermischer Überbeanspruchung.

4 Ergebnisse und Diskussion

Um die thermische Belastbarkeit des Kondensators D1-KB zu testen, wird dieser nach der thermozyklischen Belastung mit 0.5 $\frac{K}{min}$ von -60°C auf 130°C aufgeheizt. Der Ausfall des Kondensators erfolgte bei ca 110°C (Abb. 4.73d). Der blaue und der rote Bereich markieren die Messungenauigkeit der Permittivität und des dielektrischen Verlustes. Die hohen Messungenauigkeiten entstehen vermutlich durch die hohe Beweglichkeit der Matrix und der Füllstoffpartikel oberhalb der Schmelztemperatur des Gießharzes.

4.9.3 Dritte Generation Demonstratoren

D2-KA: Demonstrator 2, Kondensator A: 74 m% $BaTiO_3$ (*Inframat Advanced Materials*, 70 m% 300 nm, 30 m% 100 nm, ausgeheizt bei 1000°C)

D3-KB: Demonstrator 3, Kondensator B: 74 m% $BaTiO_3$ (*Inframat Advanced Materials*, 70 m% 300 nm, 30 m% 100 nm, ausgeheizt bei 1000°C)

D3-KC: Demonstrator 3, Kondensator C: 74 m% $BaTiO_3$ (*Inframat Advanced Materials*, 70 m% 300 nm, 30 m% 100 nm, ausgeheizt bei 1000°C)

Um die Haftung der Klebeschicht zu erhöhen, werden die Leiterplatten für die Demonstratoren der dritten Generation beidseitig mit Kompositmaterial beschichtet. Der Entmischung und Delamination an den Elektroden wird durch vertikales polymerisieren der Schicht in einer Presshalterung begegnet. Die Herstellung der Demonstratoren der dritten Generation ist ausführlich in Kap. 3.7.4 beschrieben.

Die Schichtdicke der dielektrischen Klebeschicht in den Demonstratoren der dritten Generation kann durch den optimierten Prozess auf bis zu 40 μm reduziert werden (Abb. 4.74a). Insbesondere zu den Elektrodenkanten hin ist die dielektrische Schicht wesentlich dünner als in der Elektrodenmitte. Dies erhöht wesentlich die Gefahr eines elektrischen Durchbruches. Die Elektrodenüberlappung konnte mithilfe der Fixierschrauben deutlich reduziert werden (Abb. 4.74b und 4.74c).

Das Aushärten unter Druck wird erfolgreich eingesetzt, um der Delamination an den Elektroden entgegen zu wirken (Abb. 4.74a und 4.74d). Auch die Entmischung an den Elektroden wird bei Demonstratoren dieser Generation nicht mehr beobachtet (Abb. 4.74d). Die Partikel sind weitgehend homogen verteilt und jeweils von einer Kompositschicht umschlossen (Abb. 4.74d bis 4.74f).

Die finale Schichtdicke der dielektrischen Klebeschicht ist im Wesentlichen durch die Pulveragglomerate nach unten beschränkt (Abb. 4.74g und 4.74h). An einigen Stellen ist innerhalb der Schicht Entmischung zu beobachten. Dies ist auf den Pressvorgang und das Fließen der Masse in einem Raum, dessen Höhe in der Größenordnung der Agglomerate liegt, zurückzuführen. Des Weiteren ist durch den geringen Pulverfüllgrad von ca. 40 Vol% ein großer Polymeranteil im Schliff zu erwarten (Abb. 4.74i).

Die beiden Elektroden können nach der Polymerisation der Schicht durch Verwindung des Kondensators aufgebrochen werden. Durch das Aushärten der Polymerschicht unter mechanischem Druck

4.9 Demonstrator

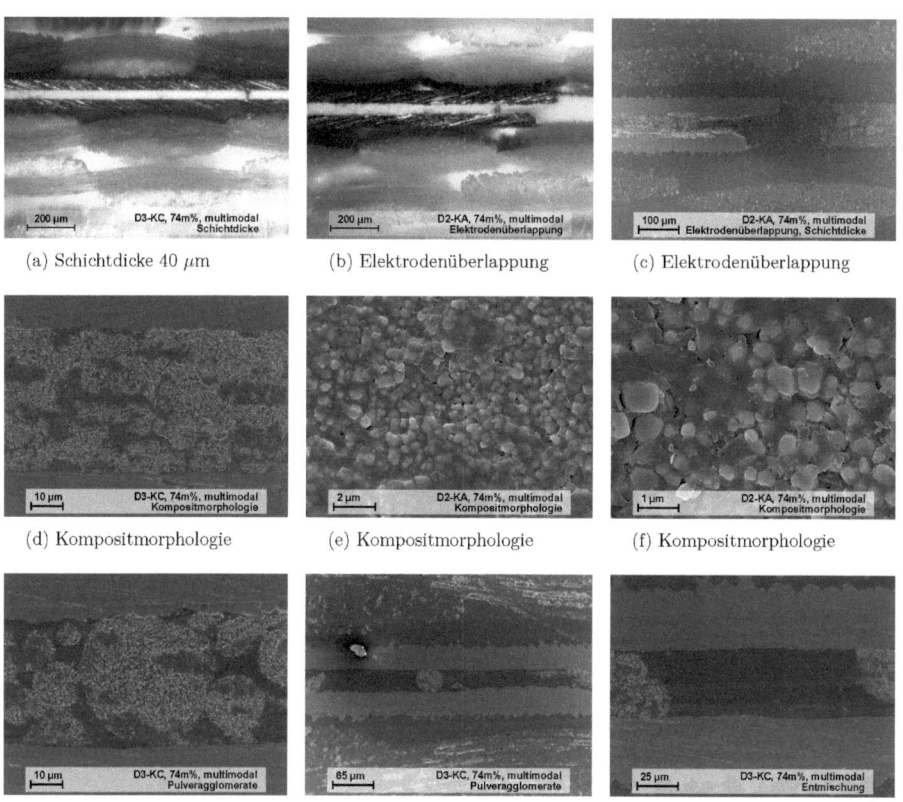

(a) Schichtdicke 40 μm (b) Elektrodenüberlappung (c) Elektrodenüberlappung

(d) Kompositmorphologie (e) Kompositmorphologie (f) Kompositmorphologie

(g) Pulveragglomerate (h) Pulveragglomerate (i) Entmischung

Abb. 4.74: Mikroskop- und REM- Untersuchungen der dielektrischen Schicht von D2-KA und D3-KC im Schliffbild. Es wurden alle Schliffe in Querrichtung zur Leiterbahn in der Mitte der Elektrode angefertigt.

4 Ergebnisse und Diskussion

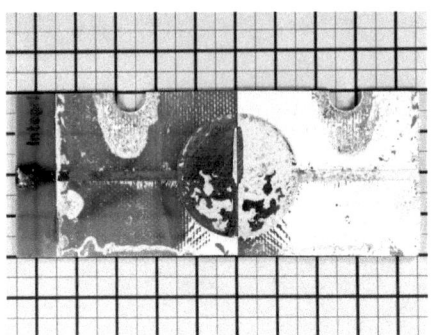

Abb. 4.75: Bruchebene der Schicht eines Kondensators der dritten Generation (D2-KA).

konnten die Flächen, auf denen die Schichthaftung an der Leiterplatte und Elektrode höher ist als die mechanische Stabilität der Schicht, deutlich erhöht werden (vergl. Abb.4.75 mit Abb. 4.69).

Die Kapazitätsdichte bei Raumtemperatur des Kondensators D3-KB beträgt nach der Herstellung und Polymerisation des Dielektrikums bei 50°C 13.3 $\frac{pF}{mm^2}$. Durch einmaliges Aufheizen des Kondensators auf 80°C und Abkühlen auf Raumtemperatur sinkt die Kapazität dieses Kondensators um 22% auf 10.4 $\frac{pF}{mm^2}$. Der diesem starken Kapazitätsverlust zugrundeliegende Mechanismus ist noch nicht abschließend geklärt. Es wird vermutet, dass die dielektrische Schicht, die aufgrund des Druckes während der Polymerisation an der Elektrode haftet, durch das Erweichen der Schicht und aufgrund von inneren Spannungen, die durch das Polymerisieren unter Druck entstanden sind, von der Elektrode delaminiert.

Durch weitere thermozyklische Belastung sinkt die Kapazitätsdichte des Kondensators nahezu linear um 0.14 $\frac{pF}{mm^2}$ pro Zyklus von 12.3 $\frac{pF}{mm^2}$ auf 8.0 $\frac{pF}{mm^2}$ während 32 Zyklen (gemessen bei 70°C, Abb. 4.76c). Der Kapazitätsverlust findet hauptsächlich bei Temperaturen oberhalb von 70°C statt. In dem Temperaturbereich unterhalb von 70°C ist die „heizen" Kurve nahezu identisch zu der korrespondierenden „kühlen" Kurve (Abb. 4.76a). Die Werte der dielektrischen Verluste ändern sich nur während des ersten Aufheizens. Danach bleibt der dielektrische Verlust unabhängig von der thermozyklischen Beanspruchung konstant. Die Ergebnisse der thermozyklischen Belastung sind in Abb. 4.76 zusammengefasst. Nach einer thermozyklischen Belastung des Kondensators mit 32 Zyklen liegt die Kapazität des Kondensators immer noch einen Faktor 3–4 höher (je nach Temperatur) als die des besten Kondensators aus der zweiten Generation.

4.9 Demonstrator

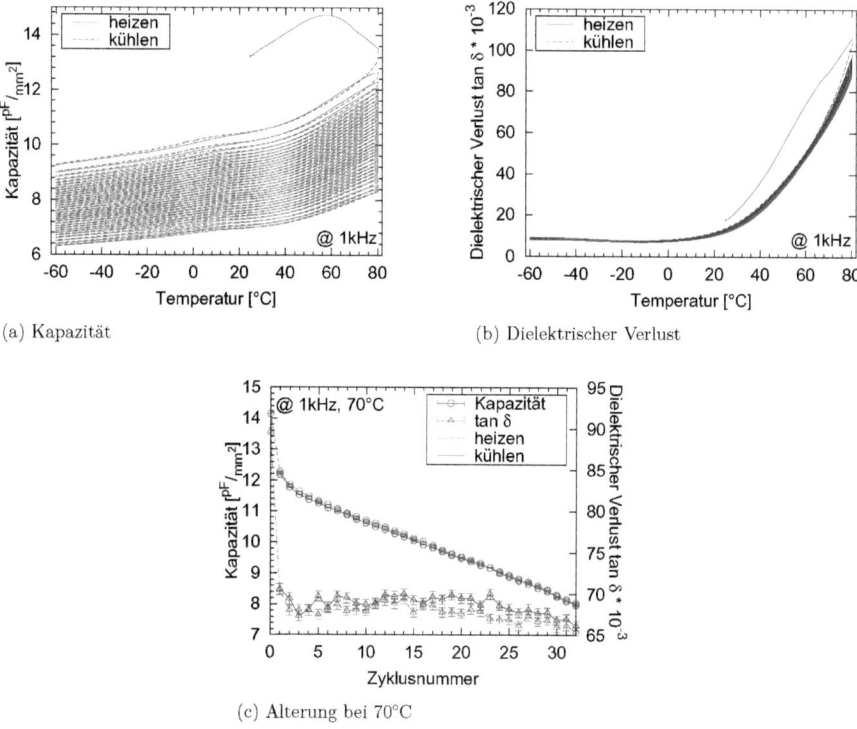

(a) Kapazität

(b) Dielektrischer Verlust

(c) Alterung bei 70°C

Abb. 4.76: Kapazität und dielektrischer Verlust unter thermozyklischer Beanspruchung (-60°C–80°C, 32 Zyklen) bei 1 kHz sowie Änderung der Kapazität und des dielektrischen Verlustes bei 70°C in Abhängigkeit der Zykluszahl von Kondensator D3-KB.

4 Ergebnisse und Diskussion

4.9.4 Überblick über die Demonstratorentwicklung

In der ersten Demonstratorgeneration wird die dielektrische Schicht strukturiert auf die Elektrodenflächen aufgebracht. Die Schicht wird polymerisiert und die zweite Elektrode mit ungefülltem UP aufgeklebt. Dabei werden Klebeschichtdicken erreicht, die in der Größenordnung der Kompositschichtdicke liegen. Die erreichten Kapazitätsdichten liegen bei 1.5 $\frac{pF}{mm^2}$.

Um die in Serie zur hochpermittiven Schicht liegende Klebeschicht zu vermeiden werden die Leiterplatten direkt mit dem Kompositmaterial verklebt. Es wird nur eine geringe Steigerung der Kapazitätsdichte auf 2.0 $\frac{pF}{mm^2}$ erreicht. Die durch den Verzicht auf die Klebeschicht zu erwartenden Steigerungen werden durch Delamination an den Elektroden, Entmischung an der oberen Elektrode und die konstante Gesamtschichtdicke im Vergleich zur ersten Generation wieder reduziert.

Durch vertikales Polymerisieren der dielektrischen Schicht in einer Presshalterung wird die Delamination stark reduziert und die Entmischung an der oberen Elektrode verhindert. Des Weiteren wird die Schichtdicke um ca. einen Faktor 2 reduziert. Auf diese Weise wird eine Kapazitätsdichte von 13.3 $\frac{pF}{mm^2}$ vor thermozyklischer Belastung des Kondensators realisiert. Nach einer thermozyklischen Belastung zwischen -60°C und 80°C werden nach 32 Zyklen noch über 6.0 $\frac{pF}{mm^2}$ gemessen.

Die Schichtdicke ist bei den Demonstratoren der dritten Generation im wesentlichen durch die Größe der Pulveragglomerate im Komposit beschränkt. Mit einem Füllgrad von 40 Vol% ist noch genügend freies Polymer, das nicht im Totvolumen von Agglomeraten gefangen oder an die Pulveroberfläche gebunden ist, vorhanden um eine hohe Klebkraft zwischen den Leiterplatten auszuüben. Die Mechanismen, die zu einem Kapazitätsverlust des Kondensators bei Temperaturen oberhalb von 70°C führen sind weitgehend ungeklärt.

5 Zusammenfassung und Ausblick

Im Rahmen der Entwicklung von lösungsmittelfreien, niedrigviskosen Polymer-Keramik-Kompositen als dielektrische Klebeschicht für eingebettete Kondensatoren konnten folgende, notwendige Entwicklungsschritte erfolgreich durchgeführt werden:

- Als Matrixmaterial wurde ein ungesättigtes Polyester-Gießharz der Firma Carl Roth GmbH qualifiziert. Es wurde der Einfluss des Kaltstarters, der Verdünnung mit Styrol, der Temperatur und des Pulverfüllgrades auf die Topfzeit, die Viskosität, die mechanischen Eigenschaften, die Permittivität und den dielektrischen Verlust untersucht.

- Unter 6 untersuchten nanoskaligen, anorganischen Materialien erwiesen sich $BaTiO_3$ und $SrTiO_3$ als die am besten geeigneten. Diese wurden in einem breit angelegten Materialscreening mit 14 Pulvern unterschiedlichster Partikelgrößenverteilung weiter untersucht. Durch thermische Behandlung wurde die Kristallitstruktur und -größe von je einem nanoskaligen $BaTiO_3$- und $SrTiO_3$-Pulver gezielt variiert. Bei identischem Füllgrad konnte die Permittivität um bis zu einem Faktor 2.7 gegenüber den kommerziellen Materialien gesteigert werden. Um den Füllgrad weiter zu steigern, wurden optimierte multimodale Pulvermischungen verwendet. Ein $Ba_{0.7}Sr_{0.3}TiO_3$ – dessen CURIE-Punkt in der Nähe der Raumtemperatur liegt – wurde mit der Sol-Gel-Methode synthetisiert. Als Füllstoff konnten auf Anhieb ähnliche Permittivitäten im Komposit erreicht werden, wie mit optimiertem $BaTiO_3$.

- Um die Permittivität in Abhängigkeit des Pulverfüllgrades zu beschreiben, wurde auf Basis der Reihen- und Parallelschaltung von Kondensatoren ein Modell entwickelt und mit empirischen Modellen aus der Literatur anhand von Messergebnissen dieser Arbeit untereinander verglichen.

- Die Funktionsfähigkeit der Polymer-Keramik-Komposite als Klebeschicht und Dielektrika in eingebetteten Kondensatoren wurde an einem einfachen Labordemonstrator gezeigt. Es konnten Schichtdicken von unter 100 µm und Kapazitätsdichten von 13.3 $\frac{pF}{mm^2}$ vor und über 6.0 $\frac{pF}{mm^2}$ nach thermischer Belastung erreicht werden.

5 Zusammenfassung und Ausblick

5.1 Zusammenfassung

Die Ergebnisse dieser Arbeit lassen sich in vier Teilbereiche aufteilen: die Qualifizierung des Matrixmaterials (Kap. 4.1), die Untersuchung und Optimierung von anorganischen Füllstoffen (Kap. 4.2–4.7), die Modellierung der Permittivität in Abhängigkeit des Füllgrades (Kap. 4.8) und die Herstellung eines einfachen Labordemonstrators (Kap. 4.9). Die vier Teilbereiche werden im Folgenden getrennt zusammengefasst.

5.1.1 Polymere Matrix

Das bereits in anderen Arbeiten als Komposit-Matrixmaterial qualifizierte ungesättigte Polyester-Gießharz wurde für die Untersuchungen der dielektrischen Eigenschaften von Polymer-Keramik-Kompositen qualifiziert (Kap. 4.1). Insbesondere wurde sichergestellt, dass die Permittivität nahezu unabhängig von der Kaltstarterkonzentration (Abb. 4.7) und der Verdünnung des Gießharzsystems mit Styrol (Abb. 4.13) ist. Das System ist somit geeignet, den Einfluss des Füllstoffes auf die Permittivität zu untersuchen.

Die Viskosität des Gießharzsystems lässt sich durch das aktive Lösungsmittel Styrol in einem großen Bereich variieren (Abb. 4.12). Die Aushärtezeit und die damit verbundene Verarbeitungs- oder Topfzeit wurde intensiv untersucht. Diese ist abhängig von der Kaltstarterkonzentration (Abb. 4.6), dem Styrolgehalt (Abb. 4.11), dem Füllstoffanteil im Komposit (Abb. 4.15) und der Umgebungstemperatur (Abb. 4.14). Sie liegt je nach Parameterwahl zwischen 10 min und 100 min.

Das verwendete Polyester-Gießharzsystem ist somit eine geeignete Plattform um den Einfluss von Füllstoffen auf die Permittivität und den dielektrischen Verlust zu untersuchen. Mit der Verwendung von Styrol als aktives Lösungsmittel, welches als Quervernetzer in die Polymermatrix eingebaut wird (Abb. 2.18), ist die Rahmenbedingung der lösungsmittelfreien Produktion des Materials aus der Zielsetzung dieser Arbeit erfüllt.

5.1.2 Füllstoffe

Mit dem Ziel das Komposit für die Erzeugung möglichst dünner Schichten einzusetzen wurden zunächst nanoskalige Pulver ($BaFe_{12}O_{19}$, $BaTiO_3$, $SrTiO_3$, TiO_2, ZnO und SnO_2) als Füllstoffe untersucht (Kap. 4.2). Die mit diesen Füllstoffen erzielten Ergebnisse liegen weit unterhalb der aus der Literatur zu erwartenden Ergebnisse für Komposite mit anorganischen Füllstoffen (Abb. 4.20). Die noch besten Ergebnisse wurden hier mit $BaTiO_3$ und $SrTiO_3$ erzielt, die dann intensiver untersucht wurden.

Vierzehn kommerzielle (sub)mikroskalige Pulver von fünf unterschiedlichen Herstellern wurden daraufhin auf ihre Tauglichkeit als Füllstoff in Kompositen mit optimierten dielektrischen Eigenschaften untersucht (Kap. 4.3). Die Permittivitäten im Komposit können (bei konstantem Füllgrad) im Vergleich zu den nanoskaligen Füllstoffen gesteigert werden (Abb. 4.21 und 4.28). Insbesondere die Füllgrade der Komposite können aufgrund der geringeren Partikeloberfläche erhöht werden. Die kom-

5.1 Zusammenfassung

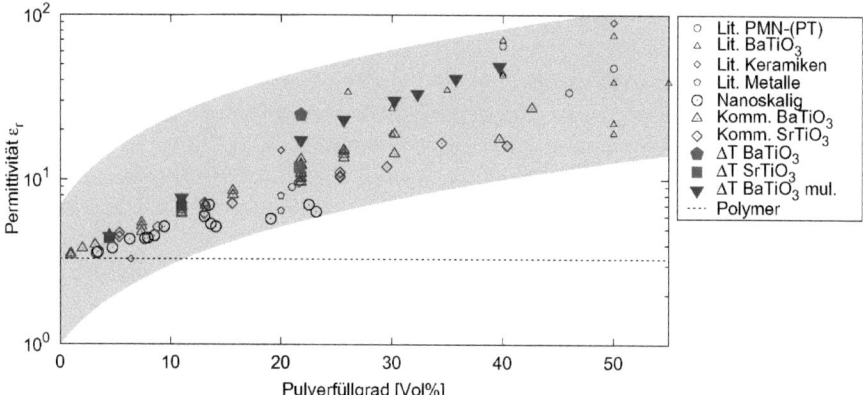

Abb. 5.1: Vergleich der in dieser Arbeit erreichten Permittivitäten mit ausgewählten Werten aus der Literatur (vergl. Abb. 2.20 und Tab. B). Kleine Symbole: Literaturwerte; Große Symbole: Messwerte im Rahmen dieser Arbeit; Große ausgefüllte Symbole: Komposite mit thermisch modifizierten Füllstoffen.

merziellen Materialien zeigen bzgl. ihrer dielektrischen Leistung im Komposit nur eine sehr geringe Differenzierung im gegenseitigen Vergleich.

Um die Kristallitgrößen und Kristallstrukturen der Perowskite gezielt zu beeinflussen wurden je ein nanoskaliges $BaTiO_3$ und ein nanoskaliges $SrTiO_3$ bei Temperaturen zwischen 500°C und 1400°C thermisch ausgelagert (Kap. 4.4). Bei beiden Materialien ist bereits bei niedrigen Temperaturen (500°C) eine Entspannung des Kristallgitters festzustellen (Abb. 4.33 und 4.34). Das $BaTiO_3$ durchläuft mit steigender Ausheiztemperatur eine Phasenumwandlung von der kubischen in die tetragonale Phase. Für das $BaTiO_3$ als Füllstoff ist ein Permittivitätsmaximum des Komposits an dem Punkt festzustellen, an dem die Umwandlung in die tetragonale Phase vollständig abgeschlossen ist (ca. 1050°C) und noch kein signifikantes Kristallwachstum stattgefunden hat (Abb. 4.35a). Durch die thermische Behandlung des $SrTiO_3$ kann bei einer Ausheiztemperatur von 1000°C insbesondere der dielektrische Verlust der hergestellten Kompositmaterialien signifikant reduziert werden, während die Permittivität aufgrund der kubischen Kristallstruktur des Materials unabhängig von der Ausheiztemperatur nahezu konstant bleibt (Abb. 4.35b).

Mit dem Verfahren der thermischen Optimierung von Pulverfüllstoffen können auch die Eigenschaften von sub-mikroskaligen Pulvern optimiert und Komposite mit höheren Füllgraden hergestellt werden (Kap. 4.5 und 4.6).

Die Ergebnisse aus dieser Arbeit sind im Vergleich zu den Literaturergebnissen in Abb. 5.1 zusammengefasst. Insbesondere ist hierbei die erreichte Steigerung der Permittivität bei identischen

5 Zusammenfassung und Ausblick

Füllgraden hervorzuheben. Ähnliche Kompositpermittivitäten werden bei gleichem oder niedrigerem Füllstoffgehalt nur mit Ag, $Pr_{0.6}Ca_{0.4}MnO_3$, Ag+C, PZT oder PMN-PT/$BaTiO_3$ als Füllstoff oder mit PEGDA als Matrixmaterial erreicht (Tab. B). Das PEGDA hat im Vergleich zu dem in dieser Arbeit verwendeten Polyester eine um einen Faktor 3 höhere Permittivität von ca. 10.

In der Literatur konnten keine systematischen Untersuchungen zur Steigerung der Permittivität bei konstantem Füllstofffüllgrad gefunden werden. Auch Referenzen zu Untersuchungen, die die Erkenntnisse von KINOSHITA et al. [60] und BUSCAGLIA et al. [61] systematisch auf Polymer-Keramik-Komposite umsetzen, wurden vergeblich gesucht.

Durch die Verwendung eines mit der Sol-Gel-Methode und Sprühtrocknung synthetisierten Barium-Strontium-Titanats ($Ba_{0.7}Sr_{0.3}TiO_3$) als Füllstoff konnten ohne Optimierung der Kristallstruktur ähnliche Permittivitäten erreicht werden wie mit optimiertem $BaTiO_3$ (Kap. 4.7). Dabei konnten die frequenz- und temperaturabhängigen dielektrischen Eigenschaften der Komposite signifikant verbessert werden (Abb. 4.59).

5.1.3 Modellierung

Die geschlossene Modellierung von Feldlinien ist nur für wenige Spezialfälle (insbesondere rotationssymetrische Systeme, die auf ein ebenes Problem reduziert wurden) möglich. Die Feldliniensimulation unterschiedlicher Geometrien mit der Methode der Finiten Elemente bildet die am Komposit gemessene Werte nicht hinreichend ab (Kap. 4.8).

In der Literatur findet sich eine große Anzahl von empirischen und nicht empirischen Modellen, die die in dieser Arbeit an Kompositen gemessenen Werte mehr oder weniger gut modellieren. Insbesondere die Modelle nach LOOYENGA, LICHTENECKER und MAXWELL-WAGNER-SILLAR eignen sich – für die Komposite in dieser Arbeit – zur Modellierung der Permittivität in Abhängigkeit des Pulverfüllgrades (Tab. 4.13).

Ein im Rahmen dieser Arbeit entwickeltes Kondensatormodell bestehend aus einer Serienschaltung zweier Kondensatoren, die das Matrixmaterial und den Füllstoff beschreiben und einem parallel dazu geschalteten Kondensator, der einen Teil des Matrixmaterials enthält (Kap. 4.8.1), ist geeignet, die Permittivität von Kompositen in Abhängigkeit des Füllgrades zu beschreiben. Die Ergebnisse einer Ausgleichungsrechnung dieses Modells mit realen Messwerten zeigen, dass über 99% des Matrixmaterials im parallelen Kondensator und unter 1% im seriellen Kondensator verschaltet sind. Dieser Umstand erklärt, warum die Perkolationsschwelle auch bei über 30 Vol% Pulverfüllgrad noch nicht erreicht ist. Ein dünner Polymerfilm umschließt die Partikel und trennt diese elektrisch voneinander. Die dadurch gebildete Serienkapazität reduziert die Kapazität des Gesamtsystems dramatisch.

5.1.4 Demonstrator

Die optimierten Kompositmaterialien wurden in einem Labordemonstrator als Dielektrikum verarbeitet (Kap. 4.9). Hierbei wurden, ohne großen technischen Aufwand, mit auf den Labormaßstab verkleinerten Methoden der Elektronikindustrie, Schichtdicken von unter 100 µm erreicht (Abb. 4.74a). Die Komposite sind aufgrund ihrer niedrigen Viskosität und der ausschließlichen Verwendung von aktiven Lösungsmitteln sowohl als Klebeschicht (Abb. 4.75), als auch als leistungsfähiges Dielektrikum verwendbar (Abb. 4.76). Auf diese Weise werden Kapazitätsdichten von über 6 $\frac{pF}{mm^2}$ erreicht (bis zu 13.3 $\frac{pF}{mm^2}$ vor der ersten thermischen Belastung). Die in der Zielsetzung dieser Arbeit formulierten Anforderungen an das Material und die Verarbeitung konnten erreicht und experimentell bestätigt werden.

Dem Problem der Kompositentmischung an der oberen Elektrode beim horizontalen Aushärten wurde begegnet, indem der Labordemonstrator in einer Press- und Fixierhalterung senkrecht stehend polymerisiert wurde (Kap. 3.7.4). Für eine technische Anwendung ist hier insbesondere eine Stabilisierung des unausgehärteten Polyester-Komposits nötig um eine Polymerisation auch in horizontaler Lage ohne Entmischung an der oberen Elektrode zu ermöglichen. Die aufgrund des Polymerisationsschrumpfes auftretende Delamination an einer der beiden Elektroden kann durch Aushärten unter Druck verhindert werden (Abb. 4.74d). Dies wirkt sich aber insbesondere auf das Temperaturverhalten des Kondensators und ein rapides Abfallen der Kapazität bei erstmaliger thermischer Belastung des Kondensators mit mehr als 60°C aus (Abb. 4.76a).

Die in Abb. 1.2 geforderten Kapazitätsdichten von 100 $\frac{pF}{mm^2}$ für eine Marktabdeckung von 25% konnten nicht erreicht werden. Dies ist darauf zurückzuführen, dass mit der aktuellen Füllstoffaufbereitung und dem daraus hergestellten Komposit aufgrund der Agglomeratgröße keine Schichten unter 40 µm realisiert werden konnten. Der Effekt, dass in dünneren Schichten die Perkolationsschwelle bereits bei niedrigeren Füllgraden erreicht wird, konnte deswegen nicht genutzt werden (vergl. [242]). Aufgrund der Vorgaben für die Form- und Verarbeitbarkeit des Materials war eine weitere Füllstofferhöhung nicht zielführend.

5.2 Ausblick

Um das bestehende System zu optimieren, sollte insbesondere die Aufarbeitung der Pulver (mahlen, sieben) optimiert, ein sinnvolles Dispergatorsystem gefunden und die Basisleistung der multimodalen Pulvermischungen verbessert werden (vergl. Abb. 5.1, optimiertes nanoskaliges Pulver und optimierte multimodale Mischungen). Ziel ist die Erhöhung der Kompositpermittivität durch erhöhten Pulverfüllgrad bei konstanter Viskosität. Durch die bessere Pulveraufbereitung soll vor allem die Schichtdicke heruntergesetzt und die Perkolationsschwelle bei bereits niedrigen Füllgraden erreicht werden. Des Weiteren könnte das Matrixmaterial durch die Zugabe von organischen Additiven hin zu höheren Permittivitäten verbessert werden. Gegebenenfalls ist ein Austausch des Matrixmaterials gegen ein Material mit besseren temperaturabhängigen dielektrischen Eigenschaften und einer höheren Grundpermittivität in Erwägung zu ziehen. Um die Kompatibilität zur Leiterplatte zu erhöhen, kann das System auch auf Epoxy basierte Systeme umgestellt werden. Der Polymerisationsschrumpf kann durch die Wahl von Polymerisationstemperatur, Anpressdruck und Kaltstarterkonzentration gezielt reduziert

5 Zusammenfassung und Ausblick

werden. Des Weiteren verspricht eine intensive Untersuchung des $Ba_xSr_{x-1}TiO_3$-Systems bei Variation des Ba:Sr-Verhältnisses und Optimierung der Kalzinierungsparameter eine deutliche Verbesserung der Frequenz- und Temperaturabhängigkeit der Kompositpermittivität.

Um die Leistungsfähigkeit kommerzieller Pulver schnell beurteilen zu können, sollte ein Messsystem zur in-situ-Messung der Kapazität einer Pulverschüttung während des Ausheizens entwickelt werden. So sollte es insbesondere möglich werden, mit einem Ofenlauf die optimale Ausheiztemperatur für ein gegebenes Pulver zu bestimmen. Aufgrund der hohen Temperaturen während der Kristallwachstumsphase sollte für die Elektroden auch auf alternative Materialien wie leitfähige Keramiken zurückgegriffen werden. Während des Produktiveinsatzes kann das entwickelte Messsystem dann zur Online-Prozesskontrolle eingesetzt werden.

Der vermutete enge Zusammenhang zwischen der Glasübergangstemperatur und einem Anstieg der Permittivität lässt auch die Vermutung zu, dass diese auch mit der Viskosität des Kompositsystems zusammenhängt. Um diesen Zusammenhang aufzuklären sollte ein Kegel-Platte-Rheometer so umgerüstet werden, dass der Kegel und die Platte elektrisch isoliert vom rheologischen Messsystem sind. Im oszilatorischen Messmodus kann dann die Permittivität und die Viskosität in Abhängigkeit der Temperatur und der elektrischen sowie oszilatorischen Frequenz parallel bestimmt werden.

Der andauernde Kapazitätsverlust der Demonstratoren unter thermischer Belastung ist weitgehend ungeklärt. Hier sollte untersucht werden, ob der Verlust nur in Abhängigkeit eines einwirkenden (Mess-)Wechselfeldes oder auch im rein thermisch belasteten Fall auftritt. Des weiteren sollte ein Kondensator mit dem ungefüllten Polymer als Dielektrikum hergestellt und thermozyklisch belastet werden, um auszuschließen, dass das diese Verluste in der Kapazitätsdichte von der Polymermatrix ausgehen.

Literaturverzeichnis

Die Literaturstellen sind nach der Reihenfolge des Erscheinens im Dokument sortiert und werden mit Zahlen in eckigen Klammern referenziert (z.B. [106]).
Wo vorhanden wurde das Referenzierungssystem DOI verwendet und die Literaturstelle mit einer Referenz auf http://dx.doi.org/ versehen. Bei Dissertationen und Büchern wurde auf die Deutsche Nationalbibliothek (http://d-nb.info/) verwiesen, sofern die entsprechende Veröffentlichung in deren Bestand aufgenommen war.

[1] H. KUCHLING • *Taschenbuch der Physik* • Fachbuchverlag Leipzig im Carl Hanser Verlag, 1999 • ISBN 3-446-21054-7

[2] J.P. DOUGHERTY • **Integrated Passives Technology and Economics** • *Circuits Assembly*, 14(9):18–23, Sept. 2003 • URL http://www.redi-bw.de/db/ebsco.php/search.ebscohost.com/login.aspx?direct=true&db=buh&AN=10763533&site=ehost-live

[3] R.K. ULRICH, L.W. SCHAPER, Hrsg. • *Integrated passive component technology* • IEEE Press and Wiley Interscience, 2003 • ISBN 0-471-24431-7

[4] G.E. MOORE • **Cramming More Components Onto Integrated Circuits** • *Electronics*, 38(8):114–117, Apr. 1965

[5] P.A. SANDBORN, B. ETIENNE, G. SUBRAMANIAN • **Application-specific economic analysis of integral passives in printed circuit boards** • *Electronics Packaging Manufacturing, IEEE Transactions on*, 24(3):203–213, Juli 2001 • ISSN 1521-334X • doi: 10.1109/6104.956806

[6] T. RIDLER • **Embedded passives** • *Circuit World*, 30(1):Editorial, 2004

[7] J. JR. RECTOR, J. DOUGHERTY, V. BROWN, J. GALVAGNI, J. PRYMAK • **Integrated and integral passive components: a technology roadmap** • *Electronic Components and Technology Conference, 1997. Proceedings., 47th*, Seiten 713–723, 1997 • doi: 10.1109/ECTC.1997.606249

[8] P.A. SANDBORN, B. ETIENNE, J.W. HERRMANN, M.M. CHINCHOLKAR • **Cost and production analysis for substrates with embedded passives** • *Circuit World*, 30(1):25–30, 2004 • doi: 10.1108/03056120410496351

Literaturverzeichnis

[9] B. ETIENNE, P. SANDBORN • **Application-specific economic analysis of integral passives in printed circuit boards** • *Advanced Packaging Materials: Processes, Properties and Interfaces, 2001. Proceedings. International Symposium on*, Seiten 399–404, 2001 • doi: 10.1109/ISAOM.2001.916609

[10] L. LI, A. TAKAHASHI, J. HAO, R. KIKUCHI, T. HAYAKAWA, T.-A. TSURUMI, M.-A. KAKIMOTO • **Novel polymer-ceramic nanocomposite based on new concepts for embedded capacitor application (I)** • *Components and Packaging Technologies, IEEE Transactions on*, 28(4):754–759, Dez. 2005 • doi: 10.1109/TCAPT.2005.859740

[11] R. ULRICH • **Matching embedded capacitor dielectrics to applications** • *Circuit World*, 30(1):20–24, 2004 • doi: 10.1108/03056120410496342

[12] R.T. CROSSWELL, G.J. DUNN, R.B. LEMPKOWSKI, A.V. TUNGARE, J. SAVIC • **Printed circuit embedded capacitors** • United States, Patent Nr. 7,056,800 B2 • 6. Juni 2006

[13] J. SAVIC, R.J.CHELINI, G.J. DUNN • **Method for forming multi-layer embedded capacitors on a printed circuit board** • United States, Patent Nr. 7,444,727 B2 • 4. Nov. 2008

[14] F. LIEBSCHER, W. HELD • *Kondensatoren - Dielektrikum Bemessung Anwendung* • Springer Verlag Berlin Heidelberg New York, 1968

[15] **Leydener Flasche** • URL http://upload.wikimedia.org/wikipedia/commons/c/c8/Leid-flasch.gif

[16] T. BAIATU, U. BÖTTGER, R. BORMANN, F.J. ESPER, K.H. HÄRDTL, D. HENNINGS, H. HINCK, J. PANKERT, D. PEUCKERT, M. PEUCKERT, H. SCHAUMBURG, K. RUSCHMEYER, H. SCHMITT, U.D. SCHOLZ, T.G.W. STIJNTJES, E. VISSER, R. WASER • *Werkstoffe und Bauelemente der Elektronik: Keramik*, Band 5 • B.G. Teubner, Stuttgart, 1994 • ISBN 3-519-06127-9

[17] HEINO HENKE • *Elektromagnetische Felder* • Springer, 3. Auflage, 2007 • ISBN 978-3-540-71005-9 • doi: 10.1007/978-3-540-71005-9

[18] A.J MOULSON, J.M. HERBERT • *Electroceramics: Materials, properties and applications* • University Press, Cambridge, 1990 • ISBN 0-412-29490-7

[19] J. SCHUBERT • *Physikalische Effekte – Anwendungen, Beschreibungen, Tabellen* • Physik Verlag, 2. überarbeitete Auflage, 1984 • ISBN 3-87664-082-2

[20] H.-J. RITZHAUPT-KLEISSL, P. JOHANDER, Hrsg. • *Ceramics Processing in Microtechnology* • Whittles Publishing, Dunbeath, Caithness KW66EY, Scotland, UK, 2009 • ISBN 978-1904445-84-5

[21] R. PREGLA • *Grundlagen der Elektrotechnik* • Hüthig, 6. überarbeitete Auflage, 2001 • ISBN 3-7785-2811-4

Literaturverzeichnis

[22] R. KORIES, H. SCHMIDT-WALTER • *Taschenbuch der Elektrotechnik* • Verlag Harri Deutsch, 3. überarbeitete und erweiterte Auflage, 1998 • ISBN 3-8171-1563-6

[23] H. LINDNER, H. BRAUER, C. LEHMANN • *Taschenbuch der Elektrotechnik und Elektronik* • Fachbuchverlag Leipzig im Carl Hanser Verlag, 1999 • ISBN 3-446-21056-3

[24] S. NÁRAY-SZABÓ • **Der Strukturtyp des Perowskits ($CaTiO_3$)** • *Naturwissenschaften*, 31(16–18):202–203, Apr. 1943 • doi: 10.1007/BF01481913

[25] S. NÁRAY-SZABÓ • **Die Strukturen von Verbindungen ABO_3 „Schwesterstrukturen"** • *Naturwissenschaften*, 31(39–40):466, Sept. 1943 • doi: 10.1007/BF01468312

[26] H.P. ROOKSBY • **Compounds of the structural type of calcium titanate** • *Nature*, 155(3938):484, Apr. 1945 • doi: 10.1038/155484a0

[27] H.D. MEGAW • **Crystal structure of barium titanium oxide and other double oxides of the perovskite type** • *Transactions of the Faraday Society*, 42:A224–A231, 1946 • doi: 10.1039/TF946420A224

[28] H.D. MEGAW • **Crystal structure of double oxides of the perovskite type** • *Proceedings of the Physical Society*, 58(2):133–152, März 1946 • doi: 10.1088/0959-5309/58/2/301

[29] R.C. WEAST, M.J. ASTLE, W.H. BEYER, Hrsg. • *Handbook of Chemistry and Physics* • CRC Press, 64. Auflage, 1983–1984 • ISBN 0-8493-0464-4

[30] B. WUL • **Dielectric constants of some titanates** • *Nature*, 156(3964):480, Okt. 1945 • doi: 10.1038/156480a0

[31] H.D. MEGAW • **Crystal structure of barium titanate** • *Nature*, 155(3938):484–485, Apr. 1945 • doi: 10.1038/155484b0

[32] A. VON HIPPEL, R.G. BRECKENRIDGE, F.G. CHESLEY, L. TISZA • **High dielectric constant ceramics** • *Industrial & Engineering Chmistry*, 38(11):1097–1109, Nov. 1946 • doi: 10.1021/ie50443a009

[33] H.D. MEGAW • **Changes in Polycrystalline Barium-Strontium Titanate at its Transition Temperature** • *Nature*, 157(3975):20–21, Jan. 1946 • doi: 10.1038/157020a0

[34] H. BLATTNER, B. MATTHIAS, W. MERZ, P. SCHERRER • **Untersuchungen an Bariumtitanat-Einkristallen** • *Experientia*, 3(4):148–149, Apr. 1947 • doi: 10.1007/BF02137459

[35] S. ROBERTS • **Dielectric and Piezoelectric Properties of Barium Titanate** • *Physical Review*, 71(12):890–895, Jun. 1947 • doi: 10.1103/PhysRev.71.890

[36] B.T. MATTHIAS • **Dielectric Constant and Piezo-Electric Resonance of Barium Titanate** • *Nature*, 161(4087):325–326, Feb. 1948 • doi: 10.1038/161325a0

Literaturverzeichnis

[37] B. MATTHIAS, A. VON HIPPEL • **Domain Structure and Dielectric Response of Barium Titanate Single Crystals** • *Physical Review*, 73(11):1378–1384, Jun. 1948 • doi: 10.1103/PhysRev.73.1378

[38] W.P. MASON, B.T. MATTHIAS • **Theoretical Model for Explaining the Ferroelectric Effect in Barium Titanate** • *Physical Review*, 74(11):1622–1636, Dez. 1948 • doi: 10.1103/PhysRev.74.1622

[39] W.J. MERZ • **The Electric and Optical Behavior of $BaTiO_3$ Single-Domain Crystals** • *Physical Review*, 76(8):1221–1225, Okt. 1949 • doi: 10.1103/PhysRev.76.1221

[40] W.J. MERZ • **The Dielectric Behavior of $BaTiO_3$ Single-Domain Crystals** • *Physical Review*, 75(4):687, 1949 • doi: 10.1103/PhysRev.75.687

[41] A.F. DEVONSHIRE • **XCVI. Theory of barium titanate - Part I** • *Philosophical Magazine Series 7*, 40(309):1040–1063, Okt. 1949 • doi: 10.1080/14786444908561372

[42] A.F. DEVONSHIRE • **CIX. Theory of barium titanate – Part II** • *Philosophical Magazine Series 7*, 42(333):1065–1079, 1951 • doi: 10.1080/14786445108561354

[43] A.F. DEVONSHIRE • **Theory of ferroelectrics** • *Advances in Physics*, 3(10):85–130, Apr. 1954 • doi: 10.1080/00018735400101173

[44] H. KNIEPKAMP, W. HEYWANG • **Über Depolarisationseffekte in polykristallinem $BaTiO_3$** • *Zeitschrift für angewandte Physik*, 6(9):385–390, Sept. 1954

[45] T. HOSHINA, H. KAKEMOTO, T. TSURUMI, S. WADA, M. YASHIMA • **Size and temperature induced phase transition behaviors of barium titanate nanoparticles** • *Journal of Applied Physics*, 99:054311–1–8, 2006 • doi: 10.1063/1.2179971

[46] F.-S. YEN, H.-I HSIANG, Y.-H. CHANG • **Cubic to Tetragonal Phase Transformation of Ultrafine $BaTiO_3$ Crystallites at Room Temperature** • *Japanese Journal of Applied Physics*, 34(11):6149–6155, 1995 • doi: 10.1143/JJAP.34.6149

[47] J.M. CRIADO, M.J. DIANEZ, F. GOTOR, C. REAL, M. MUNDI, S. RAMOS, J. DEL CERRO • **Correlation between synthesis conditions, coherently diffracting domain size and cubic phase stabilization in barium titanate** • *Ferroelectrics Letters Section*, 14(3&4): 79–84, 1992 • doi: 10.1080/07315179208203346

[48] K. SAEGUSA, W.E. RHINE, H.K. BOWEN • **Effect of Composition and Size of Crystallite on Crystal Phase in Lead Barium Titanate** • *Journal of the American Ceramic Society*, 76(6):1505–1512, 1993 • doi: 10.1111/j.1151-2916.1993.tb03932.x

[49] F.-S. YEN, C.T. CHANG, Y.-H. CHANG • **Characterization of Barium Titanyl Oxalate Tetrahydrate** • *Journal of the American Ceramic Society*, 73(11):3422–3427, 1990 • doi: 10.1111/j.1151-2916.1990.tb06470.x

Literaturverzeichnis

[50] S. NAKA, F. NAKAKITA, Y. SUWA, M. INAGAKI • **Change from Metastable Cubic to Stable Tetragonal Form of Submicron Barium Titanate** • *Bulletin of the Chemical Society of Japan*, 74(5):1168–1171, 1974 • doi: 10.1246/bcsj.47.1168

[51] T. FUJITA, I.J. LIN • **Dielectric fluid preparation by dispersing ultrafine barium titanate particles in kerosene** • *Powder Technology*, 68(3):235–242, 1991 • doi: 10.1016/0032-5910(91)80048-N

[52] K. KISS, J. MAGDER, M.S. VUKASOVICH, R.J. LOCKHARDT • **Ferroelectrics of Ultrafine Particle Size: I, Synthesis of Titanate Powders of Ultrafine Particle Size** • *Journal of the American Ceramic Society*, 49(6):291–295, Jun. 1966 • doi: 10.1111/j.1151-2916.1966.tb13265.x

[53] K. OKAZAKI, H. MAIWA • **Space Charge Effects on Ferroelectric Ceramic Particle Surfaces** • *Japanese Journal of Applied Physics*, 31(9B):3113–3115, 1992 • doi: 10.1143/JJAP.31.3113

[54] K. UCHINO, E. SADANAGA, T. HIROSE • **Dependence of the Crystal Structure on Particle Size in Barium Titanate** • *Journal of the American Ceramic Society*, 72(8):1555–1558, Aug. 1989 • doi: 10.1111/j.1151-2916.1989.tb07706.x

[55] R. VIVEKANANDANA, T.R.N. KUTTYA • **Characterization of barium titanate fine powders formed from hydrothermal crystallization** • *Powder Technology*, 57(3):181–192, 1989 • doi: 10.1016/0032-5910(89)80074-9

[56] A. HERCZOG • **Microcrystalline $BaTiO_3$ by Crystallization from Glass** • *Journal of the American Ceramic Society*, 47(3):107–115, März 1964 • doi: 10.1111/j.1151-2916.1964.tb14366.x

[57] K. UCHINO, N.-Y. LEE, T. TOBA, N. USUKI, H. ABURATANI, Y. ITO • **Changes in the Crystal Structure of RF-Magnetron Sputtered $BaTiO_3$ Thin Films** • *Journal of the Ceramic Society of Japan*, 100(1165):1091–1093, 1992

[58] M YASHIMA, T. HOSHINA, D. ISHIMURA, S. KOBAYASHI, W. NAKAMURA, T. TSURUMI, S. WADA • **Size effect on the crystal structure of barium titanate nanoparticles** • *Journal of Applied Physics*, 98:014313-1–014313-8, 2005 • doi: 10.1063/1.1935132

[59] C.A. MILLER • **Hysteresis loss and dielectric constant in barium titanate** • *British Journal of Applied Physics*, 18:12, 1967 • doi: 10.1088/0508-3443/18/12/303

[60] K. KINOSHITA, A. YAMAJI • **Grain-size effects on dielectric properties in barium titanate ceramics** • *Journal of Applied Physics*, 47(1):371–373, Jan. 1976 • doi: 10.1063/1.322330

[61] V. BUSCAGLIA, M.T. BUSCAGLIA, M. VIVIANI, L. MITOSERIU, P. NANNI, V. TREFILETTI, P. PIAGGIO, I. GREGORA, T. OSTAPCHUK, J. POKORNY, J. PETZELT • **Grain size and grain boundary-related effects on the properties of nanocrystalline barium ti-**

Literaturverzeichnis

tanate ceramics • *Journal of the European Ceramic Society*, 26:2889–2898, 2006 • doi: 10.1016/j.jeurceramsoc.2006.02.005

[62] T.M. HARKULICH, J. MAGDER, M.S. VUKASOVICH, R.J. LOCKHART • **Ferroelectrics of Ultrafine Particle Size: II, Grain Growth Inhibition Studies** • *Journal of the American Ceramic Society*, 49(6):295–299, Jun. 1966 • doi: 10.1111/j.1151-2916.1966.tb13266.x

[63] W.R. BUESSEM, L.-E-. CGROSS, A.K. GOSWAMI • **Phenomenological Theory of High Permittivity in Fine-Grained Barium Titanate** • *Journal of the American Ceramic Society*, 49(1):33–36, 1966 • doi: 10.1111/j.1151-2916.1966.tb13144.x

[64] R.J. LOCKHART, J. MAGDER • **Ferroelectrics of Ultrafine Particle Size: III, Thin Barium Titanate Layers for Capacitors** • *Journal of the American Ceramic Society*, 49(6):299–302, Jun. 1966 • doi: 10.1111/j.1151-2916.1966.tb13267.x

[65] M. KAHN • **Influence of Grain Growth on Dielectric Properties of Nb-Doped $BaTiO_3$** • *Journal of the American Ceramic Society*, 54(9):455–457, Sept. 1971 • doi: 10.1111/j.1151-2916.1971.tb12384.x

[66] H.C. GRAHAM, N.M. TALLAN, K.S. MAZDIYASNI • **Electrical Properties of High-Purity Polycrystalline Barium Titanate** • *Journal of the American Ceramic Society*, 54(11):548–553, Nov. 1971 • doi: 10.1111/j.1151-2916.1971.tb12204.x

[67] H.T. MARTIRENA, J.C. BURFOOT • **Grain-size effects on properties of some ferroelectric ceramics** • *Journal of Physics C: Solid State Physics*, 7(17):3182–3192, Sept. 1974 • doi: 10.1088/0022-3719/7/17/024

[68] G. ARLT, D. HENNINGS, G. DE WITH • **Dielectric properties of fine-grained barium titanate ceramics** • *Journal of Applied Physics*, 58(4):1619–1625, 1985 • doi: 10.1063/1.336051

[69] H.-I HSIANG, F.-S. YEN • **Dielectric Properties and Ferroelectric Domain of $BaTiO_3$ Powders** • *Japanese Journal of Applied Physics*, 32(11A):5029–5035, 1993 • doi: 10.1143/JJAP.32.5029

[70] T. TAKEUCHI, M. TABUCHI, K. ADO, K. HONJO, O. NAKAMURA, H. KAGEYAMA, Y. SUYAMA, N. OHTORI, M. NAGASAWA • **Grain size dependence of dielectric properties of ultrafine $BaTiO_3$ prepared by a sol-crystal method** • *Journal of Materials Science*, 32(15):4053–4060, Aug. 1997 • doi: 10.1023/A:1018697706704

[71] M.P. MCNEAL, S.-J. JANG, R.E. NEWNHAM • **The effect of grain and particle size on the microwave properties of barium titanate $BaTiO_3$** • *Journal of Applied Physics*, 83(6):3288–3297, 1998 • doi: 10.1063/1.367097

[72] H.T. KIM, Y.H. HAN • **Sintering of nanocrystalline $BaTiO_3$** • *Ceramics International*, 30(4):1719–1723, 2004 • doi: 10.1016/j.ceramint.2003.12.141

Literaturverzeichnis

[73] K.-L. YING, T.-E. HSIEH • **Sintering behaviors and dielectric properties of nanocrystalline barium titanate** • *Materials Science and Engineering B*, 138:241–245, 2007 • doi: 10.1016/j.mseb.2007.01.002

[74] S. VENIGALLA • **Advanced Materials & Powders – Barium Titanate (BaTiO$_3$)** • *American Ceramic Society Bulletin*, 79(6):47–48, Juni 2000

[75] F. AZOUGH, R. AL-SAFFAR, R. FREER • **A transmission electron microscope study of commercial X7R-type multilayer ceramic capacitors** • *Journal of the European Ceramic Society*, 18(7):751–758, 1998 • doi: 10.1016/S0955-2219(97)00184-2

[76] O.G. VENDIK, S.P. ZUBKO • **Ferroelectric phase transition and maximum dielectric permittivity of displacement type ferroelectrics (Ba$_x$Sr$_{1-x}$TiO$_3$)** • *Journal of Applied Physics*, 88:5343, 2000 • doi: 10.1063/1.1317243

[77] A.K. TAGANTSEV, V.O. SHERMAN, K.F. ASTAFIEV, J. VENKATESH, N. SETTER • **Ferroelectric Materials for Microwave Tunable Applications** • *Journal of Electroceramics*, 11:5–66, 2003

[78] D. HENNINGS, A. SCHNELL, G. SIMON • **Diffuse Ferroelectric Phase Transitions in Ba(Ti$_{1-y}$Zr$_y$)O$_3$ Ceramics** • *Journal of the American Ceramic Society*, 65(11):539–544, Nov. 1982 • doi: 10.1111/j.1151-2916.1982.tb10778.x

[79] O. SABURI • **Properties of Semiconductive Barium Titanates** • *Journal of the Physical Society of Japan*, 14(9):1159–1174, Sept. 1959 • doi: 10.1143/JPSJ.14.1159

[80] N.-H. CHAN, D.M. SMYTH • **Defect Chemistry of Donor-Doped BaTiO$_3$** • *Journal of the American Ceramic Society*, 67(4):285–288, Apr. 1984 • doi: 10.1111/j.1151-2916.1984.tb18849.x

[81] D. HENNINGS, G. ROSENSTEIN • **Temperature-Stable Dielectrics Based on Chemically Inhomogeneous BaTiO$_3$** • *Journal of the American Ceramic Society*, 67(4):249–254, Apr. 1984 • doi: 10.1111/j.1151-2916.1984.tb18841.x

[82] B.D. STOJANOVIC, C.R. FOSCHINI, M.A. ZAGHETE, F.O.S. VEIRA, K.A. PERON, M. CILENSE, J.A. VARELA • **Size effect on structure and dielectric properties of Nb-doped barium titanate** • *Journal of Materials Processing Technology,*, 143–144(20):802–806, Dez. 2003 • doi: 10.1016/S0924-0136(03)00371-6

[83] E. BRZOZOWSKI, M.S. CASTRO, C.R. FOSCHINI, B. STOJANOVIC • **Secondary phases in Nb-doped BaTiO$_3$ ceramics** • *Ceramics International*, 28(7):773–777, 2002 • doi: 10.1016/S0272-8842(02)00042-1

[84] B. CUI, P. YU, J. TIAN, H. GUO, Z. CHANG • **Preparation and characterization of niobium-doped barium titanate nanocrystalline powders and ceramics** • *Materials Science and Engineering A*, 454–455:667–672, 2007 • doi: 10.1016/j.msea.2006.11.115

Literaturverzeichnis

[85] H.M. CHAN, M.R. HARMER, D.M.L. SMYTH • **Compensating Defects in Highly Donor-Doped BaTiO$_3$** • *Journal of the American Ceramic Society*, 69(6):507–510, Juni 1986 • doi: 10.1111/j.1151-2916.1986.tb07453.x

[86] K.S. MAZDIYASNI, L.M. BROWN • **Microstructure and Electrical Properties of Sc$_2$O$_3$-Doped, Rare-Earth-Oxide-Doped, and Undoped BaTiO$_3$** • *Journal of the American Ceramic Society*, 54(11):539–543, Nov. 1971 • doi: 10.1111/j.1151-2916.1971.tb12202.x

[87] A.S. SHAIKH, R.W. VEST • **Defect Structure and Dielectric Properties of Nd$_2$O$_3$-Modified BaTiO$_3$** • *Journal of the American Ceramic Society*, 69(9):689–694, Sept. 1986 • doi: 10.1111/j.1151-2916.1986.tb07472.x

[88] T. VOJNOVICH, T.D. MCGEE • **Determination of Donor Gradients Within Surface Barriers Formed on Dense Cd-Doped Barium Titanates** • *Journal of the American Ceramic Society*, 52(7):386–392, Juli 1969 • doi: 10.1111/j.1151-2916.1969.tb11960.x

[89] F.D. MORRISON, D.C. SINCLAIR, J.M.S. SKAKLE, A.R. WEST • **Novel Doping Mechanism for Very-High-Permittivity Barium Titanate Ceramics** • *Journal of the American Ceramic Society*, 81(7):1957–1960, 1998 • doi: 10.1111/j.1151-2916.1998.tb02575.x

[90] G.H. JONKER • **Some aspects of semiconducting barium titanate** • *Solid-State Electronics*, 7(12):895–903, Dez. 1964 • doi: 10.1016/0038-1101(64)90068-1

[91] S. SHIRASAKI, M. TSUKIOKA, H. YAMAMURA, H. OSHIMA, K. KAKEGAWA • **Origin of semiconducting behavior in rare-earth-doped barium titanate** • *Solid State Communications*, 19(8):721–724, 1976 • doi: 10.1016/0038-1098(76)90905-4

[92] G.G. HARMAN • **Electrical Properties of BaTiO$_3$ Containing Samarium** • *Physical Review*, 106(6):1358–1359, 1957 • doi: 10.1103/PhysRev.106.1358

[93] T.R. ARMSTRONG, R.C. BUCHANAN • **Influence of Core-Shell Grains on the Internal Stress State and Permittivity Response of Zirconia-Modified Barium Titanate** • *Journal of the American Ceramic Society*, 73(5):1268–1273, Mai 1990 • doi: 10.1111/j.1151-2916.1990.tb05190.x

[94] Y. PARK, S.A. SONG • **Influence of core-shell structured grain on dielectric properties of cerium-modified barium titanate** • *Journal of Materials Science: Materials in Electronics*, 6(6):380–388, Dez. 1995 • doi: 10.1007/BF00144638

[95] H.-Y. LU, J.-S. BOW, W.-H. DENG • **Core-Shell Structures in ZrO$_2$-Modified BaTiO$_3$ Ceramic** • *Journal of the American Ceramic Society*, 73(12):3562–3568, Dez. 1990 • doi: 10.1111/j.1151-2916.1990.tb04258.x

[96] I. HATTA, A. IKUSHIMA • **Temperature Dependence of the Heat Capacity in BaTiO$_3$** • *Journal of the Physical Society of Japan*, 41(2):558–564, Aug. 1976 • doi: 10.1143/JPSJ.41.558

Literaturverzeichnis

[97] R.C. POHANKA, R.W. RICE, B.E. WALKER JR. • **Effect of Internal Stress on the Strength of BaTiO$_3$** • *Journal of the American Ceramic Society*, 59(1–2):71–74, Jan. 1976 • doi: 10.1111/j.1151-2916.1976.tb09394.x

[98] G. EHRENSTEIN • *Polymer-Werkstoffe* • Hanser, 2. Auflage, 1999 • ISBN 3-446-21161-6

[99] D.R. ASKELAND • *Materialwissenschaften* • Spektrum Akademischer Verlag GmbH, Heidelberg, Berlin, Oxford, 1996 • ISBN 3-86025-357-3

[100] H. KRÄMER • *Ullmann's Encyclopedia of Industrial Chemistry*, Kapitel Polyester Resins, Unsaturated, Seiten 1–10 • John Wiley & Sons, Inc., (online) 7. Auflage, 2009 • doi: 10.1002/14356007.a21_217

[101] H.F. MARK, N.M BIKALES, C.G. OVERBERGER, G. MENGES • *Encyclopedia of Polymer Science and Engineering*, Band 12 • John Wiley & Sons, Inc., 2 Auflage, 1988 • ISBN 0-471-80944-6 (v. 12)

[102] H.F. MARK, N.M BIKALES, C.G. OVERBERGER, G. MENGES • *Encyclopedia of Polymer Science and Engineering*, Band 11 • John Wiley & Sons, Inc., 2 Auflage, 1988 • ISBN 0-471-80943-8 (v. 11)

[103] E.A. TURI, Hrsg. • *Thermal Characterization of Polymeric Materials*, Band 2 • Academic Press, Inc., 525 B Street, Suite 1900, San Diego, California 92101-4495, USA, 2. Auflage, 1997

[104] **04390 2-Butanone peroxide technical** • Webseite, Stand 02.09.2009 • URL http://www.sigmaaldrich.com/catalog/ProductDetail.do?lang=de&N4=04390|FLUKA&N5=SEARCH_CONCAT_PNO|BRAND_KEY&F=SPEC

[105] **methyl ethyl ketone peroxide - PubChem Public Chemical Database** • Webseite, Stand 02.09.2009 • URL http://pubchem.ncbi.nlm.nih.gov/summary/summary.cgi?sid=24845732

[106] J. FALBE, M. REGITZ • *CD-Römpp-Chemie-Lexikon A - Z* • Georg Thieme Verlag Stuttgart/New York, Cd version 1.0 der 9. Auflage, 1995 • ISBN 3-13-100489-4

[107] T. HANEMANN, B. SCHUMACHER, J. HAUSSELT • **Polymerization conditions influence on the thermomechanical and dielectric properties of unsaturated polyester-styrene-copolymers** • *Microelectronic Engineering*, 87(1):15–19, Jan. 2010 • doi: 10.1016/j.mee.2009.05.014

[108] H.-J. LIAW, C.-J. CHEN, C.-C. YUR • **The multiple runaway-reaction behavior prediction of MEK-oxidation reactions** • *Journal of Loss Prevention in the Process Industries*, 14(5):371–378, 2001 • doi: 10.1016/S0950-4230(01)00016-X

[109] J.L. MARTÍN • **Kinetic analysis of an asymmetrical DSC peak in the curing of an unsaturated polyester resin catalysed with MEKP and cobalt octoate** • *Polymer*, 40(12):3451–3462, Juni 1999 • doi: 10.1016/S0032-3861(98)00556-4

Literaturverzeichnis

[110] J.L. MARTÍN, A. CADENATO, J.M. SALLA • Comparative studies on the non-isothermal DSC curing kinetics of an unsaturated polyester resin using free radicals and empirical models • *Thermochimica Acta*, 306(1-2):115–126, Nov. 1997 • doi: 10.1016/S0040-6031(97)00311-0

[111] X. CAO, L.J. LEE • Control of shrinkage and residual styrene of unsaturated polyester resins cured at low temperatures: I. Effect of curing agents • *Polymer*, 44(6): 1893–1902, März 2003 • doi: 10.1016/S0032-3861(03)00014-4

[112] X. CAO, L.J. LEE • Control of volume shrinkage and residual styrene of unsaturated polyester resins cured at low temperatures. II. Effect of comonomer • *Polymer*, 44 (5):1507–1516, 2003 • doi: 10.1016/S0032-3861(03)00015-6

[113] E. HORNBOGEN • *Werkstoffe* • Springer, 7 Auflage, 2002 • ISBN 3-540-43801-7

[114] N.P. CHEREMISINOFF, Hrsg. • *Encyclopedia of Engineering Materials Part A: Polymer Science and Technology*, Band 1 • Marcel Dekker, Inc., 270 Madison Avenue, New Yortk, New York 10016, 1988 • ISBN 0-8247-7858-8

[115] K. OBERBACH • *Saechtling – Kunststoff Taschenbuch* • Hanser, 28. Auflage, 2001 • ISBN 3-446-21605-7

[116] T. HANEMANN • Polymerbasierte Mikro- und Nanokomposite für Anwendungen in der Mikrosystemtechnik • *Forschungszentrum Karlsruhe in der Helmholtz-Gemeinschaft – Wissenschaftliche Berichte*, FZKA 7184:1–186, Nov. 2005 • ISSN 0947-8620

[117] J. BAUR, E. SILVERMAN • Challenges and Opportunities in Multifunctional Nanocomposite Structures for Aerospace Applications • *MRS Bulletin*, 32:328–334, Apr. 2007

[118] K. MIYASAKA, K. WATANABE, E. JOJIMA, H. AIDA, M. SUMITA, K. ISHIKAWA • Electrical conductivity of carbon-polymer composites as a function of carbon content • *Journal of Materials Science*, 17(6):1610–1616, Juni 1982 • doi: 10.1007/BF00540785

[119] E. KYMAKIS, I. ALEXANDOU, G.A.J. AMARATUNGA • Single-walled carbon nanotube-polymer composites: electrical, optical and structural investigation • *Synthetic Metals*, 127(1-3):59–62, März 2002 • doi: 10.1016/S0379-6779(01)00592-6

[120] R. RAMASUBRAMANIAM, J. CHEN, H. LIU • Homogeneous carbon nanotube/polymer composites for electrical applications • *Applied Physics Letters*, 83(14):2928–2930, Okt. 2003 • doi: 10.1063/1.1616976

[121] B. WEIDENFELLER, M. HÖFER, F. SCHILLING • Thermal and electrical properties of magnetite filled polymers • *Composites Part A: Applied Science and Manufacturing*, 33(8): 1041–1053, Okt. 2002 • doi: 10.1016/S1359-835X(02)00085-4

[122] E. RITZHAUPT-KLEISSL • *Transparente Polymer-Nanokomposite für Anwendungen in der Mikrooptik* • Dissertation, Albert-Ludwigs-Universität Freiburg i. Br., Dez. 2006 • URL

Literaturverzeichnis

http://www.freidok.uni-freiburg.de/volltexte/2746/

[123] H.-G. LEE, H.-G. KIM • Ceramic particle size dependence of dielectric and piezoelectric properties of piezoelectric ceramic-polymer composites • *Journal of Applied Physics*, 67(4):2024–2028, 1990 • doi: 10.1063/1.345584

[124] Y. RAO, J. YUE, C.P. WONG • Material characterization of high dielectric constant polymer-ceramic composite for embedded capacitor to RF application • *Active and Passive Electronic Components*, 25:123–129, 2002 • doi: 10.1080/08827510211279

[125] Z.-M. DANG, Y.-F. YU, H.-P. XU, J. BAI • Study on microstructure and dielectric property of the $BaTiO_3$/epoxy resin composites • *Composites Science and Technology*, 68:171–177, 2008 • doi: 10.1016/j.compscitech.2007.05.021

[126] D.-H. KUO, C.-C. CHANG, T.-Y. SU, W.-K. WANG, B.-Y. LIN • Dielectric behaviours of multi-doped $BaTiO_3$/epoxy composites • *Journal of the European Ceramic Society*, 21(9):1171–1177, 2001 • doi: 10.1016/S0955-2219(00)00327-7

[127] D.K. DAS-GUPTA • Piezoelectricity and Pyroelectricity • *Key Engineering Materials*, 92–93:1–14, 1994 • doi: 10.4028/www.scientific.net/KEM.92-93.1

[128] V.S. NISA, S. RAJESH, K.P. MURALI, V. PRIYADARSINI, S.N. POTTY, R. RATEESH • Preparation, characterization and dielectric properties of temperature stable $SrTiO_3$/PEEK composites for microwave substrate applications • *Composites Science and Technology*, 68:106–112, 2008 • doi: 10.1016/j.compscitech.2007.05.024

[129] S.C. TJONG, G.D. LIANG • Electrical properties of low-density polyethylene/ZnO nanocomposites • *Materials Chemistry and Physics*, 100:1–5, 2006 • doi: 10.1016/j.matchemphys.2005.11.029

[130] J.L. WILSON, P. PODDAR, N.A. FREY, H. SRIKANTH, K. MOHOMED, J.P. HARMON, S. KOTHA, J. WACHSMUTH • Synthesis and magnetic properties of polymer nanocomposites with embedded iron nanoparticles • *Journal of Applied Physics*, 95(3):1439–1443, 2004 • doi: 10.1063/1.1637705

[131] L.A. RAMAJO, A.A. CRISTÓBAL, P.M. BOTTA, J.M. PORTO LÓPEZ, M.M. REBOREDO, M.S. CASTRO • Dielectric and magnetic response of Fe_3O_4/epoxy composites • *Composites Part A: Applied Science and Manufacturing*, 40(4):388–393, Apr. 2009 • doi: 10.1016/j.compositesa.2008.12.017

[132] S. ANANDAN, R. SIVAKUMAR • Effect of loaded TiO_2 nanofiller on heteropolyacid-impregnated PVDF polymer electrolyte for the performance of dye-sensitized solar cells • *physica status solidi (a)*, 206(2):343–350, 2009 • doi: 10.1002/pssa.200824276

[133] S.V. GLUSHANIN, V.YU. TOPOLOV, A.V. KRIVORUCHKO • Features of piezoelectric properties of 0-3 $PbTiO_3$-type ceramic/polymer composites • *Materials Chemistry and Physics*, 97(2–3):357–364, Juni 2006 • doi: 10.1016/j.matchemphys.2005.08.027

Literaturverzeichnis

[134] F. LAOUTID, L. BONNAUD, M. ALEXANDRE, J.-M. LOPEZ-CUESTA, PH. DUBOIS • **New prospects in flame retardant polymer materials: From fundamentals to nanocomposites** • *Materials Science and Engineering: R: Reports*, 63(3):100–125, Jan. 2009 • doi: 10.1016/j.mser.2008.09.002

[135] Z.-M. DANG, C.-Y. TIAN, J.-W. ZHA, S.-H. YAO, Y.-J. XIA, J.-Y. LI, C.-Y. SHI, J. BAI • **Potential Bioelectroactive Bone Regeneration Polymer Nanocomposites with High Dielectric Permittivity** • *Advanced Engineering Materials*, 11(10):B144–B147, 2009 • doi: 10.1002/adem.200900085

[136] L. S. SCHADLER, L.C. BRINSON, W.G. SAWYER • **Polymer nanocomposites: A small part of the story** • *JOM Journal of the Minerals, Metals and Materials Society*, 59(3):53–60, März 2007 • doi: 10.1007/s11837-007-0040-5

[137] R.E. NEWNHAM • **Composite electroceramics** • *Ferroelectrics*, 68(1):1–32, 1986 • doi: 10.1080/00150198608238734

[138] Y. RAO, C.P. WONG • **Ultra high dielectric constant epoxy silver composite for embedded capacitor application** • *Electronic Components and Technology Conference, 2002. Proceedings. 52nd*, Seiten 920–923, 2002 • doi: 10.1109/ECTC.2002.1008210

[139] Y. LI, S. POTHUKUCHI, C.P. WONG • **Formation and dielectric properties of a novel polymer-metal nanocomposite [for embedded capacitor application]** • *Advanced Packaging Materials: Processes, Properties and Interfaces, 2004. Proceedings. 9th International Symposium on*, Seiten 175–181, 2004 • doi: 10.1109/ISAPM.2004.1288009

[140] S. POTHUKUCHI, C.P. WONG • **Use of dendirimers to control nanoparticle size in polymer-metal nanocomposites for embedded capacitor application** • *Electronic Components and Technology Conference, 2003. Proceedings. 53rd*, Seiten 1804–1808, Mai 2003

[141] Y. SHEN, Y.H. LIN ANDC. W. NAN • **Interfacial Effect on Dielectric Properties of Polymer Nanocomposites Filled with Core/Shell-Structured Particles** • *Advanced Functional Materials*, 17(14):2405–2410, Sept. 2007 • doi: 10.1002/adfm.200700200

[142] J. XU, C.P. WONG • **Characterization and properties of an organic-inorganic dielectric nanocomposite for embedded decoupling capacitor applications** • *Composites: Part A*, 38:13–19, 2007 • doi: 10.1016/j.compositesa.2006.02.002

[143] P. MURUGARAJ, D. MAINWARING, N. MORA-HUERTAS • **Dielectric enhancement in polymer-nanoparticle composites through interphase polarizability** • *Journal of Applied Physics*, 98(5):054304–1–054304–6, Sept. 2005 • doi: 10.1063/1.2034654

[144] Z.-M. DANG, Y. SHEN, C.-W. NAN • **Dielectric behavior of three-phase percolative Ni-BaTiO$_3$/polyvinylidene fluoride composites** • *Applied Physics Letters*, 81(25):4814–4816, 2002 • doi: 10.1063/1.1529085

[145] R. POPIELARZ, C.K. CHIANG, R. NOZAKI, J. OBRZUT • Dielectric Properties of Polymer/Ferroelectric Ceramic Composites from 100 Hz to 10 GHz • *Macromolecules*, 34 (17):5910–5915, 2001 • doi: 10.1021/ma001576b

[146] R.N. DAS, J.M. LAUFFER, V.R. MARKOVICH • Fabrication, integration and reliability of nanocomposite based embedded capacitors in microelectronics packaging • *Journal of Materials Chemistry*, 18:537–544, 2008 • doi: 10.1039/b712051f

[147] B.A. SHUTZBERG, C. HUANG, S. RAMESH, E.P. GIANNELIS • Integral thin film capacitors: Materials, performance and modeling • *Electronic Components and Technology Conference, 2000. 2000 Proceedings. 50th*, Seiten 1564–1567, 2000 • doi: 10.1109/ECTC.2000.853422

[148] H.-I HSIANG, F.-S. YEN • Effects of Uniaxial Compaction Pressure on the Dielectric Properties of $BaTiO_3$/Polyvinylidene Fluoride Composites • *Japanese Journal of Applied Physics*, 33(7A):3991–3995, 1994 • doi: 10.1143/JJAP.33.3991

[149] L. RAMAJO, M.S. CASTRO, M.M. REBOREDO • Effect of silane as coupling agent on the dielectric properties of $BaTiO_3$-epoxy composites • *Composites: Part A*, 38:1852–1859, 2007 • doi: 10.1016/j.compositesa.2007.04.003

[150] I. VREJOIU, J.D. PEDARNIG, M. DINESCU, S. BAUER-GOGONEA, D. BÄUERLE • Flexible ceramic/polymer composite films with temperature-insensitive and tunable dielectric permittivity • *Applied Physics A: Materials Science & Processing*, 74(3):407–409, Mar. 2002 • doi: 10.1007/s003390101137

[151] P. CHAHAL, R.R. TUMMALA, M.G. ALLEN, M. SWAMINATHAN • A novel integrated decoupling capacitor for MCM-L technology • *Components, Packaging, and Manufacturing Technology, Part B: Advanced Packaging, IEEE Transactions on*, 21(2):184–193, 1998 • doi: 10.1109/96.673707

[152] S.-H. CHOI, I.-D. KIM, J.-M. HONG, K.-H. PARK, S.-G. OH • Effect of the dispersibility of $BaTiO_3$ nanoparticles in $BaTiO_3$/polyimide composites on the dielectric properties • *Materials Letters*, 61:2478–2481, 2007 • doi: 10.1016/j.matlet.2006.09.040

[153] N.G. DEVARAJU, E.S. KIM, B. I LEE • The synthesis and dielectric study of $BaTiO_3$/polyimide nanocomposite films • *Microelectronic Engineering*, 82(1):71–83, 2005 • doi: 10.1016/j.mee.2005.06.003

[154] S.-D. CHO, J.-Y. LEE, J.-G. HYUN, K.-W. PAIK • Study on epoxy/$BaTiO_3$ composite embedded capacitor films (ECFs) for organic substrate applications • *Materials Science and Engineering: B*, 110(3):233–239, 2004 • doi: 10.1016/j.mseb.2004.01.022

[155] A. TAKAHASHI, M.-A. KAKIMOTO, T.-A. TSURUMI, J. HAO, L. LI, R. KIKUCHI, T. MIWA, T. OONO, S. YAMADA • High Dielectric Ceramic Nano Particle and Polymer Com-

posites for Embedded Capacitor • *Journal of Photopolymer Science and Technology*, 18 (2):297–300, 2005 • doi: 10.2494/photopolymer.18.297

[156] F. LI, Q.-M. WANG • **Array of dielectric nanocomposite devices using photoepoxy SU-8 as the polymeric phase** • *Applied Physics Letters*, 89(23):232905-1–232905-3, Dez. 2006 • doi: 10.1063/1.2402885

[157] L. FAN, Y. RAO, C. TISON, K.S. MOON, S.V. POTHUKUCHI, C.P. WONG • **Processability and performance enhancement of high K polymer-ceramic nano-composites** • *Advanced Packaging Materials, 2002. Proceedings. 2002 8th International Symposium on*, Seiten 120–126, 2002 • doi: 10.1109/ISAPM.2002.990374

[158] Z.-M. DANG, YI-HE ZHANG, S.-C. TJONG • **Dependence of dielectric behavior on the physical property of fillers in the polymer-matrix composites** • *Synthetic Metals*, 146 (1):79–84, Okt. 2004 • doi: 10.1016/j.synthmet.2004.06.011

[159] A.C. RAZZITTE, , W.G. FANO, S.E. JACOBO • **Electrical permittivity of Ni and NiZn ferrite-polymer composites** • *Physica B: Condensed Matter*, 354(1–4):228–231, Dez. 2004 • doi: 10.1016/j.physb.2004.09.054

[160] S.K. BHATTACHARYA, R.R. TUMMALA, P. CHAHAL, G. WHITE • **Integration of polymer/ceramic thin film capacitor on PWB** • *Advanced Packaging Materials. Proceedings., 3rd International Symposium on*, Seiten 68–70, 1997 • doi: 10.1109/ISAPM.1997.581259

[161] S. OGITANI, S.A. BIDSTRUP-ALLEN, P.A. KOHL • **Factors influencing the permittivity of polymer/ceramic composites for embedded capacitors** • *Advanced Packaging, IEEE Transactions on*, 23(2):313–322, May 2000 • doi: 10.1109/6040.846650

[162] H. WINDLASS, P.M. RAJ, D. BALARAMAN, S.K. BHATTACHARYA, R.R. TUMMALA • **Colloidal processing of polymer ceramic nanocomposite integral capacitors** • *Electronics Packaging Manufacturing, IEEE Transactions on*, 26(2):100–105, Apr. 2003 • doi: 10.1109/TEPM.2003.817719

[163] S.K. BHATTACHARYA, R.R. TUMMALA • **Integral passives for next generation of electronic packaging: application of epoxy/ceramic nanocomposites as integral capacitors** • *Microelectronics Journal*, 32(1):11–19, 2001 • doi: 10.1016/S0026-2692(00)00104-X

[164] Y. RAO, C.P. WONG • **Material characterization of a high-dielectric-constant polymer-ceramic composite for embedded capacitor for RF applications** • *Journal of Applied Polymer Science*, 92(4):2228–2231, Mai 2004 • doi: 10.1002/app.13690

[165] Y. RAO, J. YUE, C.P. WONG • **High K polymer-ceramic nano-composite development, characterization and modeling for embedded capacitor RF application** • *Electronic Components and Technology Conference, 2001. Proceedings., 51st*, Seiten 1408–1412, 2001 • doi: 10.1109/ECTC.2001.928018

Literaturverzeichnis

[166] Y. RAO, S. OGITANI, P. KOHL, C.P. WONG • **Novel polymer-ceramic nanocomposite based on high dielectric constant epoxy formula for embedded capacitor application** • *Journal of Applied Polymer Science*, 83(5):1084–1090, 2002 • doi: 10.1002/app.10082

[167] Y. RAO, S. OGITANI, P. KOHL, C.P. WONG • **High dielectric constant polymer-ceramic composite for embedded capacitor application** • *Advanced Packaging Materials: Processes, Properties andInterfaces, 2000. Proceedings. International Symposium on*, Seiten 32–37, 2000 • doi: 10.1109/ISAPM.2000.869239

[168] K.D. CHANDRASEKHAR, A. VENIMADHAV, A. K. DAS • **High dielectric permittivity in semiconducting $Pr_{0.6}Ca_{0.4}MnO_3$ filled polyvinylidene fluoride nanocomposites with low percolation threshold** • *Applied Physics Letters*, 95(6):062904-1–062904-3, 2009 • doi: 10.1063/1.3196550

[169] W. JILLEK, W.K.C. YUNG • **Embedded components in printed circuit boards: a processing technology review** • *The International Journal of Advanced Manufacturing Technology*, 25(3–4):350–360, Feb. 2005 • doi: 10.1007/s00170-003-1872-y

[170] K.W. PAIK, K.W. JANG, S.D. CHO • **Polymer/ceramic composite paste for embedded capacitor and method for fabricating capacitor using same** • United States, Patent Nr. 7,381,468 B2 • 3. Juni 2008

[171] R.J. SANVILLE • **Parallel plate buried capacitor** • United States, Patent Nr. 6,618,238 B2 • 9. Sep. 2003

[172] H. WINDLASS, P.M. RAJ, D. BALARAMAN, S.K. BHATTACHARYA, R.R. TUMMALA • **Processing of polymer-ceramic nanocomposites for system-on-package applications** • *Electronic Components and Technology Conference, 2001. Proceedings., 51st*, Seiten 1201–1206, 2001 • doi: 10.1109/ECTC.2001.927980

[173] T. HANEMANN, B. SCHUMACHER, J. HAUSSELT • **Tuning the dielectric constant of polymers using organic dopants** • *Microelectronic Engineering, Article in Press, Article available online*, 2009 • doi: 10.1016/j.mee.2009.05.015

[174] Y. SUN, Z. ZHANG, K.-S. MOON, C.P. WONG • **Glass transition and relaxation behavior of epoxy nanocomposites** • *Journal of Polymer Science Part B: Polymer Physics*, 42(21): 3849–3858, 2004 • doi: 10.1002/polb.20251

[175] D.A.G. BRUGGEMAN • **Berechnung verschiedener physikalischer Konstanten von heterogenen Substanzen. I. Dielektrizitätskonstanten und Leitfähigkeiten der Mischkörper aus isotropen Substanzen** • *Annalen der Physik*, 5(24):665–679, Dez. 1935 • doi: 10.1002/andp.19354160802

[176] D.A.G. BRUGGEMAN • **Berechnung verschiedener physikalischer Konstanten von heterogenen Substanzen. I. Dielektrizitätskonstanten und Leitfähigkeiten der Misch-**

körper aus isotropen Substanzen • *Annalen der Physik*, 5(24):636–664, 1935 • doi: 10.1002/andp.19354160705

[177] D.A.G. BRUGGEMAN • Berechnung verschiedener physikalischer Konstanten von heterogenen Substanzen. II. Dielektrizitätskonstanten und Leitfähigkeiten von Vielkristallen der nichtregulären Systeme • *Annalen der Physik*, 5(25):645–672, 1936 • doi: 10.1002/andp.19364170706

[178] D.A.G. BRUGGEMAN • Berechnung verschiedener physikalischer Konstanten von heterogenen Substanzen. III. Die elastischen Konstanten der quasiisotropen Mischkörper aus isotropen Substanzen • *Annalen der Physik*, 5(29):160–178, 1937 • doi: 10.1002/andp.19374210205

[179] H. LOOYENGA • Dielectric constants of heterogeneous mixtures • *Physica*, 31(3): 401–406, März 1965 • doi: 10.1016/0031-8914(65)90045-5

[180] D.V. SZABÓ, I. LAMPARTH, D. VOLLATH • **Complex high frequency properties of ceramic-polymer nanocomposites: comparison of fluoro-polymers and acrylic-based compounds** • *Macromolecular Sym*, 181(1):393–398, Mai 2002 • doi: 10.1002/1521-3900(200205)181:1<393::AID-MASY393>3.0.CO;2-B

[181] J.C. MAXWELL, B.A. GARNETT • **XII. Colours in Metal Glasses and in Metallic Films** • *Transactions of the Royal Society London Series A*, 203(2):385–420, 1904

[182] C.W. NAN • **Comment on "Effective dielectric function of a random medium"** • *Physical Review B*, 63(17):176201–1–176201–3, Apr 2001 • doi: 10.1103/PhysRevB.63.176201

[183] S.E. SKIPETROV • **Effective dielectric function of a random medium** • *Physical Review B*, 60(18):12705–12709, Nov 1999 • doi: 10.1103/PhysRevB.60.12705

[184] N. JAYASUNDERE, B.V. SMITH • **Dielectric constant for binary piezoelectric 0-3 composites** • *Journal of Applied Physics*, 73(5):2462, März 1993 • doi: 10.1063/1.354057

[185] Y. BAI, Z.-Y. CHENG, V. BHARTI, H.S. XU, Q.M. ZHANG • **High-dielectric-constant ceramic-powder polymer composites** • *Applied Physics Letters*, 76(25):3804–3806, 2000 • doi: 10.1063/1.126787

[186] T. YAMADA, T. UEDA, T. KITAYAMA • **Piezoelectricity of a high-content lead zirconace titanate/polymer composite** • *Journal of Applied Physics*, 53(6):4328–4332, June 1982 • doi: 10.1063/1.331211

[187] W.R. TINGA, W.A.G. VOSS, D.F. BLOSSEY • **Generalized approach to multiphase dielectric mixture theory** • *Journal of Applied Physics*, 44(9):3897–3902, 1973 • doi: 10.1063/1.1662868

[188] T. FURUKAWA, K. FUJINO, E. FUKADA • **Electromechanical Properties in the Composites of Epoxy Resin and PZT Ceramics** • *Japanese Journal of Applied Physics*, 15: 2119–2129, 1976 • doi: 10.1143/JJAP.15.2119

[189] T. Furukawa, K. Ishida, E. Fukada • **Piezoelectric properties in the composite systems of polymers and PZT ceramics** • *Journal of Applied Physics*, 50(7):4904–4912, 1979 • doi: 10.1063/1.325592

[190] C.J. Dias, D.K. Das-Gupta • *Key Engineering Materials*, Band 92-93 • Trans Tech Publications, Switzerland, 1994

[191] L.G. Grechko, V.N. Pustovit, K.W. Whites • **Dielectric function of aggregates of small metallic particles embedded in host insulating matrix** • *Journal of Applied Physics Letters*, 76(14):1854–1856, Apr. 2000 • doi: 10.1063/1.126190

[192] B.U. Felderhof, R.B. Jones • **Effective dielectric constant of dilute suspensions of spheres** • *Physical Review B*, 39(9):5669–5677, 1989 • doi: 10.1103/PhysRevB.39.5669

[193] B. U. Felderhof • **Effective transport properties of composites of spheres** • *Physica A: Statistical and Theoretical Physic*, 207(1–3):13–18, Juni 1994 • doi: 10.1016/0378-4371(94)90349-2

[194] B.U. Felderhof, G.W. Ford, E.G.D. Cohen • **Cluster expansion for the dielectric constant of a polarizable suspension** • *Journal of Statistical Physics*, 28(1):135–164, Mai 1982 • doi: 10.1007/BF01011628

[195] G. Merziger, T. Wirth • *Repetitorium der höheren Mathematik* • Binomi Verlag, Am Bergfelde 28, 31832 Springe, 4. Auflage, 2002 • ISBN 3-923923-33-3

[196] J. Fetzer, M. Haas, S. Kurz • *Numerische Berechnung elektromagnetischer Felder* • expert verlag, Wankelstr. 13, D-71272 Renningen-Malmsheim, 2002 • ISBN 3-8169-2012-8

[197] S. Blume • *Theorie elektromagnetischer Felder* • Hüthig Buch Verlag GmbH, Heidelberg, 1991 • ISBN 3-7785-2070-9

[198] E.F. Izard • **Apparatus for forming film** • United States, Patent Nr. 2,198,621 • 30. Apr. 1940

[199] G.N. Howatt • **Method for producing high dielectric high insulation ceramic plates** • United States, Patent Nr. 2,582,993 • 22. Jan. 1952

[200] M. Kahn, D.P. Burks, I. Burn, W.A. Schulze • *Electronic Ceramics – Properties, Devices and Applications*, Kapitel Ceramic Capacitor Technology, Seiten 191–274 • Marcel Dekker, Inc., 270 Madison Avenue, New York, New York 10016, USA, 1987 • ISBN 0-8247-7761-1

[201] H. Salmang, H. Scholze • *Keramik* • Springer, Berlin, Heidelberg, 7., vollständig neubearbeitete und erweiterte Auflage, 2007 • ISBN 3-540-63273-5

[202] G.N. Howatt • **Continous process for forming high dielectric ceramic plates** • United States, Patent Nr. 2,486,410 • 1. Nov. 1949

[203] G. N. Howatt, R. G. Breckenridge, J. M. Brownlow • **Fabrication of thin ceramic sheets for capacitors** • *Journal of the American Ceramic Society*, 30(8):237–242, 1947 •

Literaturverzeichnis

doi: 10.1111/j.1151-2916.1947.tb18889.x

[204] H. FRIEDRICH • *Wässriges Foliengießen von BaTiO₃ : Untersuchungen zur Entwicklung von Schlickerzusammensetzungen mit optimierten rheologischen Eigenschaften* • Dissertation, Universität Würzburg, Fakultät für Chemie und Pharmazie, Lehrstuhl für Silicatchemie, 2004 • URL http://www.opus-bayern.de/uni-wuerzburg/volltexte/2004/1076/

[205] R.E. MISTLER • **Tape Casting: Past, Present, Potential** • *American Ceramic Society Bulletin*, 77(10):82–86, Okt. 1998

[206] Y.T. CHOU, Y.T. KO, M.F. YAN • **Fluid flow model for ceramic tape casting** • *Journal of the American Ceramic Society*, 70(10):C280–C282, Okt. 1987 • doi: 10.1111/j.1151-2916.1987.tb04900.x

[207] J.S. REED • *Principles of ceramics processing* • Wiley-Interscience, John Wiley & Sons, Inc., 605 Third Avenue, New York, N.Y. 10158-0012, 1995 • ISBN 0-471-59721-X

[208] R.E. MISTLER • **Tape Casting: The Basic Process for Meeting the Needs of the Electronics Industry** • *American Ceramic Society Bulletin*, 69(6):1022–1026, Juni 1990

[209] S. MEI, J. YANG, J.M.F. FERREIRA, R. MARTINS • **Optimisation of parameters for aqueous tape-casting of cordierite-based glass ceramics by Taguchi method** • *Materials Science and Engineering A*, 334(1–2):11–18, Sept 2002 • doi: 10.1016/S0921-5093(01)01773-7

[210] S. VENIGALLA, D.J. CLANCY, D.V. MILLER, J.A. KERCHNER, S.A. COSTANTINA • **Hydrothermal BaTiO₃-Based Aqueous Slurries** • *American Ceramic Society Bulletin*, 78 (10):51–54, Okt. 1999

[211] L. BRAUN, J.R. MORRIS JR., W.R. CANNON • **Viscosity of Tape-Casting Slips** • *American Ceramic Society Bulletin*, 64(5):727–729, Mai 1985

[212] R. MORENO • **The Role of Slip Additives in Tape-Casting Technology: Part I – Solvents and Dispersants** • *American Ceramic Society Bulletin*, 71(10):1521–1531, Okt. 1992

[213] R. MORENO • **The Role of Slip Additives in Tape-Casting Technology: Part II – Binders and Plasticizers** • *American Ceramic Society Bulletin*, 71(11):1647–1657, Nov. 1992

[214] J.W. GOODWIN • **Rheology of Ceramic Materials** • *American Ceramic Society Bulletin*, 69(10):1694–1698, Okt. 1990

[215] L.G. BARAJAS, M.B. EGERSTEDT, E.W. KAMEN, A. GOLDSTEIN • **Stencil Printing Process Modeling and Control Using Statistical Neural Networks** • *Electronics Packaging Manufacturing, IEEE Transactions on*, 31(1):9–18, Jan. 2008 • doi: 10.1109/TEPM.2007.914236

Literaturverzeichnis

[216] B.R. FREITAG • **Method and apparatus for stencil printing printed circuit boards** • United States, Patent Nr. 5,553,538 • 10. Sep. 1996

[217] J.M. LAWRENCE, K.-T. HSIAO, R.C. DON, P. SIMACEK, G. ESTRADA, E.M. SOZER, H.C. STADTFELD, S.G. ADVANI • **An approach to couple mold design and on-line control to manufacture complex composite parts by resin transfer molding** • *Composites Part A: Applied Science and Manufacturing*, 33(7):981–990, Juli 2002 • doi: 10.1016/S1359-835X(02)00043-X

[218] *Powder Diffraction File (PDF-2)*, Band 1–46 • International Centre for Diffraction Data, 12 Campus Blvd., Newton Square, Pennsylvania 19073-3273, USA, 1996 • URL http://www.icdd.com/

[219] *IPC-TM-650: Dielectric Constant and Dissipation Factor of Printed Wiring Board Material – Clip Method* • The Institute for Interconnecting and Packaging Electronic Circuits, 2215 Sanders Road, Northbrook, IL 60062, USA, 12 1987

[220] *Agilent 16451B Dielectric Test Fixture – Operation and Service Manual* • Agilent Technologies Japan, Ltd., Component Test PGU-Kobe, 1-3-2, Murotani, Nishi-ku, Kobe-shi, Hyogo, 651-2241 Japan, 5. Auflage, Okt. 2000

[221] N.T. QAZVINI, N. MOHAMMADI • **Dynamic mechanical analysis of segmental relaxation in unsaturated polyester resin networks: Effect of styrene content** • *Polymer*, 46:9088–9096, 2005 • doi: 10.1016/j.polymer.2005.06.118

[222] E.M.S. SANCHEZ, C.A.C. ZAVAGLIA, M.I. FELISBERTI • **Unsaturated polyester resins: influence of the styrene concentration on the miscibility and mechanical properties** • *Polymer*, 41(2):765–769, 2000 • doi: 10.1016/S0032-3861(99)00184-6

[223] J. GRENET, S. MARAIS, M.T. LEGRAS, P. CHEVALIER, J. M. SAITER • **DSC and TSDC Study of Unsaturated Polyester Resin. Influence of the promoter content** • *Journal of Thermal Analysis and Calorimetry*, 61(3):719–730, Sept. 2000 • doi: 10.1023/A:1010172408643

[224] D.R. LIDE, H.P.R. FREDERIKSE, Hrsg. • *Handbook of Chemistry and Physics* • CRC Press, 74. Auflage, 1993–1994 • ISBN 0-8493-0474-1

[225] F. HUSSAIN, J. CHEN, M. HOJJATI • **Epoxy-silicate nanocomposites: Cure monitoring and characterization** • *Materials Science and Engineering: A*, 445–446:467–476, 2007 • doi: 10.1016/j.msea.2006.09.071

[226] DAX, GUNDELFINGER, HÄFFNER, ITSCHNER, KOTSCH, STANCZEK • *Tabellenbuch für Metalltechnik* • Handwerk und Technik, 1991 • ISBN 3-582-03291-4

[227] J. WILDE, J. DAHLIN • **Zuverlässigkeit bleifrei gelöteter Leistungsbaugruppen** • *FreiDok Albert-Ludwigs-Universität Freiburg*, Seite 23, 2007 • URL http://nbn-resolving.de/urn/resolver.pl?urn=urn:nbn:de:bsz:25-opus-34851

Literaturverzeichnis

[228] O. TRITHAVEESAK • *Ferroelektrische Eigenschaften von Kondensatoren mit epitaktischen $BaTiO_3$-Dünnschichten* • Dissertation, Rheinisch-Westfälische Technische Hochschule Aachen, 2004

[229] C.E. HO, Y.M. CHEN, C.R. KAO • **Reaction kinetics of solder-balls with pads in BGA packages during reflow soldering** • *Journal of Electronic Materials*, 28(11):1231–1237, Nov. 1999 • doi: 10.1007/s11664-999-0162-3

[230] M.R. HARRISON, J.H. VINCENT, H.A.H. STEEN • **Lead-free reflow soldering for electronics assembly** • *Soldering & Surface Mount Technology*, 13(3):21–38, 2001

[231] S. RAMESH, B.A. SHUTZBERG, C. HUANG, J. GAO, E.P. GIANNELIS • **Dielectric nanocomposites for integral thin film capacitors: materials design, fabrication and integration issues** • *Advanced Packaging, IEEE Transactions on*, 26(1):17–24, Feb. 2003 • doi: 10.1109/TADVP.2003.811365

[232] V. AGARWAL, P. CHAHAL, R.R. TUMMALA, M.G. ALLEN • **Improvements and Recent Advances in Nanocomposite Capacitors Using a Colloidal Technique** • *Electronic Components and Technology Conference*, Seiten 165–170, 1998

[233] S.-L. WU • **Dielectric Studies of Mineral-Filled Epoxy** • *Polymer Composites*, 16(3):233–239, Jun. 1995

[234] G. YILMAZ, Ö. KALENDERLI • **Dielectric behaviour and electric strength of polymer films in varying thermal conditions for 50 Hz to 1 MHz frequency range** • *EIC/EMCW Electric Insulation Conference*, Seiten 269–271, Sept. 22–25 1997

[235] S. RAMESH, C. HUANG, S. LIANG, E.P. GIANNELIS • **Integrated thin film capacitors: interfacial control and implications on fabrication and performance** • *Electronic Components and Technology Conference, 1999. 1999 Proceedings. 49th*, Seiten 99–104, 1999 • doi: 10.1109/ECTC.1999.776071

[236] S. RAMESH, B.A. SHUTZBERG, E.P. GIANNELIS • **Integral thin film capacitors: Fabrication and integration issues** • *Electronic Components and Technology Conference, 2000. 2000 Proceedings. 50th*, Seiten 1568–1571, 2000 • doi: 10.1109/ECTC.2000.853423

[237] T. HANEMANN • **Influence of particle properties on the viscosity of polymer-alumina composites** • *Ceramics International*, 34(8):2099–2105, Dez. 2008 • doi: 10.1016/j.ceramint.2007.08.007

[238] M.H. FREY, D.A. PAYNE • **Grain-size effect on structure and phase transformations for barium titanate** • *Physical Review B*, 54(5):3158–3168, Aug. 1996

[239] B.D. BEGG, E.R. VANCE, J. NOWOTNY • **Effect of Particle Size on the Room-Temperature Crystal Structure of Barium Titanate** • *Journal of the American Ceramic Society*, 77(12):3186–3192, 1994

Literaturverzeichnis

[240] J. JORDAN, K.I. JACOB, R. TANNENBAUM, M.A. SHARAF, I. JASIUK • **Experimental trends in polymer nanocomposites – a review** • *Materials Science and Engineering A*, 393(1–2):1–11, Feb. 2005 • doi: 10.1016/j.msea.2004.09.044

[241] S.-D. CHO, J.-Y. LEE, K.-W. PAIK • **Study on the epoxy/BaTiO$_3$ embedded capacitor films newly developed for PWB applications** • *Electronic Components and Technology Conference, 2002. Proceedings. 52nd*, Seiten 504–509, 2002 • doi: 10.1109/ECTC.2002.1008143

[242] S. STOLZ • **Siebdruck von elektrisch leitfähigen Keramiken zur Entwicklung heizbarer keramischer Mikrokomponenten** • *Forschungszentrum Karlsruhe in der Helmholtz-Gemeinschaft - Wissenschaftliche Berichte*, FZKA 6906:1–125, Juli 2004 • ISSN 0947-8620

[243] D.S. MCLACHLAN, M. BLASZKIEWICZ, R.E. NEWNHAM • **Electrical Resistivity of Composites** • *Journal of the American Ceramic Society*, 73(8):2187–2203, 1990 • doi: 10.1111/j.1151-2916.1990.tb07576.x

[244] A.T. BÄR, T. HANEMANN, B. SCHUMACHER • **Entwicklung von Polymer-Keramik-Komposit Kondensatoren** • *Forschungszentrum Karlsruhe in der Helmholtz-Gemeinschaft - Wissenschaftliche Berichte*, FZKA 7458:1–71, März 2009 • ISSN 0947-8620

[245] S. WADA, T. HOSHINA, H. YASUNO, M. OHISHI, H. KAKEMOTO, T. TSURUMI, M. YASHIMA • **Size Effect of Dielectric Properties for Barium Titanate Particles and its Model** • *Key Engineering Materials*, 301:27–30, 2006

[246] L. WU, M.-C. CHURE, K.-K. WU, W.-C. CHANG, M.-J. YANG, W.-K. LIU, M.-J. WU • **Dielectric properties of barium titanate ceramics with different materials powder size** • *Ceramics International*, 35:957–960, 2009 • doi: 10.1016/j.ceramint.2008.04.030

[247] A.S. BHALLA, R.E. NEWNHAM, L.E. CROSS, W.A. SCHULZE, J.P. DOUGHERTY, W.A. SMITH • **Pyroelectric PZT-polymer composites** • *Ferroelectrics*, 33(1):139–146, 1981 • doi: 10.1080/00150198108008079

[248] C.J. DIAS, D.K. DAS-GUPTA • **Piezo- and Pyroelectricity in Ferroelectric Ceramic-Polymer Composites** • *Key Engineering Materials*, 92–93:217–248, 1994 • doi: 10.4028/www.scientific.net/KEM.92-93.217

[249] H. YAMAZAKI, T. KITAYAMA • **Pyroelectric properties of polymer-ferroelectric composites** • *Ferroelectrics*, 33(1):147–153, 1981 • doi: 10.1080/00150198108008080

Literaturverzeichnis

A Publikationsverzeichnis

A.1 Referierte Zeitschriftenbeiträge

[V1.1.]: B. SCHUMACHER, H. GESSWEIN, J. HAUSSELT, T. HANEMANN • **Temperature treatment of nano scaled barium titanate filler to improve the dielectric properties of high-k polymer based composites** • *Microelectronic Engineering*, 87 (2010) 10, 1978-1983 • doi: 10.1016/j.mee.2009.12.018

[V1.2.]: T. HANEMANN, B. SCHUMACHER, J. HAUSSELT • **Tuning the dielectric constant of polymers using organic dopants** • *Microelectronic Engineering*, 87 (2010) 4, 533-536 • doi: 10.1016/j.mee.2009.05.015

[V1.3.]: T. HANEMANN, B. SCHUMACHER, J. HAUSSELT • **Polymerization conditions influence on the thermomechanical and dielectric properties of unsaturated polyester-styrene-copolymers** • *Microelectronic Engineering*, 87 (2010) 1, 15-19 • doi: 10.1016/j.mee.2009.05.014

[V1.4.]: T. HANEMANN, R. HELDELE, K. HONNEF, S. RATH, B. SCHUMACHER, J. HAUSSELT • **Properties and Application of Polymer-Nanoparticle-Composites** • *ceramic forum international (cfi) "Ceramics Derived from Nano-Powders Processing and Applications"*, guest editor: Andreas Roosen, spezial edition 2007, ISSN 0173-9913, cfi/Ber. DKG 84 (2007) No. 13,49-54

[V1.5.]: D.V. SZABÓ, S. SCHLABACH, R. OCHS, B. SCHUMACHER, M. BRUNS • **The Karlsruhe Microwave Plasma Process: A Non-Thermal Plasma Method for Synthesis of Nanoparticles** • *ceramic forum international (cfi) "Ceramics Derived from Nano-Powders Processing and Applications"*, guest editor: Andreas Roosen, spezial edition 2007, ISSN 01739913, cfi/Ber. DKG 84 (2007) No. 13, 7-11

[V1.6.]: B. SCHUMACHER, R. OCHS, H. TRÖSSE, S. SCHLABACH, M. BRUNS, D.V. SZABÓ, J. HAUSSELT • **Nanostructured SnO_2 layers for gas sensing applications by in-situ deposition of nanoparticles produced by the Karlsruhe microwave plasma process** • *Plasma Processes & Polymers*, Wiley-VCH Verlag GmbH & Co. KGaA Weinheim, 4 (2007) 865-870 • doi: 10.1002/ppap.200732101

A Publikationsverzeichnis

A.2 Buchbeiträge

[V2.1.]: T. HANEMANN, J. BÖHM, K. HONNEF, R. HELDELE, B. SCHUMACHER • **Properties and application of polymer-ceramic-composites in microsystem technologies** • *Ceramics Processing in Microtechnology*, editor H.-J. RITZHAUPT-KLEISSL, P. JOHANDER, Whittles Publishing, CRC Press, ISBN 978-1-4398-0868-9

A.3 Tagungsbandbeiträge

[V3.1.]: B. SCHUMACHER, H. GEßWEIN, J. HAUßELT, T. HANEMANN • **Permittivity of $BaTiO_3$ polymer composite with differing particle size distribution** • *NSTI-Nanotech 2009*, ISBN 978-1-4398-1783-4 Vol. 2, 546-549

[V3.2.]: B. SCHUMACHER, H. GEßWEIN, T. HANEMANN, J. HAUßELT • **Influence of the crystallite and particle size of $BaTiO_3$ and $SrTiO_3$ on the dielectric properties of polyester reactive-resin composite materials** • *Smart Systems Integration 2009*, ISBN 978-3-89838-616-6, 134-139

[V3.3.]: B. SCHUMACHER, H. GEßWEIN, T. HANEMANN, J. HAUßELT • **Influence of the crystallite size of $BaTiO_3$ on the dielectric properties of polyester reactive resin composite materials** • *NSTI-Nanotech 2008*, ISBN 978-1-4200-8503-7 Vol. 1, 385-388

[V3.4.]: T. HANEMANN, J. BÖHM, E. RITZHAUPT-KLEISSL, B. SCHUMACHER, J. HAUßELT • **Properties and applications of polymer-dopant-nanocomposites** • *MiNat, Stuttgart 12.06.-14.06.2007*, Tagungsband auf CD

[V3.5.]: T. HANEMANN, R. HELDELE, K. HONNEF, S. RATH, B. SCHUMACHER, J. HAUßELT • **Eigenschaften und Anwendungen von Polymer-Nanopartikel-Kompositen: Vom Funktionspolymer bis zur gesinterten Keramik** • *Fortschrittsberichte der Deutschen Keramischen Gesellschaft - Verfahrenstechnik* (Hrsg. A. Roosen), 20(1), 220-229 (2006), ISSN: 0173-9913 und DKG Symposium Keramik aus Nanopulvern: Verfahrenstechnik und Anwendungen, 28.11./29.11.2006, Erlangen, FRG.

[V3.6.]: T. HANEMANN, J. BÖHM, E. RITZHAUPT-KLEISSL, B. SCHUMACHER, J. HAUßELT • **Polymer-dopant-nanocomposites with improved physical properties** • *Proc. Smart Systems Integration 2007* (Ed. T. Gessner), Paris, 27.-28.03.2007, VDE Verlag GmbH, Berlin, 485-487

[V3.7.]: B. SCHUMACHER, D.V. SZABÓ, S. SCHLABACH, R. OCHS, H. MÜLLER, M. BRUNS • **Nanoparticle SnO_2 films as gas sensitive membranes** • *Mater. Res. Soc. Symp. Proc.* Vol. 900E, 2006, 0900-O08-06.1

A.4 Sonstiges

[V4.1.]: A.T. BÄR, T. HANEMANN, B. SCHUMACHER • **Entwicklung von Polymer-Keramik-Komposit Kondensatoren** • *Forschungszentrum Karlsruhe Wissenschaftliche Berichte*, FZKA 7458, März 2009, ISSN 0947-8620, urn:nbn:de:0005-074582

[V4.2.]: T. HANEMANN, R. HELDELE, K. HONNEF, S. RATH, B. SCHUMACHER, J. HAUSSELT • **Mikrostrukturierte keramische Bauteile aus Polymer-Nanopartikel-Kompositen** • *DKG-Handbuch "Technische Keramische Werkstoffe"*, Hrsg. J. Kriegesmann, 98 Ergänzungslieferung, Kapitel 3.6.1.6, Mai 2007, HvB-Verlag GbR, Ellerau, 1-20.

[V4.3.]: B. SCHUMACHER, R. OCHS, H. TRÖSSE, S. SCHLABACH M. BRUNS, D.V. SZABÓ, J. HAUSSELT • **Electronic Micro Nose Equiped with Nano-structured Gas Sensitive SnO_2 layer** • *mst news* August 2006, Vol. 4, pp. 10-12

[V4.4.]: B. SCHUMACHER • **Nanogranulare SnO_2-Schichten für Gassensor-Mikroarrays** • *Forschungszentrum Karlsruhe Wissenschaftliche Berichte*, FZKA 7173, November 2005, ISSN 0947-8620, urn:nbn:de:0005-071730

A Publikationsverzeichnis

B Literaturzusammenfassung - Permittivität von Kompositmaterialien

Die Permittivität, der dielektrische Verlust, sowie die für die Kompositherstellung verwendete polymere Matrix und Kommentare zu Herstellungsmethode und Verarbeitung wurden aus einer Reihe von Veröffentlichungen, die hauptsächlich in Fachzeitschriften und Tagungsbandbeiträgen erschienen sind, zusammengetragen. Wenn die Werte aus einer grafischen Abbildung abgelesen wurden, sind diese mit einem „~" gekennzeichnet. Wenn die Werte aus dem Zusammenhang erschlossen wurden, aber nicht explizit mit den anderen Materialwerten zusammen genannt sind, sind diese in Klammern dargestellt. Zur Referenz sind auch Werte von Bulkwerkstoffen, die in Pulverform als Füllstoff verwendet werden, und von ungefüllten Polymermaterialien mit angegeben. Homogene Materialien sind hierbei mit einem „b" (engl.: bulk), Pulver mit einem „p" (engl.: powder) und Kompositmaterialien mit einem „c" (engl.: composite) gekennzeichnet. Werte die im Rahmen dieser Arbeit entstanden sind, sind grau hinterlegt und fett gedruckt dargestellt.

B Literaturzusammenfassung - Permittivität von Kompositmaterialien

Tab. B.1: Dielektrische Eigenschaften von Polymer-Kompositen und Grundkomponenten (sortiert nach der Permittivität, b: Bulk, p: Pulver, c: Komposit)

Füllstoff	Matrix	Füllgrd.	Freq.	Kommentar	tan δ	ϵ_r	Ref.
BaTiO$_3$		b		1.62–$2.65\,\frac{m^2}{g}$, $7.8\,\frac{g}{cm^3}$, $1.1\,\mu m$	0.015	17800	[151]
BaTiO$_3$		p	20MHz	bei 20°C, BaTiO$_3$: 70nm, kalziniert im Vakuum		15000	[245]
BaTiO$_3$		p	20MHz	BaTiO$_3$: 140nm, kalziniert an Luft		5000	[245]
BaTiO$_3$		b	1kHz	feine Korngröße		5000	[246]
BaTiO$_3$		b		2.9–$3.9\,\frac{m^2}{g}$, $5.5\,\frac{g}{cm^3}$, $1.43\,\mu m$	0.010	4425	[151]
BaTiO$_3$		b	1kHz	grobe Korngröße		2200	[246]
BaTiO$_3$		b	1kHz	Korngröße $1.1\,\mu m$, RT		~5500	[60]
Ag	Epoxy	c	10kHz	Epoxy: „Epon 5834"	0.24	2000	[138]
Pr$_{0.6}$Ca$_{0.4}$MnO$_3$	Polyvinylfluorid	c	1kHz	an der Perkulationsschwelle	~2	~2000	[168]
PZT		b	1kHz			1800	[127]
BaTiO$_3$		b	1kHz	Korngröße $53\,\mu m$, RT		~1500	[60]
Ni/BaTiO$_3$	PVDF	c	100Hz	bei RT, 20 Vol% BaTiO$_3$, 23 Vol% Ni	0.5	800	[144]
Ag+C	Epoxy	c	1kHz	Ag Nanopart. mit C-Hülle	~0.03	~345	[141]
SrTiO$_3$						270	[128]
Ca-PbTiO$_3$		b	1kHz			225	[127]
BaTiO$_3$	Phenolharz	c	1kHz	gepolt bei 100°C, $50\,\frac{kV}{m}$, BaTiO$_3$: TamCo „p type", $160\,\mu m$		220	[123]
PMN-PT/BaTiO$_3$	Epoxy	c	10kHz	PMN-PT:BaTiO$_3$ = 4:1, PMN-PT: 50nm, BaTiO$_3$: $0.9\,\mu m$; Epoxy: „Bisphenol-A" + 5 m% Co(III), elektrische Durchbruchspannung $17\,\frac{MV}{m}$, Lösungsmittel NMP		150	[124, 164, 165]
Füllstoff	Matrix	Füllgrd.	Freq.	Kommentar	tan δ	ϵ_r	Ref.

Tab. B.1: Dielektrische Eigenschaften von Polymer-Kompositen und Grundkomponenten (fortgesetzt)

Füllstoff	Matrix		Füllgrd.	Freq.	Kommentar	tan δ	ϵ_r	Ref.
PZT	Epoxy	c	40 Vol%				130	[247]
BaTiO$_3$	Polyimid	c	90 Vol%	10kHz		0.04	125	[153]
PMN-PT/BaTiO$_3$	Epoxy	c	70 Vol%	10kHz	PMN-PT:BaTiO$_3$ = 3:1, PMN-PT: 65nm, BaTiO$_3$: 900nm, Epoxy: „DER661" + 5 m% Co(III)	0.016	110	[166]
Al	Epoxy	c	70 m%	10kHz	Al: 3μm, silanisiert	0.02	96	[142]
BaTiO$_3$	Polyimid	c	70 Vol%	100kHz	BaTiO$_3$ beschichtet mit Phthalocyanin	0.04	93.5	[10]
BaTiO$_3$	Epoxy	c		1kHz	BaTiO$_3$: 0.1μm	0.4	90	[125]
PZT	P(VDF-TrFE)	c	50 Vol%	1kHz		0.02	90	[127]
BaTiO$_3$	Epoxy	c	75 Vol%	100kHz	BaTiO$_3$: Bimodal 60 Vol% 960nm und 15 Vol% 60nm, Epoxy: zwei versch. „Bisphenol-A" (fest) und ein „Bisphenol-F" (flüssig)	0.03	90	[154]
PMN-PT/BaTiO$_3$	Epoxy	c	70 Vol%	10kHz	PMN-PT:BaTiO$_3$ = 3:1, Epoxy: Zugabe von CBA / Co(II)	0.017	89	[167]
BaTiO$_3$	Polyimid	c	70 Vol%	1MHz	BaTiO$_3$ bimodal 500nm, 100nm 1:3	0.02	82	[155]
BaTiO$_3$	Polyimid	c	58 Vol%	(100kHz)	Polyimid: „Ultradel 7505"	0.032	76	[151]
BaTiO$_3$	PVDF	c	50 Vol%	100Hz	bei RT		75	[144]
BaTiO$_3$	PEGDA	c	40 Vol%	100Hz		~70		[145]
BaTiO$_3$	Epoxy	c	70 Vol%	(1MHz)		0.04	~67	[146]
Ca-PbTiO$_3$	P(VDF-TrFE)	c	65 Vol%	1kHz		0.011	67	[127]
Ca-PbTiO$_3$	P(VDF-TrFE)	c	60 VOl%	1kHz			66	[248]
PMN-PT/BaTiO$_3$	Epoxy	c	40 Vol%	10kHz	PMN-PT:BaTiO$_3$ = 4:1, Epoxy + Dispergator + Metall-acac	~0.03	65	[157]

Füllstoff	Matrix		Füllgrd.	Freq.	Kommentar	tan δ	ϵ_r	Ref.

B Literaturzusammenfassung - Permittivität von Kompositmaterialien

Tab. B.1: Dielektrische Eigenschaften von Polymer-Kompositen und Grundkomponenten (fortgesetzt)

Füllstoff	Matrix		Füllgrd.	Freq.	Kommentar	tan δ	ϵ_r	Ref.
PMN-PT	Epoxy	c	71 Vol%	10kHz	Epoxy: „XP-9500" + „Byk W 9010"		57	[161]
PbTiO$_3$	PVDF	c	60 Vol%				55	[249]
PMN-PT	Epoxy	c	~70 Vol%	120kHz	PMN-PT: „Y5V183U", Disp. „Byk W9010", Lösungsmittel PGMEA	~0.03	~50	[162]
BaTiO$_3$	**Polyester**	**c**	**40 Vol%**	**1kHz**	**multimodal**	**0.008**	**49.2**	
PMN-PT	Epoxy	c	50 Vol%	100kHz	Epoxy: „Probimer 4959"		48	[163]
BaTiO$_3$	Epoxy	c	(60 Vol%)	10kHz	BaTiO$_3$ silanisiert	~0.022	45	[147]
PMN-PT	Epoxy	c	71 Vol%	10kHz	Epoxy: „Probelec 81/7081" + „Byk W 9010"		45	[161]
BaTiO$_3$	Epoxy	c	40 Vol%	100kHz	BaTiO$_3$: unbehandelt	0.028	44	[126]
BaTiO$_3$	PVDF	c	40 Vol%		Druckbehandlung 1300MP bei 30°C, BaTiO$_3$: silanisiert	~43		[148]
BaTiO$_3$	Epoxy	c	50 Vol%		aushärten bei 300°C		39	[149]
BaTiO$_3$	PAN	c	55 Vol%	2.5kHz			39	
				100kHz		0.042	39	[151]
Ba$_{0.7}$Sr$_{0.3}$TiO$_3$	**Polyester**	**c**	**32 Vol%**	**1kHz**	**Sol-Gel-Synthese**	**0.070**	**36.1**	
BaTiO$_3$	TMPTA	c	35 Vol%	100Hz			~35	[145]
PMN	Epoxy	c	46 Vol%	100kHz	„Probimer 4959"	0.022	34	[160]
BaTiO$_3$	PVDF	c	~26 Vol%	100Hz			~34	[135]
BaTiO$_3$	PFCB	c		1kHz	BaTiO$_3$: Alfa Aesar 99.7%	0.02	33	[150]
LaMgSr-BaTiO$_3$	Epoxy	c	30 Vol%	100kHz	BaTiO$_3$: mehrfachdot. mit La, Mg und Sr	0.0257	27	[126]
Ag	Epoxy	c	17.8 m%	10kHz	Epoxy: Bisphenol A (EPON 828) und cycloaliphatisches Epoxy (ERL 4221E)	0.01	26	[139]
BaTiO$_3$	**Polyester**	**c**	**22 Vol%**	**1kHz**	**modifiziert bei 1050°C**	**0.006**	**24.8**	
BaTiO$_3$	PNB	c	50 Vol%	100kHz	aushärten bei 250°C	0.008	22	[151]
Füllstoff	Matrix		Füllgrd.	Freq.	Kommentar	tan δ	ϵ_r	Ref.

Tab. B.1: Dielektrische Eigenschaften von Polymer-Kompositen und Grundkomponenten (fortgesetzt)

Füllstoff	Matrix		Füllgrd.	Freq.	Kommentar	tan δ	ϵ_r	Ref.
$BaTiO_3$	Polyimid	c	50 Vol%	(1kHz)	$BaTiO_3$: 70nm, APTS behandelt	0.01	19.03	[152]
$BaTiO_3$	TDDMA	c	30 Vol%	100Hz	frequenzunabhängig	⁻0.004	⁻19	[145]
Al_2O_3	Polyimid	c	20 Vol%	100kHz			15	[143]
$Ba_{0.5}Sr_{0.5}TiO_3$	Su-8	c	22 Vol%	1kHz	auf Si (Au Elektr.)	⁻0.02	⁻12	[156]
$SrTiO_3$	**Polyester**	**c**	**22 Vol%**	**1kHz**	**modifiziert bei 1000°C**	**0.003**	**11.8**	
ZnO	LDPE	c	63 Vol%	100Hz			11.5	[129]
Ag	Epoxy	c		10kHz	Epoxy: Cycloaliphatisches Epoxy (ERL-4221E) + Dendrimere (PAMAM), Ag aus $AgNO_3$ (30 m% bezogen auf Epoxy)	0.05	10.6	[140]
PMN	Epoxy	c	21 Vol%	100kHz	„Siloxane 1091"	0.028	9.0	[160]
Cu	LDPE	c	20 Vol%	2kHz		⁻0.035	⁻8	[158]
Ni	LDPE	c	20 Vol%	2kHz		⁻0.01	⁻6.5	[158]
$SrTiO_3$	PEEK	c	27 m%	1MHz	nanoskaliger Füllstoff	0.0278	5.9	[128]
C-Faser	LDPE	c	20 Vol%	2kHz		⁻0.01	⁻5.5	[158]
	P(VDF-TrFE)	b		1kHz		0.25	5.3	[127]
$SrTiO_3$	PEEK	c	27 m%	1MHz	mikroskaliger Füllstoff	0.0037	5.27	[128]
	PEEK	b					3.3	[128]
$Ni_{0.3}Zn_{0.7}Fe_2O_4$	Akrylat	c	6.4 Vol%	10MHz			3.29	[159]
	PFCB	b		1kHz	Schichtdicke ⁻10μm		2.8	[150]

Füllstoff	Matrix		Füllgrd.	Freq.	Kommentar	tan δ	ϵ_r	Ref.

B Literaturzusammenfassung - Permittivität von Kompositmaterialien

C Pulver

Im Folgenden sind die Analysen der in dieser Arbeit verwendeten Kommerziellen Pulver aufgelistet. Herstellerangaben und gemessene Werte sind separat gekennzeichnet.

Tab. C.1: Zusammenfassung der verwendeten Pulver und deren Charakterisierung

Mat.	Temp. $T_{aush.}$ [°C]	Dichte ρ_{xrd} [$\frac{g}{cm^3}$]	ρ_{he} [$\frac{g}{cm^3}$]	Oberfläche A_{bet} [$\frac{m^2}{g}$]	A_{bet} [$\frac{m^2}{cm^3}$]	Durchm. $d_{bet/he}$ [nm]	PSD d_{10} [nm]	d_{50} [nm]	d_{90} [nm]	REM $\cdot 10^3$	XRD 2Θ [min]	2Θ [max]
C.1.1 BaTiO$_3$		Aldrich, <2µm, 99.9%, Batch# 19109TD 338842-500G										
		5.85	3.50	20.48		293	186	835	3297	100, 500	20	80
C.1.2 BaTiO$_3$		Aldrich, <3u,99%, Cat# 20,810-8, Lot# 04817CC-506										
		5.76	4.12	23.73		253	142	379	1256	100, 500	20	80
C.1.3 SrTiO$_3$		Aldrich, <5µm, 99%, Batch# 09621PD 396141-500G										
		4.99	2.04	10.19		589	204	984	2327	100, 500	20	80
C.1.4 TiO$_2$		Aldrich, Anatase, 99.7%, Batch#:00910HD 637254-50G										
		3.24	205.91	668.46		9	834	997	1188	50, 100, 500, 1000	20	80
C.2.1 BaTiO$_3$		Alfa Aesar, 99%, metals basis, Lot# 4327095										
		5.79	2.85	16.51		364	203	950	3100	20, 100, 500	20	80
	1000	5.79	2.25	13.02		461				20, 100, 500		
C.2.2 BaTiO$_3$		Alfa Aesar, 99.7%, metals basis, Lot# 4327883										
		5.82	2.18	12.68		473	217	1625	4391	100, 500	20	80
C.3.1 BaTiO$_3$		Atlantic Equipment Engineers, 99.9%, 0.5µm-3.0µm, BA-901										
		5.83	2.14	12.47		481	256	2393	4591	100, 500	20	80
C.4.1 BaTiO$_3$		Fluka, <3µm, 99%, Lot# 04321LD 10907B12										
		5.78	3.22	18.61		322	232	1567	4496	100, 500	20	80
C.5.1 BaTiO$_3$		Inframat Advanced Materials, 99.95%, 0.1µm, Cat# 5622ON-01										
		5.75	10.42	59.93		100	213	271	578	1, 100, 500	20	85
	1000	5.93	1.79	10.62		565				20, 100, 500	20	85
C.5.2 BaTiO$_3$		Inframat Advanced Materials, 0.2µm, Cat# 5622-ON2										
		5.99	4.14	24.78		242	220	399	934	100, 500	20	85

Tabelle fortgesetzt auf nächster Seite

Tabelle fortgesetzt von vorangegangener Seite

Mat.	Temp. $T_{aush.}$ °C	Dichte ρ_{xrd} [$\frac{g}{cm^3}$]	ρ_{he} [$\frac{g}{cm^3}$]	Oberfläche A_{bet} [$\frac{m^2}{g}$]	A_{bet} [$\frac{m^2}{cm^3}$]	Durchm. $d_{bet/he}$ [nm]	PSD d_{10} [nm]	d_{50} [nm]	d_{90} [nm]	REM ·10^3	XRD 2Θ [min]	2Θ [max]
	1000		5.84	2.86	16.70	359				100,500	20	85
C.5.3	BaTiO$_3$ Inframat Advanced Materials, 99.95%, 0.3µm, Cat# 5622-ON3											
			5.96	3.52	20.99	286	250	571	1021	100,500	20	85
	1000		5.93	1.97	11.68	514				100,500	20	85
C.5.4	BaTiO$_3$ Inframat Advanced Materials, 99.95%, 0.4µm, Cat# 5622-ON4											
			6.01	2.62	15.74	381	236	717	1162	10,100,500	20	85
	1000		5.95	1.56	9.29	646				100,500	20	85
C.5.5	BaTiO$_3$ Inframat Advanced Materials, 0.5µm, Cat# 5622-ON5											
			6.07	2.08	12.62	476	136	333	1205	100,500	20	85
	1000		5.91	1.41	8.34	720				100,500	20	85
C.5.6	BaTiO$_3$ Inframat Advanced Materials, 0.7µm, Cat# 5622-ON7											
			6.01	1.69	10.16	590	88	258	1214	1,100,500	20	85
	1000		5.96	1.02	6.08	986				100,500	20	85
C.5.7	SrTiO$_3$ Inframat Advanced Materials, 100nm, 99.95%, Cat# 3822ON-01											
			4.44	10.30	45.69	131	96	262	1008	100,500,1500	20	80
C.6.1	Ba$_{0.7}$Sr$_{0.3}$TiO$_3$ KIT Campus Nord, IMF III, MPE/KER											
			2.08	1.26	2.63	2285				1,20,100,500		
	900		5.40	14.56	78.64	76				20,100,500	20	80
	1100		5.48	10.85	59.43	101	1365	8607	28116	3,20,100,500	20	80
	800		5.41	7.82	42.30	142				20,100,500		
	900		5.51	5.95	32.76	183				20,100,500		
	1000		5.53	4.56	25.21	238				20,100,500		
	1100		5.62	1.94	10.91	550				20,100,500	20	88

Tabelle fortgesetzt auf nächster Seite

Tabelle fortgesetzt von vorangegangener Seite

Mat.	Temp. $T_{aush.}$ °C	Dichte ρ_{xrd} [$\frac{g}{cm^3}$]	ρ_{he} [$\frac{g}{cm^3}$]	Oberfläche A_{bet} [$\frac{m^2}{g}$]	A_{bet} [$\frac{m^2}{cm^3}$]	Durchm. $d_{bet/he}$ [nm]	PSD d_{10} [nm]	d_{50} [nm]	d_{90} [nm]	REM $\cdot 10^3$	XRD 2Θ [min]	2Θ [max]
	1200		5.53	0.57	3.15	1903				20,100,500	20	88
	1250		5.72	0.66	3.77	1591				20,100,500	20	88
	1300		5.79	0.37	2.14	2802				20,100,500	20	88
C.7.1	BaFe$_{12}$O$_{19}$ Nanoamor, 99.5%, 500nm, Stock #1145FY											
			4.96	12.24	60.76	99	1181	5362	24050	1,100,500	20	80
C.7.2	BaTiO$_3$ Nanoamor, 99.6%, 85-128nm, Stock #1150XW											
	500	5.931	5.53	11.27	62.34	96	53	165	560	1,100,500,1500	20	80
	650	6.005	5.56	11.46	63.76	94				100,500	20	80
	750	6.008	5.61	12.74	71.49	84				100,500	20	80
	800	6.015	5.64	10.58	59.67	101				100,500	20	80
	850	6.012	5.65	9.30	52.55	114				100,500	20	80
	900	6.013	5.68	8.33	47.28	127				100,500		
	950	6.013	5.68	6.68	37.97	158				100,500	20	80
	1000	6.017	5.75	6.75	38.79	155				100,500	20	80
	1050	6.008	5.78	5.83	33.68	178				100,500	20	80
	1100	6.017	5.80	4.88	28.32	212				100,500	20	80
	1150	6.011	5.90	4.33	25.55	235				100,500	20	80
	1200	6.017	5.91	3.01	17.78	337				100,500		
			5.94	1.10	6.54	918				15,100,500	20	80
C.7.3	SnO$_2$ Nanoamor, 99.5%, 61nm, Stock #5010FY											
			6.68	10.90	72.79	82	2449	4139	6234	100,500	20	80
C.7.4	SrTiO$_3$ Nanoamor, 99.8%, 69-104nm, Stock #5150XW											
		5.0382	4.28	34.85	149.30	40	932	5568	16746	100,500		

Tabelle fortgesetzt auf nächster Seite

Tabelle fortgesetzt von vorangegangener Seite

Mat.	Temp.	Dichte		Oberfläche		Durchm.	PSD			REM	XRD	
	$T_{aush.}$ °C	ρ_{xrd} $[\frac{g}{cm^3}]$	ρ_{he} $[\frac{g}{cm^3}]$	A_{bet} $[\frac{m^2}{g}]$	A_{bet} $[\frac{m^2}{cm^3}]$	$d_{bet/he}$ [nm]	d_{10} [nm]	d_{50} [nm]	d_{90} [nm]	$\cdot 10^3$	2Θ [min]	2Θ [max]
	600	5.0929	4.38	27.80	121.79	49				100,500	20	88
	700	5.0993	4.40	19.38	85.31	70				100,500	20	88
	800	5.1035	4.52	14.39	65.10	92				100,500	20	88
	900	5.1055	4.64	11.36	52.76	114				100,500	20	88
	1000	5.1061	4.72	10.68	50.37	119				100,500	20	88
	1100	5.1147	4.75	9.57	45.47	132				100,500	20	88
	1200	5.115	5.02	0.36	1.81	3321				100,500	20	88
	1300	5.1147	5.06	0.29	1.47	4089				100,500	20	88
	1400		5.10	0.24	1.22	4900				100,500	20	88
C.7.5	ZnO	Nanoamor,99.9%,90-200nm,Stock #5830CD										
		5.57		3.51	19.54	307	812	1052	1354	1,100,500	20	80

C Pulver

C.1 Aldrich

C.1.1 BaTiO₃, <2 µm, 99.9%, Batch# 19109TD, 338842-500G

Parameter	Wert	Abb.	Q.
Hersteller	Aldrich		
Material	$BaTiO_3$		
Bezeichnung	338842-500G		
Charge	19109TD		
Reinheit	99.9%		H
Partikelgröße	<2 µm		H
	293 nm		Mbh
Partikelgrößenverteilung	$d_{10} = 186$ nm	C.3	Ml
	$d_{50} = 835$ nm		Ml
	$d_{90} = 3297$ nm		Ml
Dichte	$5.85 \frac{g}{cm^3}$		Mh
Spez. Oberfläche	$3.50 \frac{m^2}{g}$		Mb
	$20.48 \frac{m^2}{cm^3}$		Mbh
REM	100k-fach	C.1	Mr
	500k-fach	C.2	Mr
Röntgenbeugung (XRD)	20°–80° 2θ	C.4	Mx

^{H} Hersteller, ^{M} Messung, ^{b} BET, ^{h} He-Pyknometrie, ^{l} Laserinterferometrie, ^{r} REM, ^{x} XRD, ^{c} Röntgenfluoreszenzspektrometrie (H.C. Starck)

C.1 Aldrich

Abb. C.1: REM 100k *Aldrich* BaTiO$_3$

Abb. C.2: REM 500k *Aldrich* BaTiO$_3$

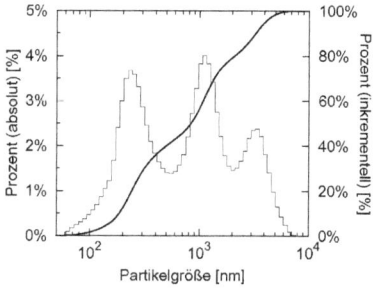

Abb. C.3: Partikelgrößenverteilung (Laserbeugung), *Aldrich* BaTiO$_3$

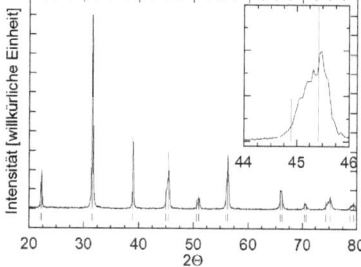

Abb. C.4: Röntgenbeugung (XRD), *Aldrich* BaTiO$_3$ (JCPDS-ICDD 05-0626)

C Pulver

C.1.2 BaTiO₃, <3 µm, 99%, Cat: 20,810-8, Lot: 04817CC-506

Parameter	Wert	Abb.	Q.
Hersteller	Aldrich		
Material	BaTiO$_3$		
Bezeichnung	04817CC-506		
Charge	20,810-8		
Reinheit	99%		H
Partikelgröße	<3 µm		H
	253 nm		Mbh
Partikelgrößenverteilung	$d_{10} = 142$ nm	C.7	Ml
	$d_{50} = 379$ nm		Ml
	$d_{90} = 1256$ nm		Ml
Dichte	5.76 $\frac{g}{cm^3}$		Mh
Spez. Oberfläche	4.12 $\frac{m^2}{g}$		Mb
	23.73 $\frac{m^2}{cm^3}$		Mbh
REM	100k-fach	C.5	Mr
	500k-fach	C.6	Mr
Röntgenbeugung (XRD)	20°–80° 2θ	C.8	Mx

H Hersteller, M Messung, b BET, h He-Pyknometrie, l Laserinterferometrie, r REM, x XRD, c Röntgenfluoreszenzspektrometrie (*H.C. Starck*)

C.1 Aldrich

Abb. C.5: REM 100k *Aldrich* BaTiO$_3$

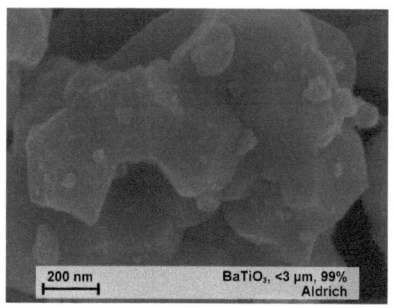

Abb. C.6: REM 500k *Aldrich* BaTiO$_3$

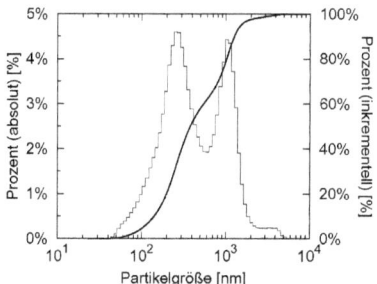

Abb. C.7: Partikelgrößenverteilung (Laserbeugung), *Aldrich* BaTiO$_3$

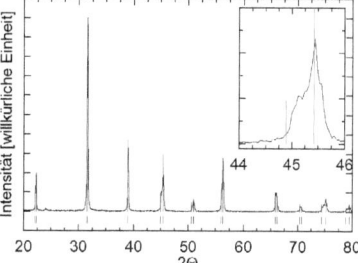

Abb. C.8: Röntgenbeugung (XRD), *Aldrich* BaTiO$_3$ (JCPDS-ICDD 05-0626)

C Pulver

C.1.3 SrTiO₃, <5 μm, 99%, Batch# 09621PD, 396141-500G

Parameter	Wert	Abb.	Q.
Hersteller	Aldrich		
Material	SrTiO$_3$		
Bezeichnung	396141-500G		
Charge	09621PD		
Reinheit	99%		H
Partikelgröße	<5 μm		H
	589 nm		Mbh
Partikelgrößenverteilung	d$_{10}$ = 204 nm	C.11	Ml
	d$_{50}$ = 984 nm		Ml
	d$_{90}$ = 2327 nm		Ml
Dichte	4.99 $\frac{g}{cm^3}$		Mh
Spez. Oberfläche	2.04 $\frac{m^2}{g}$		Mb
	10.19 $\frac{m^2}{cm^3}$		Mbh
REM	100k-fach	C.9	Mr
	500k-fach	C.10	Mr
Röntgenbeugung (XRD)	20°–80° 2θ	C.12	Mx

^{H} Hersteller, ^{M} Messung, ^{b} BET, ^{h} He-Pyknometrie, ^{l} Laserinterferometrie, ^{r} REM, ^{x} XRD, ^{c} Röntgenfluoreszenzspektrometrie (H.C. Starck)

C.1 Aldrich

Abb. C.9: REM 100k *Aldrich* SrTiO$_3$

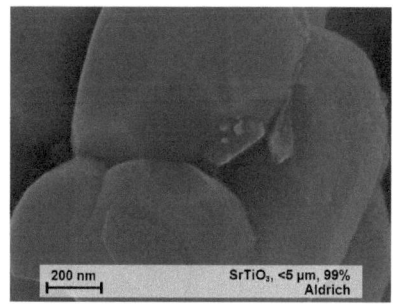

Abb. C.10: REM 500k *Aldrich* SrTiO$_3$

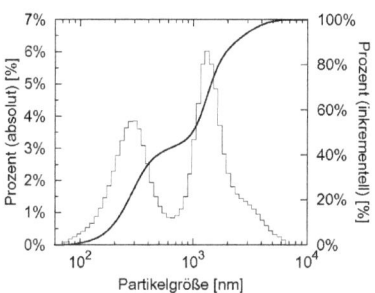

Abb. C.11: Partikelgrößenverteilung (Laserbeugung), *Aldrich* SrTiO$_3$

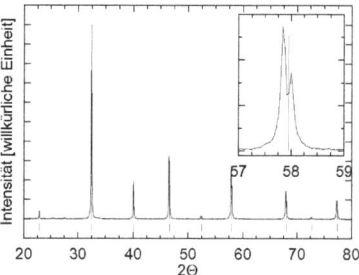

Abb. C.12: Röntgenbeugung (XRD), *Aldrich* SrTiO$_3$ (JCPDS-ICDD 84-0443)

C Pulver

C.1.4 TiO$_2$, 99.7%, Anatase, Batch# 00910HD, 637254-50G

Parameter	Wert	Abb.	Q.
Hersteller	Aldrich		
Material	TiO$_2$		
Bezeichnung	637254-50G		
Charge	00910HD		
Reinheit	99.7%		H
Partikelgröße	9 nm		Mbh
Partikelgrößenverteilung	$d_{10} = 834$ nm	C.17	Ml
	$d_{50} = 997$ nm		Ml
	$d_{90} = 1188$ nm		Ml
Dichte	3.25 $\frac{g}{cm^3}$		Mh
Spez. Oberfläche	205.91 $\frac{m^2}{g}$		Mb
	668.46 $\frac{m^2}{cm^3}$		Mbh
REM	50k-fach	C.15	Mr
	100k-fach	C.13	Mr
	500k-fach	C.14	Mr
	1000k-fach	C.16	Mr
Röntgenbeugung (XRD)	20°–80° 2θ	C.18	Mx

^{H} Hersteller, ^{M} Messung, ^{b} BET, ^{h} He-Pyknometrie, ^{l} Laserinterferometrie, ^{r} REM, ^{x} XRD, ^{c} Röntgenfluoreszenzspektrometrie (H.C. Starck)

C.1 Aldrich

Abb. C.13: REM 100k *Aldrich* TiO$_2$

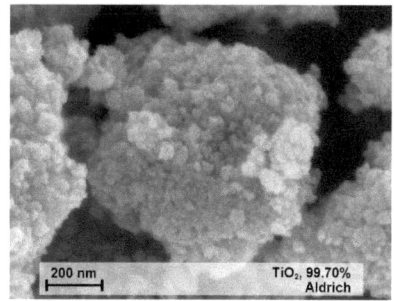

Abb. C.14: REM 500k *Aldrich* TiO$_2$

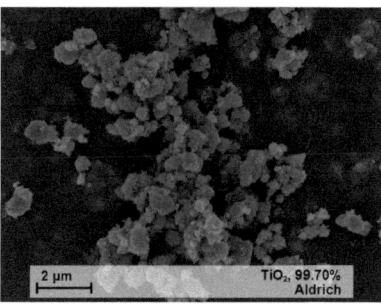

Abb. C.15: REM 50k *Aldrich* TiO$_2$

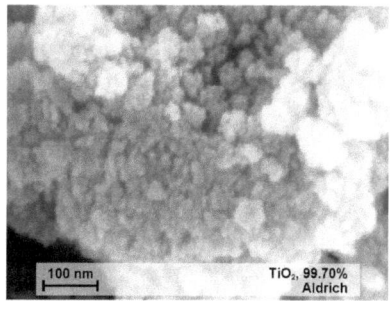

Abb. C.16: REM 1000k *Aldrich* TiO$_2$

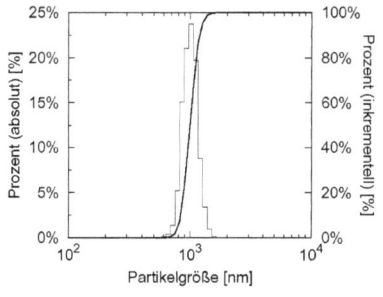

Abb. C.17: Partikelgrößenverteilung (Laserbeugung), *Aldrich* TiO$_2$

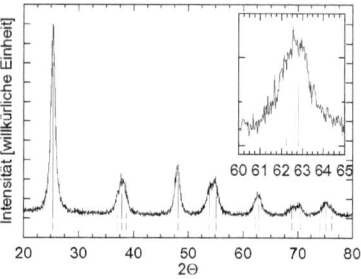

Abb. C.18: Röntgenbeugung (XRD), *Aldrich* TiO$_2$ (JCPDS-ICDD 86-1156)

C Pulver

C.2 Alfa Aesar

C.2.1 BaTiO₃, 99%, metals basis, LOT: 4327095

Parameter	Wert	Abb.	Q.
Hersteller	Alfa Aesar		
Material	BaTiO$_3$		
Bezeichnung	4327095		
Reinheit	99%		H
Partikelgröße	364 nm		Mbh
Partikelgrößenverteilung	$d_{10} = 203$ nm	C.22	Ml
	$d_{50} = 950$ nm		Ml
	$d_{90} = 3100$ nm		Ml
Dichte	5.79 $\frac{g}{cm^3}$		Mh
Spez. Oberfläche	2.85 $\frac{m^2}{g}$		Mb
	16.51 $\frac{m^2}{cm^3}$		Mbh
REM	20k-fach	C.21	Mr
	100k-fach	C.19	Mr
	500k-fach	C.20	Mr
Röntgenbeugung (XRD)	20°–80° 2θ	C.23	Mx

^{H} Hersteller, ^{M} Messung, ^{b} BET, ^{h} He-Pyknometrie, ^{l} Laserinterferometrie, ^{r} REM, ^{x} XRD, ^{c} Röntgenfluoreszenzspektrometrie (*H.C. Starck*)

C.2 Alfa Aesar

Abb. C.19: REM 100k *Alfa Aesar* BaTiO$_3$

Abb. C.20: REM 500k *Alfa Aesar* BaTiO$_3$

Abb. C.21: REM 20k *Alfa Aesar* BaTiO$_3$

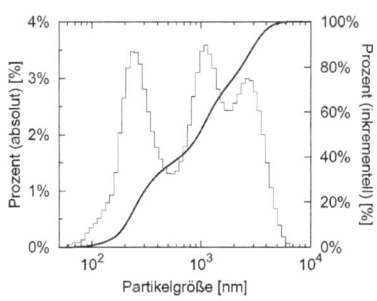

Abb. C.22: Partikelgrößenverteilung (Laserbeugung), *Alfa Aesar* BaTiO$_3$

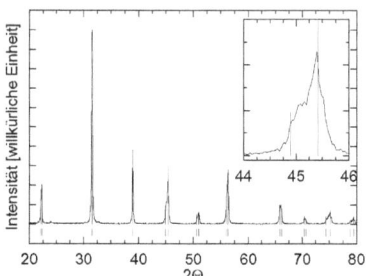

Abb. C.23: Röntgenbeugung (XRD), *Alfa Aesar* BaTiO$_3$ (JCPDS-ICDD 05-0626)

C Pulver

C.2.2 BaTiO₃, 99.7%, metals basis, LOT: 4327883

Parameter	Wert	Abb.	Q.
Hersteller	Alfa Aesar		
Material	$BaTiO_3$		
Bezeichnung	4327883		
Reinheit	99.7%		H
Partikelgröße	473 nm		Mbh
Partikelgrößenverteilung	$d_{10} = 217$ nm	C.26	Ml
	$d_{50} = 1625$ nm		Ml
	$d_{90} = 4391$ nm		Ml
Dichte	$5.82 \frac{g}{cm^3}$		Mh
Spez. Oberfläche	$2.18 \frac{m^2}{g}$		Mb
	$12.68 \frac{m^2}{cm^3}$		Mbh
REM	100k-fach	C.24	Mr
	500k-fach	C.25	Mr
Röntgenbeugung (XRD)	20°–80° 2θ	C.27	Mx

^{H} Hersteller, ^{M} Messung, ^{b} BET, ^{h} He-Pyknometrie, ^{l} Laserinterferometrie, ^{r} REM, ^{x} XRD, ^{c} Röntgenfluoreszenzspektrometrie (*H.C. Starck*)

C.2 Alfa Aesar

Abb. C.24: REM 100k *Alfa Aesar* BaTiO$_3$

Abb. C.25: REM 500k *Alfa Aesar* BaTiO$_3$

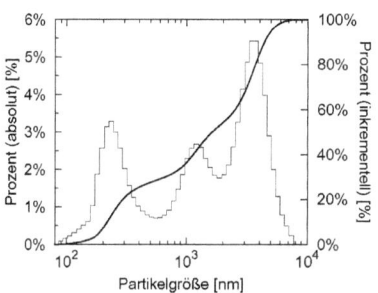

Abb. C.26: Partikelgrößenverteilung (Laserbeugung), *Alfa Aesar* BaTiO$_3$

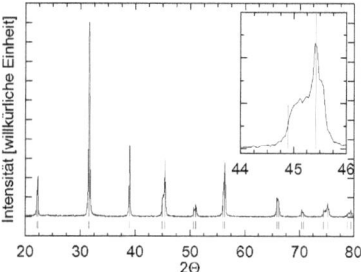

Abb. C.27: Röntgenbeugung (XRD), *Alfa Aesar* BaTiO$_3$ (JCPDS-ICDD 05-0626)

C Pulver

C.3 Atlantic Equipment Engineers

C.3.1 BaTiO₃, 0.5–3 µm, 99.9%, BA-901, Doc# 0703111, Lot# 612517

Parameter	Wert	Abb.	Q.
Hersteller	Atlantic Equipment Engineers		
Material	BaTiO$_3$		
Bezeichnung	612517		
Charge	0703111		
Reinheit	99.9%		H
Partikelgröße	0.5 µm–3 µm		H
	481 nm		Mbh
Partikelgrößenverteilung	$d_{10} = 256$ nm	C.30	Ml
	$d_{50} = 2393$ nm		Ml
	$d_{90} = 4591$ nm		Ml
Dichte	$5.83 \frac{g}{cm^3}$		Mh
Spez. Oberfläche	$2.14 \frac{m^2}{g}$		Mb
	$12.47 \frac{m^2}{cm^3}$		Mbh
REM	100k-fach	C.28	Mr
	500k-fach	C.29	Mr
Röntgenbeugung (XRD)	20°–80° 2θ	C.31	Mx

^{H} Hersteller, ^{M} Messung, ^{b} BET, ^{h} He-Pyknometrie, ^{l} Laserinterferometrie, ^{r} REM, ^{x} XRD, ^{c} Röntgenfluoreszenzspektrometrie (*H.C. Starck*)

C.3 Atlantic Equipment Engineers

Abb. C.28: REM 100k *Atlantic Equipment Engineers* BaTiO$_3$

Abb. C.29: REM 500k *Atlantic Equipment Engineers* BaTiO$_3$

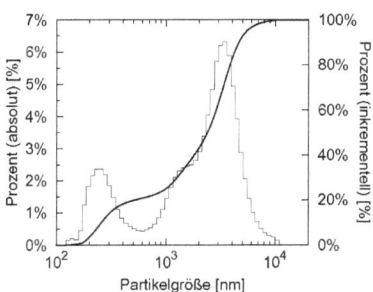

Abb. C.30: Partikelgrößenverteilung (Laserbeugung), *Atlantic Equipment Engineers* BaTiO$_3$

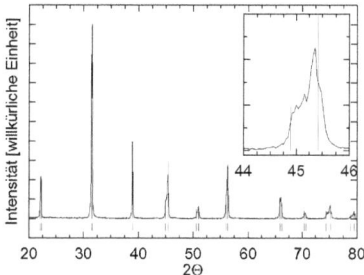

Abb. C.31: Röntgenbeugung (XRD), *Atlantic Equipment Engineers* BaTiO$_3$ (JCPDS-ICDD 05-0626)

C Pulver

C.4 Fluka

C.4.1 BaTiO$_3$, <3 µm, 99%, Lot: 04321LD 10907B12

Parameter	Wert	Abb.	Q.
Hersteller	Fluka		
Material	BaTiO$_3$		
Bezeichnung	04321LD		
Charge	10907B12		
Reinheit	99%		H
Partikelgröße	<3 µm		H
	322 nm		Mbh
Partikelgrößenverteilung	d$_{10}$ = 232 nm	C.34	Ml
	d$_{50}$ = 1567 nm		Ml
	d$_{90}$ = 4496 nm		Ml
Dichte	5.78 $\frac{g}{cm^3}$		Mh
Spez. Oberfläche	3.22 $\frac{m^2}{g}$		Mb
	18.61 $\frac{m^2}{cm^3}$		Mbh
REM	100k-fach	C.32	Mr
	500k-fach	C.33	Mr
Röntgenbeugung (XRD)	20°–80° 2θ	C.35	Mx

[H] Hersteller, [M] Messung, [b] BET, [h] He-Pyknometrie, [l] Laserinterferometrie, [r] REM, [x] XRD, [c] Röntgenfluoreszenzspektrometrie (*H.C. Starck*)

C.4 Fluka

Abb. C.32: REM 100k *Fluka* BaTiO$_3$

Abb. C.33: REM 500k *Fluka* BaTiO$_3$

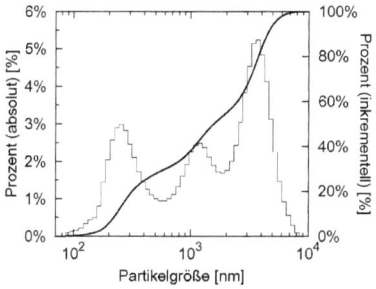

Abb. C.34: Partikelgrößenverteilung (Laserbeugung), *Fluka* BaTiO$_3$

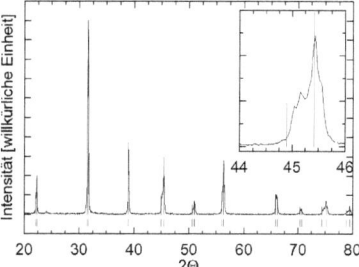

Abb. C.35: Röntgenbeugung (XRD), *Fluka* BaTiO$_3$ (JCPDS-ICDD 05-0626)

C Pulver

C.5 Inframat Advanced Materials

C.5.1 BaTiO$_3$, 100 nm, 99.95%, Cat. 5622ON-01, LOT# IAM6287NBTO

Parameter	Wert	Abb.	Q.
Hersteller	Inframat Advanced Materials		
Material	BaTiO$_3$		
Bezeichnung	5622ON-01		
Charge	IAM6287NBTO		
Reinheit	99.95%		H
Partikelgröße	100 nm		H
	100 nm		Mbh
Partikelgrößenverteilung	d_{10}=213 nm	C.39	Ml
	d_{50}=271 nm		Ml
	d_{90}=578 nm		Ml
Dichte	5.85 $\frac{g}{cm^3}$		H
	5.75 $\frac{g}{cm^3}$		Mh
Spez. Oberfläche	>10 $\frac{m^2}{g}$		H
	10.42 $\frac{m^2}{g}$		Mb
	59.93 $\frac{m^2}{cm^3}$		Mbh
REM	1k-fach	C.38	Mr
	100k-fach	C.36	Mr
	500k-fach	C.37	Mr
Röntgenbeugung (XRD)	20°–85° 2θ	C.40	Mx

[H] Hersteller, [M] Messung, [b] BET, [h] He-Pyknometrie, [l] Laserinterferometrie, [r] REM, [x] XRD, [c] Röntgenfluoreszenzspektrometrie (*H.C. Starck*)

C.5 Inframat Advanced Materials

Abb. C.36: REM 100k *Inframat Advanced Materials* BaTiO$_3$

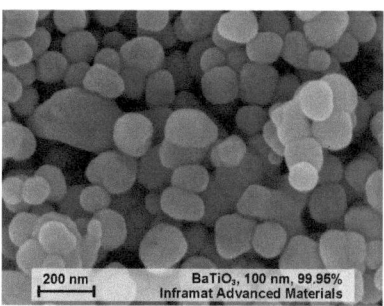

Abb. C.37: REM 500k *Inframat Advanced Materials* BaTiO$_3$

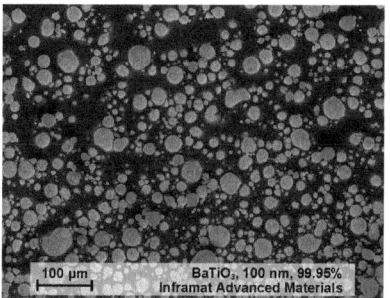

Abb. C.38: REM 1k *Inframat Advanced Materials* BaTiO$_3$

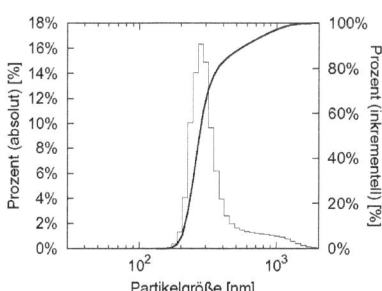

Abb. C.39: Partikelgrößenverteilung (Laserbeugung), *Inframat Advanced Materials* 100 nm

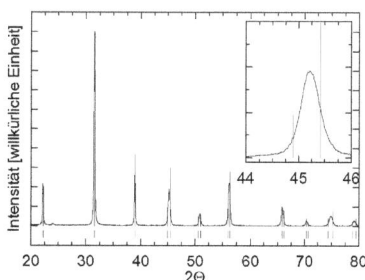

Abb. C.40: Röntgenbeugung (XRD), *Inframat Advanced Materials* 100 nm (JCPDS-ICDD 05-0626)

C Pulver

C.5.2 BaTiO$_3$, 200 nm, 99.95%, Cat. 5622-ON2, LOT# IAM2197BTO2

Parameter	Wert	Abb.	Q.
Hersteller	Inframat Advanced Materials		
Material	BaTiO$_3$		
Bezeichnung	5622-ON2		
Charge	IAM2197BTO2		
Reinheit	99.95%		H
Partikelgröße	200 nm		H
	242 nm		Mbh
Partikelgrößenverteilung	$d_{10} = 220$ nm	C.43	Ml
	$d_{50} = 399$ nm		Ml
	$d_{90} = 934$ nm		Ml
Dichte	$5.85 \frac{g}{cm^3}$		H
	$5.99 \frac{g}{cm^3}$		Mh
Spez. Oberfläche	$4.14 \frac{m^2}{g}$		Mb
	$24.78 \frac{m^2}{cm^3}$		Mbh
REM	100k-fach	C.41	Mr
	500k-fach	C.42	Mr
Röntgenbeugung (XRD)	20°–85° 2θ	C.44	Mx

^{H} Hersteller, ^{M} Messung, ^{b} BET, ^{h} He-Pyknometrie, ^{l} Laserinterferometrie, ^{r} REM, ^{x} XRD, ^{c} Röntgenfluoreszenzspektrometrie (*H.C. Starck*)

C.5 Inframat Advanced Materials

Abb. C.41: REM 100k *Inframat Advanced Materials* BaTiO$_3$

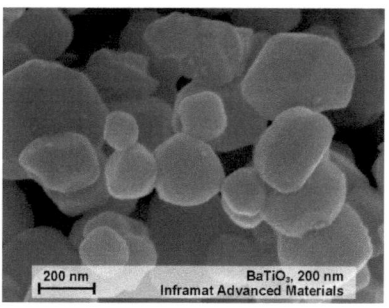

Abb. C.42: REM 500k *Inframat Advanced Materials* BaTiO$_3$

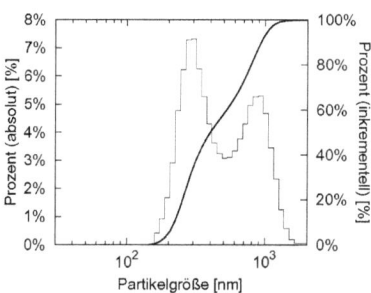

Abb. C.43: Partikelgrößenverteilung (Laserbeugung), *Inframat Advanced Materials* 200 nm

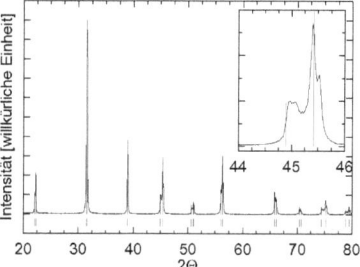

Abb. C.44: Röntgenbeugung (XRD), *Inframat Advanced Materials* 200 nm (JCPDS-ICDD 05-0626)

C Pulver

C.5.3 BaTiO$_3$, 300 nm, 99.95%, Cat. 5622-ON3, LOT# IAM3287BT3

Parameter	Wert	Abb.	Q.
Hersteller	Inframat Advanced Materials		
Material	BaTiO$_3$		
Bezeichnung	5622-ON3		
Charge	IAM3287BT3		
Reinheit	99.95%		H
Partikelgröße	300 nm		H
	286 nm		Mbh
Partikelgrößenverteilung	$d_{10} = 250$ nm	C.47	Ml
	$d_{50} = 571$ nm		Ml
	$d_{90} = 1021$ nm		Ml
Dichte	$5.85\ \frac{g}{cm^3}$		H
	$5.96\ \frac{g}{cm^3}$		Mh
Spez. Oberfläche	$3.52\ \frac{m^2}{g}$		Mb
	$20.99\ \frac{m^2}{cm^3}$		Mbh
REM	100k-fach	C.45	Mr
	500k-fach	C.46	Mr
Röntgenbeugung (XRD)	20°–85° 2θ	C.48	Mx

^{H} Hersteller, ^{M} Messung, ^{b} BET, ^{h} He-Pyknometrie, ^{l} Laserinterferometrie, ^{r} REM, ^{x} XRD, ^{c} Röntgenfluoreszenzspektrometrie (*H.C. Starck*)

C.5 Inframat Advanced Materials

Abb. C.45: REM 100k *Inframat Advanced Materials* BaTiO$_3$

Abb. C.46: REM 500k *Inframat Advanced Materials* BaTiO$_3$

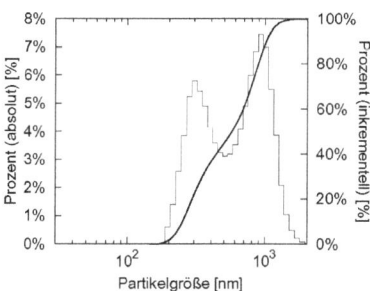

Abb. C.47: Partikelgrößenverteilung (Laserbeugung), *Inframat Advanced Materials* 300 nm

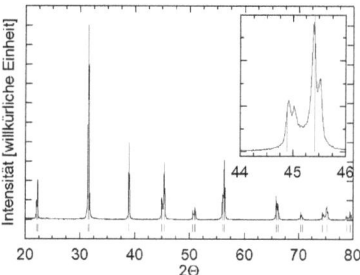

Abb. C.48: Röntgenbeugung (XRD), *Inframat Advanced Materials* 300 nm (JCPDS-ICDD 05-0626)

C.5.4 BaTiO₃, 400 nm, 99.95%, Cat. 5622-ON4, LOT# IAM5206BT4

Parameter	Wert	Abb.	Q.
Hersteller	Inframat Advanced Materials		
Material	BaTiO$_3$		
Bezeichnung	5622-ON4		
Charge	IAM5206BT4		
Reinheit	99.95%		H
Partikelgröße	400 nm		H
	381 nm		Mbh
Partikelgrößenverteilung	$d_{10} = 236$ nm	C.52	Ml
	$d_{50} = 717$ nm		Ml
	$d_{90} = 1162$ nm		Ml
Dichte	$5.85\ \frac{g}{cm^3}$		H
	$6.01\ \frac{g}{cm^3}$		Mh
Spez. Oberfläche	$2.62\ \frac{m^2}{g}$		Mb
	$15.74\ \frac{m^2}{cm^3}$		Mbh
REM	10k-fach	C.51	Mr
	100k-fach	C.49	Mr
	500k-fach	C.50	Mr
Röntgenbeugung (XRD)	20°–85° 2θ	C.53	Mx

H Hersteller, M Messung, b BET, h He-Pyknometrie, l Laserinterferometrie, r REM, x XRD, c Röntgenfluoreszenzspektrometrie (*H.C. Starck*)

C.5 Inframat Advanced Materials

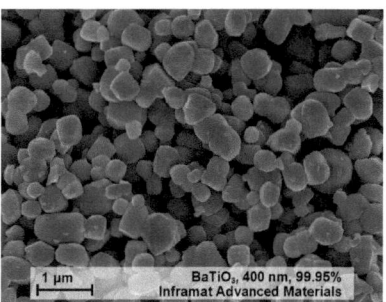

Abb. C.49: REM 100k *Inframat Advanced Materials* BaTiO$_3$

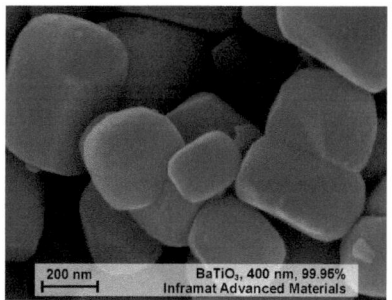

Abb. C.50: REM 500k *Inframat Advanced Materials* BaTiO$_3$

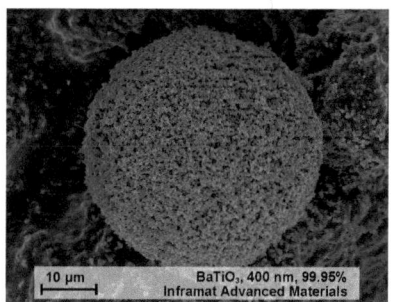

Abb. C.51: REM 10k *Inframat Advanced Materials* BaTiO$_3$

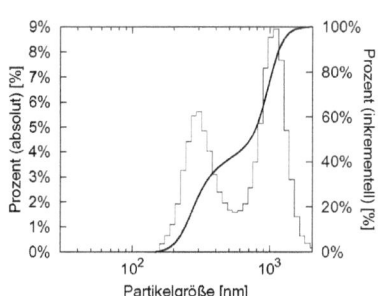

Abb. C.52: Partikelgrößenverteilung (Laserbeugung), *Inframat Advanced Materials* 400 nm

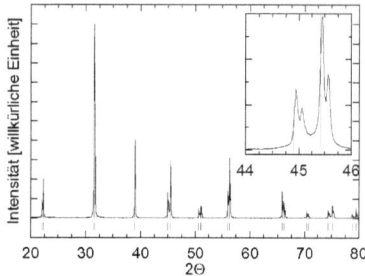

Abb. C.53: Röntgenbeugung (XRD), *Inframat Advanced Materials* 400 nm (JCPDS-ICDD 05-0626)

205

C Pulver

C.5.5 BaTiO$_3$, 500 nm, 99.95%, Cat. 5622-ON5, LOT# IAM2024BTO5

Parameter	Wert	Abb.	Q.
Hersteller	Inframat Advanced Materials		
Material	BaTiO$_3$		
Bezeichnung	5622-ON5		
Charge	IAM2024BTO5		
Reinheit	99.95%		H
Partikelgröße	500 nm		H
	476 nm		Mbh
Partikelgrößenverteilung	$d_{10} = 136$ nm	C.56	Ml
	$d_{50} = 333$ nm		Ml
	$d_{90} = 1205$ nm		Ml
Dichte	$5.85 \frac{g}{cm^3}$		H
	$6.07 \frac{g}{cm^3}$		Mh
Spez. Oberfläche	$2.08 \frac{m^2}{g}$		Mb
	$12.62 \frac{m^2}{cm^3}$		Mbh
REM	100k-fach	C.54	Mr
	500k-fach	C.55	Mr
Röntgenbeugung (XRD)	20°–85° 2θ	C.57	Mx

^{H} Hersteller, ^{M} Messung, ^{b} BET, ^{h} He-Pyknometrie, ^{l} Laserinterferometrie, ^{r} REM, ^{x} XRD, ^{c} Röntgenfluoreszenzspektrometrie (*H.C. Starck*)

C.5 Inframat Advanced Materials

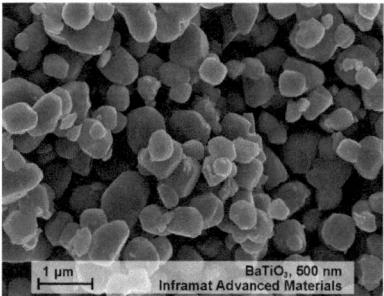

Abb. C.54: REM 100k *Inframat Advanced Materials* $BaTiO_3$

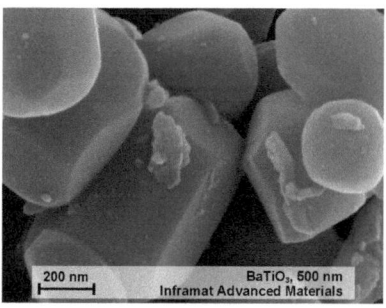

Abb. C.55: REM 500k *Inframat Advanced Materials* $BaTiO_3$

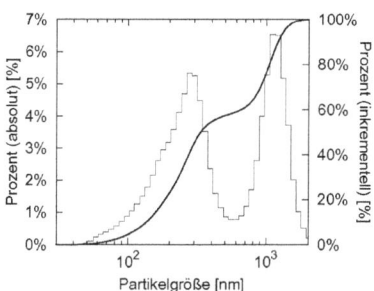

Abb. C.56: Partikelgrößenverteilung (Laserbeugung), *Inframat Advanced Materials* 500 nm

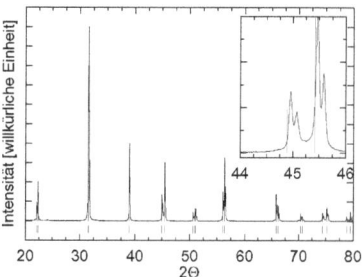

Abb. C.57: Röntgenbeugung (XRD), *Inframat Advanced Materials* 500 nm (JCPDS-ICDD 05-0626)

C Pulver

C.5.6 BaTiO$_3$, 700 nm, 99.95%, Cat. 5622-ON7, LOT# IAM7615BTO7

Parameter	Wert	Abb.	Q.
Hersteller	Inframat Advanced Materials		
Material	BaTiO$_3$		
Bezeichnung	5622-ON7		
Charge	IAM7615BTO7		
Reinheit	99.95%		H
Partikelgröße	600 nm–700 nm		H
	590 nm		Mbh
Partikelgrößenverteilung	$d_{10} = 88$ nm	C.61	Ml
	$d_{50} = 258$ nm		Ml
	$d_{90} = 1214$ nm		Ml
Dichte	$5.85\ \frac{g}{cm^3}$		H
	$6.01\ \frac{g}{cm^3}$		Mh
Spez. Oberfläche	$1.69\ \frac{m^2}{g}$		Mb
	$10.16\ \frac{m^2}{cm^3}$		Mbh
REM	1k-fach	C.60	Mr
	100k-fach	C.58	Mr
	500k-fach	C.59	Mr
Röntgenbeugung (XRD)	20°–85° 2θ	C.62	Mx

H Hersteller, M Messung, ^{b} BET, ^{h} He-Pyknometrie, ^{l} Laserinterferometrie, ^{r} REM, ^{x} XRD, ^{c} Röntgenfluoreszenzspektrometrie (*H.C. Starck*)

C.5 Inframat Advanced Materials

Abb. C.58: REM 100k *Inframat Advanced Materials* BaTiO$_3$

Abb. C.59: REM 500k *Inframat Advanced Materials* BaTiO$_3$

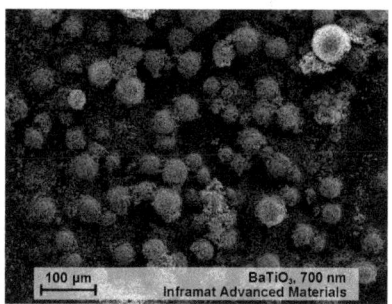

Abb. C.60: REM 1k *Inframat Advanced Materials* BaTiO$_3$

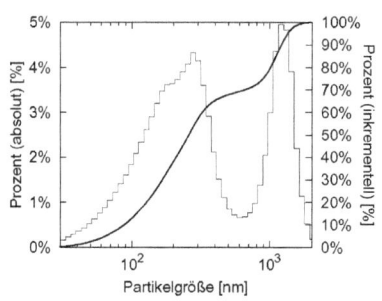

Abb. C.61: Partikelgrößenverteilung (Laserbeugung), *Inframat Advanced Materials* 700 nm

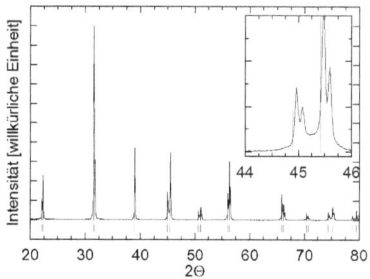

Abb. C.62: Röntgenbeugung (XRD), *Inframat Advanced Materials* 700 nm (JCPDS-ICDD 05-0626)

C Pulver

C.5.7 SrTiO₃, 100 nm, 99.95%, Cat. 3822ON-01, LOT# IAM6085NSTO

Parameter	Wert	Abb.	Q.
Hersteller	Inframat Advanced Materials		
Material	$SrTiO_3$		
Bezeichnung	3822ON-01		
Charge	IAM6085NSTO		
Reinheit	99.95%		H
Partikelgröße	100 nm		H
	131 nm		Mbh
Partikelgrößenverteilung	$d_{10} = 96$ nm	C.66	Ml
	$d_{50} = 262$ nm		Ml
	$d_{90} = 1008$ nm		Ml
Dichte	$5.12 \frac{g}{cm^3}$		H
	$4.44 \frac{g}{cm^3}$		Mh
Spez. Oberfläche	$>10 \frac{m^2}{g}$		H
	$10.30 \frac{m^2}{g}$		Mb
	$45.69 \frac{m^2}{cm^3}$		Mbh
REM	100k-fach	C.63	Mr
	500k-fach	C.64	Mr
	1500k-fach	C.65	Mr
Röntgenbeugung (XRD)	20°–80° 2θ	C.67	Mx

H Hersteller, M Messung, b BET, h He-Pyknometrie, l Laserinterferometrie, r REM, x XRD, c Röntgenfluoreszenzspektrometrie (*H.C. Starck*)

C.5 Inframat Advanced Materials

Abb. C.63: REM 100k *Inframat Advanced Materials* SrTiO$_3$

Abb. C.64: REM 500k *Inframat Advanced Materials* SrTiO$_3$

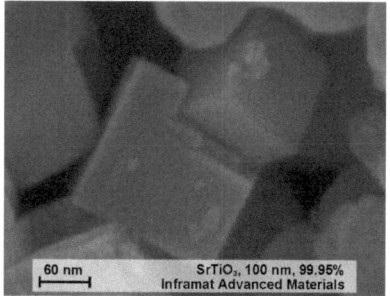

Abb. C.65: REM 1500k *Inframat Advanced Materials* SrTiO$_3$

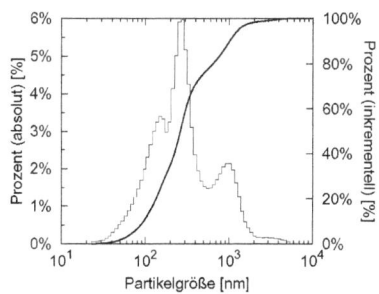

Abb. C.66: Partikelgrößenverteilung (Laserbeugung), *Inframat Advanced Materials* SrTiO$_3$

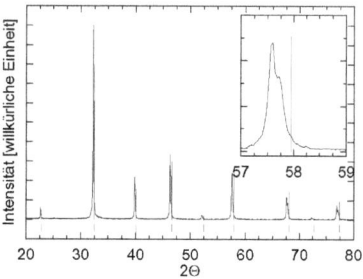

Abb. C.67: Röntgenbeugung (XRD), *Inframat Advanced Materials* SrTiO$_3$ (JCPDS-ICDD 84-0443)

C Pulver

C.6 KIT Campus Nord, IMF III, MPE/KER

C.6.1 $Ba_{0.7}Sr_{0.3}TiO_3$

Parameter	Wert	Abb.	Q.
Hersteller	Synthese		
Material	$Ba_{0.7}Sr_{0.3}TiO_3$		
Bezeichnung	$Ba_{0.7}Sr_{0.3}TiO_3$, 900°C–1100°C		
Partikelgröße	76 nm–101 nm		Mbh
Partikelgrößenverteilung	$d_{10} = 1365$ nm	C.78	Ml
	$d_{50} = 8607$ nm		Ml
	$d_{90} = 28116$ nm		Ml
Dichte	5.40 $\frac{g}{cm^3}$–5.48 $\frac{g}{cm^3}$		Mh
Spez. Oberfläche	10.85 $\frac{m^2}{g}$–14.56 $\frac{m^2}{g}$		Mb
	59.43 $\frac{m^2}{cm^3}$–78.64 $\frac{m^2}{cm^3}$		Mbh
REM	1k-fach, Prekursor	C.71	Mr
	20k-fach, Prekursor	C.70	Mr
	100k-fach, Prekursor	C.68	Mr
	500k-fach, Prekursor	C.69	Mr
	20k-fach, 900°C	C.74	Mr
	100k-fach, 900°C	C.72	Mr
	500k-fach, 900°C	C.73	Mr
	20k-fach, 1100°C	C.77	Mr
	100k-fach, 1100°C	C.75	Mr
	500k-fach, 1100°C	C.76	Mr
Foto	Testkalzinierungen	4.55	M
Röntgenbeugung (XRD)	20°–80° 2θ	C.79	Mx
	20°–80° 2θ	4.56	Mx
Chem. Analyse	**Ba:** 43.11 m%		Mc
	Sr: 11.06 m%		Mc
	Ti: 21.19 m%		Mc

[H] Hersteller, [M] Messung, [b] BET, [h] He-Pyknometrie, [l] Laserinterferometrie, [r] REM, [x] XRD, [c] Röntgenfluoreszenzspektrometrie (*H.C. Starck*)

Die Prekursoren wurden unter durchfluss syntetischer Luft in einem Kammerofen kalziniert.

C.6 KIT Campus Nord, IMF III, MPE/KER

Abb. C.68: REM 100k *KIT* $Ba_{0.7}Sr_{0.3}TiO_3$, Prekursor

Abb. C.69: REM 500k *KIT* $Ba_{0.7}Sr_{0.3}TiO_3$, Prekursor

Abb. C.70: REM 20k *KIT* $Ba_{0.7}Sr_{0.3}TiO_3$, Prekursor

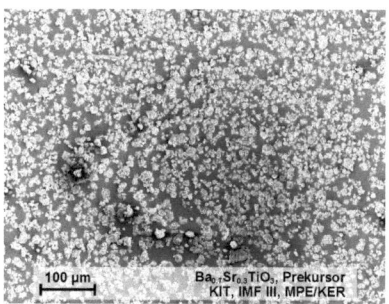

Abb. C.71: REM 1k *KIT* $Ba_{0.7}Sr_{0.3}TiO_3$, Prekursor

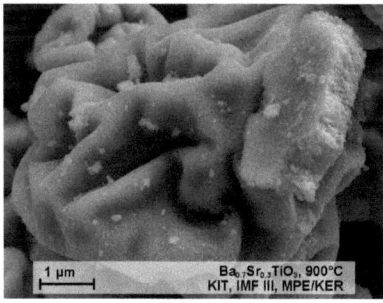

Abb. C.72: REM 100k *KIT* $Ba_{0.7}Sr_{0.3}TiO_3$, kalziniert 900°C.

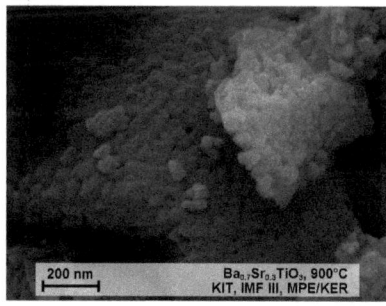

Abb. C.73: REM 500k *KIT* $Ba_{0.7}Sr_{0.3}TiO_3$, kalziniert 900°C.

C Pulver

Abb. C.74: REM 20k *KIT*
$Ba_{0.7}Sr_{0.3}TiO_3$, kalziniert 900°C.

Abb. C.75: REM 100k *KIT*
$Ba_{0.7}Sr_{0.3}TiO_3$, kalziniert 1100°C.

Abb. C.76: REM 500k *KIT*
$Ba_{0.7}Sr_{0.3}TiO_3$, kalziniert 1100°C.

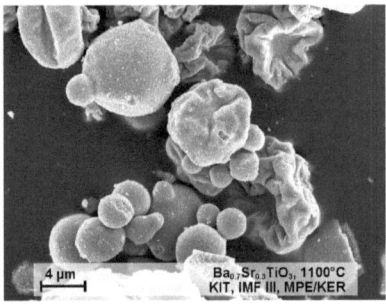

Abb. C.77: REM 20k *KIT*
$Ba_{0.7}Sr_{0.3}TiO_3$, kalziniert 1100°C.

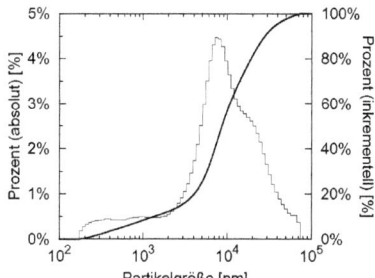

Abb. C.78: Partikelgrößenverteilung (Laserbeugung), KIT $Ba_{0.7}Sr_{0.3}TiO_3$, kalziniert 1100°C

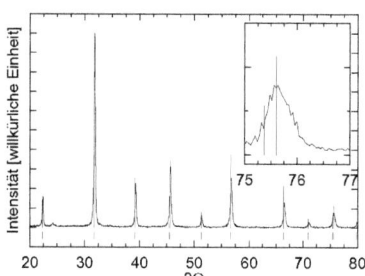

Abb. C.79: Röntgenbeugung (XRD), KIT $Ba_{0.7}Sr_{0.3}TiO_3$, kalziniert 1100°C (JCPDS-ICDD 44-0093)

C Pulver

C.7 Nanoamor

C.7.1 $BaFe_{12}O_{19}$, 500 nm, 99.5%, Stock# 1145FY

Parameter	Wert	Abb.	Q.
Hersteller	Nanoamor		
Material	$BaFe_{12}O_{19}$		
Bezeichnung	1145FY		
Reinheit	99.5%		H
Partikelgröße	500 nm		H
	99 nm		Mbh
Partikelgrößenverteilung	$d_{10} = 1181$ nm	C.83	Ml
	$d_{50} = 5362$ nm		Ml
	$d_{90} = 24050$ nm		Ml
Dichte	$5.4 \frac{g}{cm^3}$		H
	$4.96 \frac{g}{cm^3}$		Mh
Spez. Oberfläche	$12.24 \frac{m^2}{g}$		Mb
	$60.76 \frac{m^2}{cm^3}$		Mbh
REM	1k-fach	C.82	Mr
	100k-fach	C.80	Mr
	500k-fach	C.81	Mr
Röntgenbeugung (XRD)	20°–80° 2θ	C.84	Mx

^{H} Hersteller, ^{M} Messung, ^{b} BET, ^{h} He-Pyknometrie, ^{l} Laserinterferometrie, ^{r} REM, ^{x} XRD, ^{c} Röntgenfluoreszenzspektrometrie (*H.C. Starck*)

C.7 Nanoamor

Abb. C.80: REM 100k *Nanoamor* $BaFe_{12}O_{19}$

Abb. C.81: REM 500k *Nanoamor* $BaFe_{12}O_{19}$

Abb. C.82: REM 1k *Nanoamor* $BaFe_{12}O_{19}$

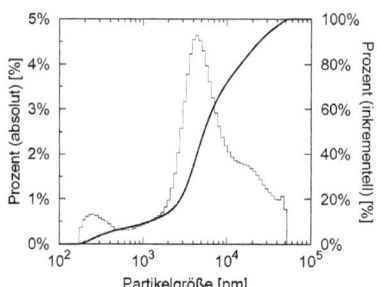

Abb. C.83: Partikelgrößenverteilung (Laserbeugung), *Nanoamor* $BaFe_{12}O_{10}$

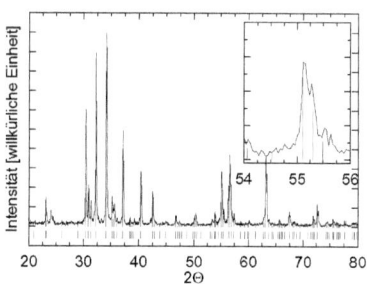

Abb. C.84: Röntgenbeugung (XRD), *Nanoamor* $BaFe_{12}O_{10}$ (JCPDS-ICDD 84-0757)

C Pulver

C.7.2 BaTiO$_3$, 85–128 nm, 99.6%, Stock# 1150XW

Parameter	Wert	Abb.	Q.
Hersteller	Nanoamor		
Material	BaTiO$_3$		
Bezeichnung	1150XW		
Reinheit	99.6%		H
Partikelgröße	85 nm–128 nm		H
	96 nm		Mbh
Partikelgrößenverteilung	$d_{10} = 53$ nm	C.89	Ml
	$d_{50} = 165$ nm		Ml
	$d_{90} = 560$ nm		Ml
Dichte	$5.85 \frac{g}{cm^3}$		H
	$5.53 \frac{g}{cm^3}$		Mh
Spez. Oberfläche	$10 \frac{m^2}{g} - 11 \frac{m^2}{g}$		H
	$11.27 \frac{m^2}{g}$		Mb
	$62.34 \frac{m^2}{cm^3}$		Mbh
REM	1k-fach	C.87	Mr
	100k-fach	C.85	Mr
	500k-fach	C.86	Mr
	1500k-fach	C.88	Mr
Röntgenbeugung (XRD)	20°–80° 2θ	C.90	Mx
Chem. Analyse	**Ba:** 58.22 m%		Mc
	Sr: <0.5 m%		Mc
	Ti: 20.58 m%		Mc

H Hersteller, M Messung, b BET, h He-Pyknometrie, l Laserinterferometrie, r REM, x XRD, c Röntgenfluoreszenzspektrometrie (*H.C. Starck*)

C.7 Nanoamor

Abb. C.85: REM 100k *Nanoamor* BaTiO$_3$

Abb. C.86: REM 500k *Nanoamor* BaTiO$_3$

Abb. C.87: REM 1k *Nanoamor* BaTiO$_3$

Abb. C.88: REM 1500k *Nanoamor* BaTiO$_3$

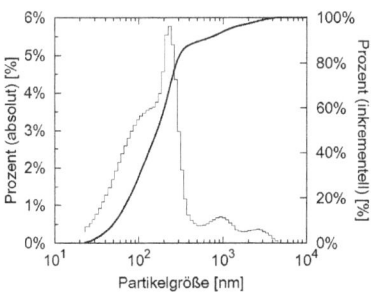

Abb. C.89: Partikelgrößenverteilung (Laserbeugung), *Nanoamor* BaTiO$_3$

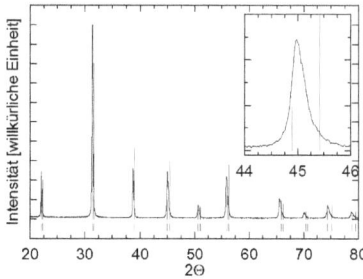

Abb. C.90: Röntgenbeugung (XRD), *Nanoamor* BaTiO$_3$ (JCPDS-ICDD 05-0626)

C.7.3 SnO$_2$, 61 nm, 99.5%, Stock# 5010FY

Parameter	Wert	Abb.	Q.
Hersteller	Nanoamor		
Material	SnO$_2$		
Bezeichnung	5010FY		
Reinheit	99.5%		H
Partikelgröße	61 nm		H
	82 nm		Mbh
Partikelgrößenverteilung	d$_{10}$ = 2449 nm	C.93	Ml
	d$_{50}$ = 4139 nm		Ml
	d$_{90}$ = 6234 nm		Ml
Dichte	6.95 $\frac{g}{cm^3}$		H
	6.68 $\frac{g}{cm^3}$		Mh
Spez. Oberfläche	14.2 $\frac{m^2}{g}$		H
	10.90 $\frac{m^2}{g}$		Mb
	72.79 $\frac{m^2}{cm^3}$		Mbh
REM	100k-fach	C.91	Mr
	500k-fach	C.92	Mr
Röntgenbeugung (XRD)	20°–80° 2θ	C.94	Mx

H Hersteller, M Messung, b BET, h He-Pyknometrie, l Laserinterferometrie, r REM, x XRD, c Röntgenfluoreszenzspektrometrie (H.C. Starck)

C.7 Nanoamor

Abb. C.91: REM 100k *Nanoamor* SnO_2

Abb. C.92: REM 500k *Nanoamor* SnO_2

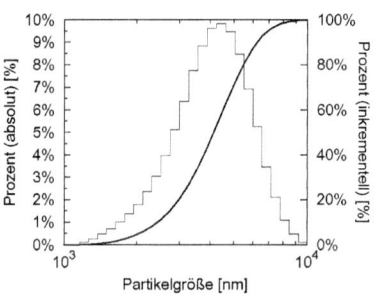

Abb. C.93: Partikelgrößenverteilung (Laserbeugung), *Nanoamor* SnO_2

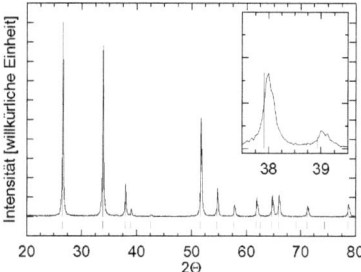

Abb. C.94: Röntgenbeugung (XRD), *Nanoamor* SnO_2 (JCPDS-ICDD 77-0450)

C.7.4 SrTiO₃, 69–104 nm, 99.8%, Stock# 5150XW

Parameter	Wert	Abb.	Q.
Hersteller	Nanoamor		
Material	SrTiO$_3$		
Bezeichnung	5150XW		
Reinheit	99.8%		H
Partikelgröße	69 nm–104 nm		H
	40 nm		Mbh
Partikelgrößenverteilung	$d_{10} = 932$ nm	C.98	Ml
	$d_{50} = 5568$ nm		Ml
	$d_{90} = 16746$ nm		Ml
Dichte	$4.81\ \frac{g}{cm^3}$		H
	$4.28\ \frac{g}{cm^3}$		Mh
Spez. Oberfläche	$11.02\ \frac{m^2}{g}$		H
	$34.85\ \frac{m^2}{g}$		Mb
	$149.30\ \frac{m^2}{cm^3}$		Mbh
REM	10k-fach	C.97	Mr
	100k-fach	C.95	Mr
	500k-fach	C.96	Mr
Röntgenbeugung (XRD)	20°–88° 2θ	C.99	Mx
Chem. Analyse	**Ba:** <0.5 m%		Mc
	Sr: 48.08 m%		Mc
	Ti: 24.85 m%		Mc

^{H} Hersteller, ^{M} Messung, ^{b} BET, ^{h} He-Pyknometrie, ^{l} Laserinterferometrie, ^{r} REM, ^{x} XRD, ^{c} Röntgenfluoreszenzspektrometrie (H.C. Starck)

C.7 Nanoamor

Abb. C.95: REM 100k *Nanoamor* SrTiO$_3$

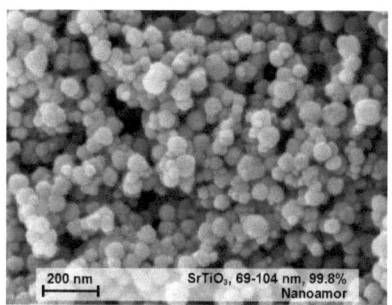

Abb. C.96: REM 500k *Nanoamor* SrTiO$_3$

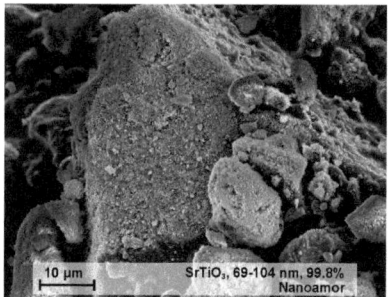

Abb. C.97: REM 10k *Nanoamor* SrTiO$_3$

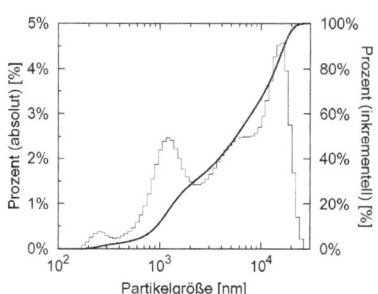

Abb. C.98: Partikelgrößenverteilung (Laserbeugung), *Nanoamor* SrTiO$_3$

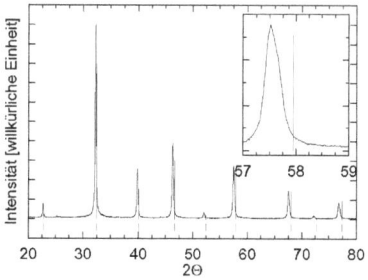

Abb. C.99: Röntgenbeugung (XRD), *Nanoamor* SrTiO$_3$ (JCPDS-ICDD 84-0443)

223

C.7.5 ZnO, 90–200 nm, 99.9%, Stock# 5830CD

Parameter	Wert	Abb.	Q.
Hersteller	Nanoamor		
Material	ZnO		
Bezeichnung	5830CD		
Reinheit	99.9+%		H
Partikelgröße	90 nm–200 nm		H
	307 nm		Mbh
Partikelgrößenverteilung	$d_{10} = 812$ nm	C.103	Ml
	$d_{50} = 1052$ nm		Ml
	$d_{90} = 1354$ nm		Ml
Dichte	$5.606 \frac{g}{cm^3}$		H
	$5.57 \frac{g}{cm^3}$		Mh
Spez. Oberfläche	$4.9 \frac{m^2}{g}$–$6.8 \frac{m^2}{g}$		H
	$3.51 \frac{m^2}{g}$		Mb
	$19.54 \frac{m^2}{cm^3}$		Mbh
REM	1k-fach	C.102	Mr
	100k-fach	C.100	Mr
	500k-fach	C.101	Mr
Röntgenbeugung (XRD)	20°–80° 2θ	C.104	Mx

^{H} Hersteller, ^{M} Messung, ^{b} BET, ^{h} He-Pyknometrie, ^{l} Laserinterferometrie, ^{r} REM, ^{x} XRD, ^{c} Röntgenfluoreszenzspektrometrie (*H.C. Starck*)

C.7 Nanoamor

Abb. C.100: REM 100k *Nanoamor* ZnO

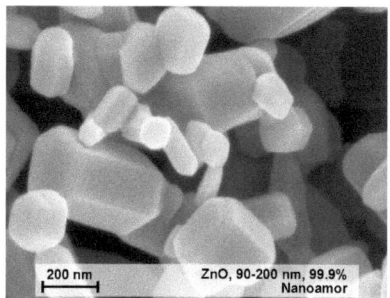

Abb. C.101: REM 500k *Nanoamor* ZnO

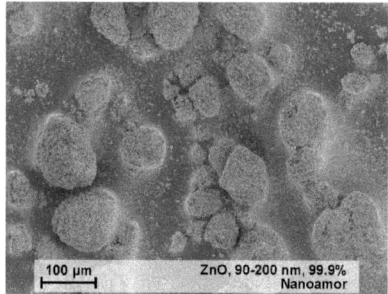

Abb. C.102: REM 1k *Nanoamor* ZnO

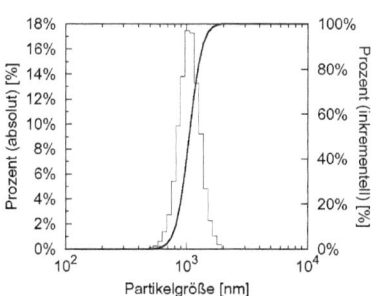

Abb. C.103: Partikelgrößenverteilung (Laserbeugung), *Nanoamor* ZnO

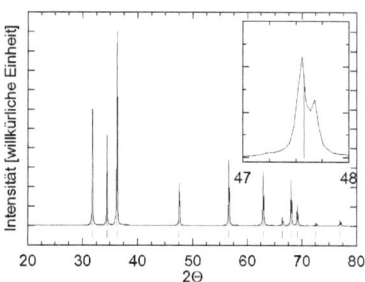

Abb. C.104: Röntgenbeugung (XRD), *Nanoamor* ZnO (JCPDS-ICDD 36-1451)

C Pulver

D Quelltexte

Die vorliegenden Quelltexte sind zur Referenz und Dokumentation mit abgedruckt und wurden zur Erzeugung der in der Arbeit angegebenen Ergebnisse in genau der abgedruckten Form verwendet.

License

The following scripts are free software: you can redistribute it and/or modify it under the terms of the *„GNU General Public License"* as published by the Free Software Foundation, either version 3 of the License, or (at your option) any later version.

This program is distributed in the hope that it will be useful, but **without any warranty**; without even the implied warranty of **merchantability** or **fitness for a particular purpose**. See the *„GNU General Public License"* at http://www.gnu.org/licenses/ for more details.

D.1 Dielektrische Kugel im homogenen elektrostatischen Feld

Der Feldlinienverlauf einer dielektrischen Kugel im homogenen elektrischen Feld wird inkrementell mit *„perl"*[1] berechnet nach [17, S.98ff]. Dabei wird eine Konvertierung der Daten von Kugelkoordinaten in ein kartesisches Koordinatensystem durchgeführt. Die berechneten Feldlinienverläufe werden danach zur Darstellung an *„gnuplot"*[2] übergeben. Das für das Zeichnen der Kugel verantwortliche *„gnuplot"* Skript ist nachfolgend wiedergegeben.

```perl
#!/usr/bin/perl -w

# Generate Koordinates of fieldlines

use strict;
use Math::Trig;

###
# declare variables
###

# Options to change simulation characteristics
# For further information see
# Henke, Elektromagnetische Felder - Theorie und Anwendung,
# Springer, 3. Auflage, p. 98, fig. 4.7
# ISBN 978-3-540-71004-2
my $a    = 1;              # Radius of dielectric ball
my $eri;                   # Epsilon_r inside
```

---

[1] *„perl v5.10.0"*, http://www.perl.org/
[2] *„gnuplot 4.2 patchlevel 4"*, http://www.gnuplot.info/

D Quelltexte

```perl
my $era;                    # Epsilon_r outside
my $E0  = 1;                # Electric field

my $incx   = 0.20;          # x increment between lines
my $startx = -2+$incx/2;    # x start value
my $stopx  = -$startx;      # x stop value

my $startz = -2;            # minimum z value
my $stopz  = 2;             # maximum z value
my $step   = 0.003;         # Length of Vector step

my $count = 1000;

# Constants
my $Cma;
my $Cmi;

# program variables with designated meaning
chop(my $gnuplotbinary = `which gnuplot`); # place where gnuplot can be found

###
# subroutines
###

## vprint
# print to STDERR, shorten numbers to 0.0001 precision
sub vprint {
  my $print = $_[0];
  $print =~ s/(\d*\.\d{4})\d*/$1/g;
  print(STDERR $print);
} # vprint

## fieldEra(r,theta)
#   calculate Era component of the field
sub fieldEra {
  my $r = $_[0];
  my $theta = $_[1];
  return((1+2*$Cma*(($a/$r)**3))*$E0*cos($theta));
}

## fieldEthetaa(r,theta)
#   calculate the Ethetaa component of the field
sub fieldEthetaa {
  my $r = $_[0];
  my $theta = $_[1];
  return((-1+$Cma*(($a/$r)**3))*$E0*sin($theta));
}

## fieldEri(r,theta)
#   calculate Eri component of the field
sub fieldEri {
  my $r = $_[0];
  my $theta = $_[1];
  return($Cmi*cos($theta));
}

## fieldEthetai(r,theta)
#   calculate the Ethetai component of the field
sub fieldEthetai {
  my $r = $_[0];
  my $theta = $_[1];
  return(-$Cmi*sin($theta));
}

## fieldEx(r,theta)
#   calculate the Exa component of the field
sub fieldExa {
  my $r = $_[0];
  my $theta = $_[1];
  return(sin($theta)*fieldEra($r,$theta)+cos($theta)*fieldEthetaa($r,$theta));
}

## fieldEx(r,theta)
```

D.1 Dielektrische Kugel im homogenen elektrostatischen Feld

```perl
   # calculate the Eza component of the field
93 sub fieldEza {
     my $r = $_[0];
95   my $theta = $_[1];
     return(cos($theta)*fieldEra($r,$theta)-sin($theta)*fieldEthetaa($r,$theta));
97 }

99 ## fieldEx(r,theta)
   # calculate the Eza component of the field
101 sub fieldExi {
      my $r = $_[0];
103   my $theta = $_[1];
      return(sin($theta)*fieldEri($r,$theta)+cos($theta)*fieldEthetai($r,$theta));
105 }

107 ## fieldEz(r,theta)
    # calculate the Eza component of the field
109 sub fieldEzi {
      my $r = $_[0];
111   my $theta = $_[1];
      return(cos($theta)*fieldEri($r,$theta)-sin($theta)*fieldEthetai($r,$theta));
113 }

115 ## coords(x,z)
    #   return r,theta
117 sub coords {
      my $x = $_[0];
119   my $z = $_[1];
      # return(sqrt(($x**2)+($z**2)), ((pi/2) - atan($z/abs($x))));
121   return(sqrt(($x**2)+($z**2)), ((pi/2) - atan($z/$x)));
    }
123
    ## veclength(x,y)
125 #
    sub veclength {
127   return(sqrt($_[0]**2+$_[1]**2));
    }
129
    sub run {
131   vprint("Calculating Data ... \n");
      my $count = 0;
133   my $iEx;
      my $iEz;
135
      my $data = "\n\n";
137   for(my $gox = $startx; $gox <= $stopx; $gox += $incx) {
        $count++;
139     my $iz = $startz;
        my $ix = $gox;
141     $data = ",'-' using 2:3 notitle lt 1" . $data;
        while($iz < $stopz) {
143     $data .= $count.';'.$iz.';'.$ix."\n";
        if(sqrt($ix**2+$iz**2) > $a) {
145       $iEx = fieldExa(coords($ix,$iz));
          $iEz = fieldEza(coords($ix,$iz));
147     } else {
          $iEx = fieldExi(coords($ix,$iz));
149       $iEz = fieldEzi(coords($ix,$iz));
        }
151     my $il  = veclength($iEx,$iEz);
        $ix += $iEx/$il*$step;
153     $iz += $iEz/$il*$step;
        }
155     $data .= "e\n";
      }
157
      vprint("Preparing data for plot ...\n");
159
      $data = "plot '-' using 2:3 notitle lt 1 ".$data."\n 0;0;0\ne\n";
161
      $data =
163   'set terminal postscript eps enhanced "TimesNewRomanPSMT" '.
      '10 fontfile add "times.ttf" monochrome blacktext rounded'."\n".
```

D Quelltexte

```perl
165     'set encoding iso_8859_1'."\n".
        'set size square 0.6, 0.6'."\n".
167     'set xtics border nomirror tc lt 1'."\n".
        'set ytics border mirror tc lt 2'."\n".
169     'set format y ""'."\n".
        'set format x ""'."\n".
171     'set style data line'."\n".
        'set datafile separator ";"'."\n".
173     'set output "0001.eps"'."\n".
        'set title ""'."\n".
175     'set ylabel ""'."\n".
        'set xlabel ""'."\n".
177     'set x2label ""'."\n".
        'set border 0'."\n".
179     'set xrange ['.$startx.':'.$stopx.']'."\n".
        'set yrange ['.$startx.':'.$stopx.']'."\n".
181     'unset tics'."\n".
        '### generate middle circle'."\n".
183     'r=1'."\n".
        'phi=0'."\n".
185     'pi=3.141592654'."\n".
        'inc=0.1'."\n".
187     'c=1'."\n".
        'load "kreis.gnp"'."\n".
189     'set label "{/Symbol e}_{ra} '.$era.'" at 0,'.$startx.
        ' right offset character -1,-0.5\n'.
191     'set label "'.':'.'" at 0,'.$startx.
        ' center offset character 0,-0.5\n'.
193     'set label "{/Symbol e}_{ri} '.$eri.'" at 0,'.$startx.
        ' left offset character 1,-0.5\n'.
195     $data;

197     vprint("Plotting data ...\n");
        system($gnuplotbinary." << MYEOF\n".$data."\nMYEOF\n");
199     system('cat'." << MYEOF\n".$data."\nMYEOF\n");
        vprint("Creating pdf file ...\n");
201     system("eps2pdf /f=0001.eps && rm 0001.eps");
        } # run
203
        sub gen_image {
205             $era = $_[0];
                $eri = $_[1];
207             vprint("generating ".$era.":".$eri."\n");
                $Cza   = (($eri-$era)/($eri+2*$era));
209             $Cni   = ((3*$era)/($eri+2*$era))*$E0);
                run();
211             # save generated pdf
                system("mv 0001.pdf ".substr($count,1)."-".$era."-".$eri.".pdf");
213             $count++;
        }
215
        # generate images for variing realations era:eri
217     gen_image(100,1);
        gen_image(10,1);
219     gen_image(1,1);
        gen_image(1,10);
221     gen_image(1,100);

223     # Exit with Exitstate 0, this should be the normal case.
        exit(0);
```

Dieser „gnuplot" Quelltext erzeugt, wenn er über die load-Funktion in eine „gnuplot" Datei eingebunden wird, einen Kreis mit dem Radius 1. Die Variablen müssen vor dem Laden entsprechend gesetzt werden.

```
  set arrow (2*c+1) from cos(phi), sin(phi) to cos(phi+inc), sin(phi+inc) nohead lt 1
2 set arrow (2*c) from cos(phi), -sin(phi) to cos(phi+inc), -sin(phi+inc) nohead lt 1
  phi=phi+inc
4 c=c+1
  if(phi<pi) reread
```

230

D.2 FEM Simulation

D.2.1 Steuerungsskript: serial-sim-perm.sh

Dieser „*bash*"[3] Quelltext steuert die Übergabe der Geometrien und Parameter an das Finite-Elemente-Simulationswerkzeug „*FlexPDE*"[4] unter Verwendung der unten aufgelisteten .pde Templatedatei und speichert die Ergebnisse der einzelnen Simulationsläufe in einem separaten Verzeichnis. Die Verteilung der Permittivitäten erfolgt auf einer logarithmischen Skala. Es wird besondere Rücksicht auf den Aufruf von nativen *Microsoft* „*Windows*" Programmen aus der „*cygwin*"[5] Umgebung heraus genommen.

Die Berechnung der Position der zu simulierenden ε_r erfolgt mit Gleichung D.1.

$$\varepsilon_{ri} = \varepsilon_{start} \cdot \varepsilon_{end}^{\frac{i}{n}} \cdot \varepsilon_{start}^{\frac{-i}{n}} \tag{D.1}$$

```bash
#!/usr/bin/bash

### user defined variables
# simulation parameters
START=1         # Lowest permittivity of filler
NOP=100         # Number of points simulated

INC=1           # divider of NOP, choose 1 to get NOP
STOP=100000     # Highes permittivity of filler

AREA=0.32       # Area of the high-k material

# filenames
PDE_BASE="serial-sim-perm"
PDE_END=".pde"
RESULT_DIR="./results/"

RESULT_TXT="./result.txt"

FLEXPDE="/cygdrive/c/Programme/FlexPDE5/FlexPDE5.exe"
FLEXPDE_SWITCH="-R -X -Q"

### program defined variables
PDE_TEMPLATE=$PDE_BASE$PDE_END
PDE_TMP=$PDE_BASE'-temp.pde'
PDE_DIR=$(pwd | sed "s#\/cygdrive\/\([^\/]*\)\/#\1:\/\/#; s#\/#\\\\#g");
PDE_TMP=$(echo $PDE_DIR'\\'$PDE_TMP)

RESULT_PNG="./"$PDE_BASE"-temp01_001.png"

### extract all scenarios from template file
SCENARIOS=$(grep -i -e '^{.*BEGIN' $PDE_TEMPLATE | cut -d '"' -f 2)

# create RESULT_DIR if it does not exist
if [ ! -d "$RESULT_DIR" ]; then
        mkdir "$RESULT_DIR";
fi

### process scenarios
for SCENE in $SCENARIOS
  do
    echo "processing scenario '$SCENE'"
    VAR=0
```

---

[3]s. auch http://en.wikipedia.org/wiki/Bash
[4]Version 5, Free Trial Version http://www.pdesolutions.com/
[5]Dokumentation und Download s. http://www.cygwin.com

D Quelltexte

```
43      END=$NOP
        let END=END-1
45
        echo "     Running: $START**-""$STOP in $NOP steps (logscale)"
47
        # run FlexPDE
49      while [ $(echo "$VAR <= $END" | bc) -eq 1 ]
        do
51          VAR=$(echo "$VAR" | sed "s/^\./0\./")
            # calculate Epsilon to be evenly distributed on logarithmic scale
53          EPSILON=$(perl -e "print(($START * $STOP**($VAR/$END) * $START**(-1*$VAR/$END));")
            # reduce accuracy to 10^-6
55          EPSILON=$(echo $EPSILON | sed "s/\(\.[0-9]\{6\}\)[0-9]*/\1/")
            echo -n "        Simulating ($VAR) Eps=$EPSILON ... "
57          # generate temporary pde file
            grep -i -v -e "^{.*BEGIN.*\"$SCENE\"" -e ".*END.*\"$SCENE\".*}" $PDE_TEMPLATE |
59          # replace Epsilon wildcard in temporary pde file
            sed "s/%%EPSILON%%/$EPSILON/g" |
61          sed "s/%%AREA%%/$AREA/g" > $PDE_TMP
            # run FlexPDE
63          $FLEXPDE $FLEXPDE_SWITCH $PDE_TMP
            # archive results
65          sed "s/=/;/g;s/$/;/;s/ //g" $RESULT_TXT |
                tr -d "\n\r\f" |
67              cut -d ";" -f 2,4,6,8,10,12,14,16,18 >> $RESULT_DIR$PDE_BASE"-"$SCENE".csv"
            mv $RESULT_PNG $RESULT_DIR$PDE_BASE"-"$SCENE"-"$(echo $EPSILON |
69              sed "s/\./_/g")".png"
            echo "done"
71          VAR=$(echo "$VAR + $INC" | bc)
        done
73
        echo "    ...done"
75      echo ""
    done
```

D.2.2 Steuerungsskript: serial-sim-vol.sh

Die Fläche wird in linearen Abständen mit einer festen Schrittweite simuliert. Wegen der unterschiedlichen Geometrien werden die Start- und Endwerte für die Fläche nicht im Skript sondern für jede Geometrie einzeln in der Template-Datei in einem Kommentar festgelegt und vom Skript ausgelesen.

```
#!/usr/bin/bash
2
### user defined variables
4 # simulation parameters
INC=0.005           # area increment
6 EPSILON=30

8 # filenames
PDE_BASE="serial-sim-perm"
10 PDE_END=".pde"
RESULT_DIR="./results/"
12
RESULT_TXT="./result.txt"
14
FLEXPDE="/cygdrive/c/Programme/FlexPDE5/FlexPDE5.exe"
16 FLEXPDE_SWITCH="-R -X -Q"

18 ### program defined variables
PDE_TEMPLATE=$PDE_BASE$PDE_END
20 PDE_TMP=$PDE_BASE'-temp.pde'
PDE_DIR=$(pwd | sed "s#\/cygdrive\/\([^\/]*\)\/#\1\:\/\/#;s#\/#\\\\#g");
22 PDE_TMP=$(echo $PDE_DIR'\\'$PDE_TMP)

24 RESULT_PNG="./"$PDE_BASE"-temp01_001.png"

26 ### extract all scenarios from template file
```

```
   SCENARIOS=$(grep -i -e '^{.*BEGIN' $PDE_TEMPLATE |
28              cut -d '"' -f 2
            )
30
   # create RESULT_DIR if it does not exist
32 if [ ! -d "$RESULT_DIR" ]; then
        mkdir "$RESULT_DIR";
34 fi

36 ### process scenarios
   for SCENE in $SCENARIOS
38 do
        echo "processing scenario '$SCENE'"
40
        # Retrieve simulation boundries from .pde template
42      START=$(grep -i -e "^!.*\"$SCENE\".*A min.*" $PDE_TEMPLATE |
                cut -d ':' -f 2 |
44              sed "s/[^0-9^\.]//"
            )
46      STOP=$(grep -i -e "^!.*\"$SCENE\".*A max.*" $PDE_TEMPLATE |
                cut -d ':' -f 2 |
48              sed "s/[^0-9^\.]//"
            )
50
        echo "     Running: Area from "$START"" to ""$STOP"
52
        AREA=$START
54      COUNT=0

56      # run FlexPDE
        while [ $(echo "$AREA <= $STOP" | bc) -eq 1 ]
58      do
            echo -n "    Simulating ($COUNT) Area=$AREA ... "
60          # generate temporary pde file
            grep -i -v -e "^{.*BEGIN.*\"$SCENE\"" -e ".*END.*\"$SCENE\".*}" $PDE_TEMPLATE |
62          # replace Epsilon wildcard in temporary pde file
            sed "s/%%EPSILON%%/$EPSILON/g" |
64          # replace Area wildcard in temporary pde file
            sed "s/%%AREA%%/$AREA/g" > $PDE_TMP
66          # run FlexPDE
            $FLEXPDE $FLEXPDE_SWITCH $PDE_TMP
68          # archive results
            sed "s/=/:/g;s/$/;/;s/ //g" $RESULT_TXT |
70              tr -d "\n\r\f" |
                cut -d ";" -f 2,4,6,8,10,12,14,16,18 >> $RESULT_DIR$PDE_BASE"-"$SCENE".csv"
72          mv $RESULT_PNG $RESULT_DIR$PDE_BASE"-"$SCENE"-"$(echo $AREA |
                sed "s/\./_/g")".png"
74          echo "done"
            AREA=$(echo "scale=4;$AREA + $INC" | bc | sed "s/^\./0./")
76          let COUNT=COUNT+1
        done
78
        echo "    ...done"
80      echo ""
   done
```

D.2.3 „*FlexPDE*" Template: serial-sim-perm.pde

Dieses „*FlexPDE*"-Template enthält in kommentierten Abschnitten die Beschreibungen für alle Geometrien, die im Rahmen dieser Arbeit untersucht wurden. Diese Geometrieabschnitte werden dann einzeln von serial-sim.sh auskommentiert. Die Platzhalter %%EPSILON%% und %%AREA%% wer-

D Quelltexte

den entsprechend ersetzt, bevor dieser Quelltext unter „*FlexPDE*" lauffähig ist. Dieses Template basiert auf der Simulation von J.B. TRENHOLM[6].

```
 1  title
       'Kapazität in Abhängigkeit der Füllstoff-Morphologie und Permittivität'
 3
    select
 5     black on
       vectorgrid 100
 7
    variables
 9     V
       Q
11
    definitions
13     b     = 1                    ! breite des Feldes
       h     = 1                    ! höhe des Feldes
15     A     = %%AREA%%             ! Fläche der Elektrode (entspricht Volumenprozent bei 3D extrusion)

17     !!! Kreis
       r     = sqrt(A/pi)           ! Radius eines Kreises mit der Fläche A
19     rz    = sqrt((A/2)/pi)       ! Radius eines Kreises mit der Fläche A/2
       rd    = sqrt((A/3)/pi)       ! Radius eines Kreises mit der Fläche A/3
21     rv    = sqrt((A/4)/pi)       ! Radius eines Kreises mit der Fläche A/4

23     rs    = sqrt((A/7)/pi)       ! Radius eines Kreises mit der Fläche A/7
       r0    = 1/6                  ! r0-r2: Parameter um die sieben Kreise zu plazieren
25     r1    = sqrt(3)*r0
       r2    = 0.5-r1
27
       !!! Quadrat
29     bq    = sqrt(A)              ! Kantenlänge eines Quadrates mit der Fläche A
       bqh   = bq/2                 ! 1/2 Kantenlänge eines Quadrates der Fläche A
31
       !!! Seriell
33     hs    = A/b                  ! Höhe einer Fläche A über die gesammte Breite
       hsh   = hs/2                 ! 1/2 Höhe einer Fläche A über die gesammte Breite
35
       !!! Parallel
37     bp    = A/h                  ! Breite einer Fläche A über die gesammte Höhe
       bph   = bp/2                 ! 1/2 Breite einer Fläche A über die gesammte Höhe
39

41     !!! Parameter
       v0    = 1                    ! Potential (Spannung) am oberen Rand des Messbereiches
43
       epsr
45     epsm  = 3                    ! Matrix Permittivität ("Polymer")
       epsf  = %%EPSILON%%          ! Permittivität des Füllstoffes ("Bariumtitanatpulver")
47     eps0  = 8.854e-12
       eps   = epsr * eps0
49
       !!! die zentralen Berechnungen
51     energyDensity = dot[ eps * grad (V), grad(V)]/2
       capacitance   = 2 * integral(energyDensity) / v0^2
53
    equations
55     V:    div(eps*grad(V)) = 0          ! Potential equation
       Q:    div(grad(Q)/eps) = 0          ! adjoint equations
57
    boundaries
59     region 1 'inside' epsr=epsm         ! Definition des "Messfeldes"
         start (0,0)
61         ! Randbedingung unterer Rand: V=0
             value(V) = 0      natural(Q) = tangential(grad(V))
63         line to (b,0)
             natural(V) = 0    natural(Q) = tangential(grad(V))
65         line to (b,h)
           ! Randbedingung oberer Rand: V=v0
```

---

[6] http://www.pdesolutions.com/help/capacitance_per_unit_length_in.html, Version 14. Nov. 2008

D.2 FEM Simulation

```
67          value(V) = v0   natural(Q) = tangential(grad(V))
       line to (0,h)
69          natural(V) = 0  natural(Q) = tangential(grad(V))
       line to close
71
   { BEGIN "Seriell"
73 ! rechteckiger Füllstoff als Serienkondensator über die
   ! gesammte Breite des Systems, Fläche = A
75 ! "Seriell" A min : 0.020
   ! "Seriell" A max : 0.970
77    region 2 'filler' epsr=epsf
       start    (0,0.5+hsh)
79     line to (0,0.5-hsh)
       line to (b,0.5-hsh)
81     line to (b,0.5+hsh)
       line to  close
83 END "Seriell" }

85 { BEGIN "Parallel"
   ! rechteckiger Füllstoff als Parallelkondensator über die
87 ! gesammte Höhe des Systems, Fläche = A
   ! "Parallel" A min : 0.020
89 ! "Parallel" A max : 0.970
      region 2 'filler' epsr=epsf
91     start    (0.5+bph,0)
       line to (0.5-bph,0)
93     line to (0.5-bph,h)
       line to (0.5+bph,h)
95     line to  close
   END "Parallel" }
97
   { BEGIN "Quadrat"
99 ! quadratischer Füllstoff in der Mitte mit einer Fläche von A
   ! "Quadrat" A min : 0.005
101 ! "Quadrat" A max : 0.900
      region 2 'filler' epsr=epsf
103    start      (0.5-bqh,0.5-bqh)
         line to (0.5+bqh,0.5-bqh)
105      line to (0.5+bqh,0.5+bqh)
         line to (0.5-bqh,0.5+bqh)
107      line to  close
   END "Quadrat" }
109
   { BEGIN "Kreis"
111 ! Kreisförmiger Füllstoff mit einer Fläche von
   ! A in der Mitte des Systems
113 ! "Kreis" A min : 0.005
   ! "Kreis" A max : 0.755
115   region 2 'filler' epsr=epsf
       start (0.5-r,0.5)
117    arc (center = 0.5,0.5) angle = -360
       to close
119 END "Kreis" }

121 { BEGIN "Kreise_2"
   ! Kreisförmiger Füllstoff mit einer Fläche von 0.5 * A
123 ! im oberen linken und unteren rechten Quadranten des Systems
   ! "Kreise_2" A min : 0.005
125 ! "Kreise_2" A max : 0.36
      region 2 'filler1' epsr=epsf
127    start (0.25-rz,0.75)
       arc (center = 0.25,0.75) angle = -360
129    to close
      region 3 'filler2' epsr=epsf
131    start (0.75-rz,0.25)
       arc (center = 0.75,0.25) angle = -360
133    to close
   END "Kreise_2" }
135
   { BEGIN "Kreise_3"
137 ! Kreisförmiger Füllstoff mit einer Fläche von 1/3 * A
   ! im Dreieck angeordnet
139 ! "Kreise_3" A min : 0.02
```

D Quelltexte

```
      ! "Kreise_3" A max : 0.55
141     region 2 'filler1' epsr=epsf
          start (0.25-rd,0.2835)
143       arc (center = 0.25,0.2835) angle = -360
          to close
145     region 3 'filler2' epsr=epsf
          start (0.75-rd,0.2835)
147       arc (center = 0.75,0.2835) angle = -360
          to close
149     region 4 'filler3' epsr=epsf
          start (0.5-rd,0.7165)
151       arc (center = 0.5,0.7165) angle = -360
          to close
153 END "Kreise_3" }

155 { BEGIN "Kreise_4"
      ! Kreisförmiger Füllstoff mit einer Fläche von 0.25 * A
157   ! allen Quadranten des Systems
      ! "Kreise_4" A min : 0.04
159   ! "Kreise_4" A max : 0.72
        region 2 'filler1' epsr=epsf
161       start (0.25-rv,0.75)
          arc (center = 0.25,0.75) angle = -360
163       to close
        region 3 'filler2' epsr=epsf
165       start (0.75-rv,0.25)
          arc (center = 0.75,0.25) angle = -360
167       to close
        region 4 'filler3' epsr=epsf
169       start (0.25-rv,0.25)
          arc (center = 0.25,0.25) angle = -360
171       to close
        region 5 'filler4' epsr=epsf
173       start (0.75-rv,0.75)
          arc (center = 0.75,0.75) angle = -360
175       to close
      END "Kreise_4" }
177
    { BEGIN "Kreise_7"
179   ! Kreisförmiger Füllstoff mit einer Fläche von 1/7 * A
      ! Hexagonal dichteste Packung
181   ! "Kreise_7" A min : 0.1
      ! "Kreise_7" A max : 0.53
183     region 2 'filler1' epsr=epsf
          start (2*r0-rs,r2)
185       arc (center = 2*r0,r2) angle = -360
          to close
187     region 3 'filler2' epsr=epsf
          start (4*r0-rs,r2)
189       arc (center = 4*r0,r2) angle = -360
          to close
191     region 4 'filler3' epsr=epsf
          start (r0-rs,r1+r2)
193       arc (center = r0,r1+r2) angle = -360
          to close
195     region 5 'filler4' epsr=epsf
          start (3*r0-rs,r1+r2)
197       arc (center = 3*r0,r1+r2) angle = -360
          to close
199     region 6 'filler5' epsr=epsf
          start (5*r0-rs,r1+r2)
201       arc (center = 5*r0,r1+r2) angle = -360
          to close
203     region 7 'filler6' epsr=epsf
          start (2*r0-rs,2*r1+r2)
205       arc (center = 2*r0,2*r1+r2) angle = -360
          to close
207     region 8 'filler7' epsr=epsf
          start (4*r0-rs,2*r1+r2)
209       arc (center = 4*r0,2*r1+r2) angle = -360
          to close
211 END "Kreise_7" }
```

D.2 FEM Simulation

```
213  plots
        contour(Q) nominmax notags png(1600,2) as 'Field Lines'
215     report A
            as 'Area'
217     report capacitance
            as 'C [F/m]'
219
     summary('')
221     noheader
        export file 'result.txt'
223     report epsf
            as 'Epsilon Filler'
225     report epsm
            as 'Epsilon Matrix'
227     report A
            as 'Area [m$^2$]'
229     report capacitance
            as 'Capacitance F/m'
231     report capacitance/eps0/b*h
            as 'Pseudo Epsilon epsrp'
233     report r
            as 'Radius [m]'
235     report bq
            as 'width, square [m]'
237     report hs
            as 'height, serial [m]'
239     report bp
            as 'width, parallel [m]'
241  end
```

D Quelltexte

E Geräteverzeichnis

Alle im Rahmen dieser Arbeit verwendeten Geräte sind hier sortiert nach Hersteller aufgelistet. Die Anschriften und Kontaktdaten der Firmen sind in Anhang F aufgelistet.

E.1 Agilent

E.1.1 Impedanzanalysator HP4194A

E.1.2 Probenhalter 16451B für Impedanzanalysator HP4194A

Die Abbildungen über die Dimensionen der Probenhalterung (Abb. E.1, E.2 und E.3 sind dem Handbuch der Probenhalterung [220] entnommen.

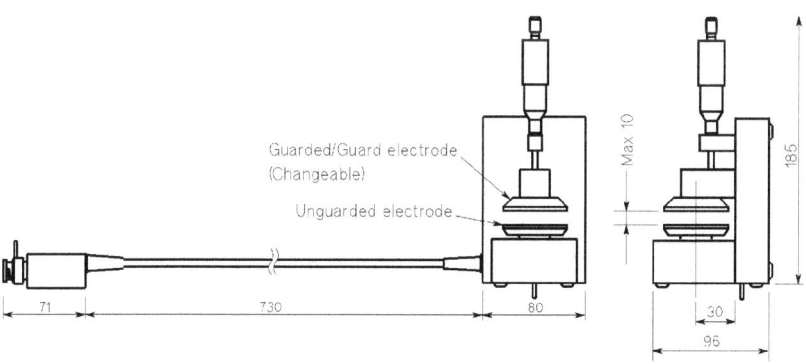

Abb. E.1: Aufbau der Probenhalterung [220].

E Geräteverzeichnis

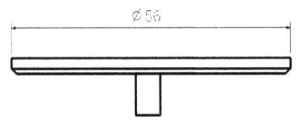

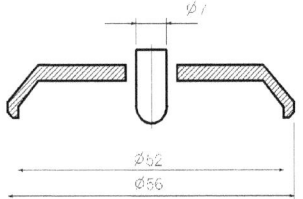

Abb. E.2: Ungarded Elektrode [220]. **Abb. E.3**: Elektrode C [220].

E.1.3 Oszilloskop HP 54600B

E.2 Anton Paar

E.2.1 Mikrohärte Messgerät Paar Physica MHT-10

Kraft 100 p, Zeit 10 s, Steigung 10 $\frac{p}{s}$. Als Kennwert wird der Durchschnitt über fünf über die Probe verteilte Messungen angegeben.

E.3 Bohlin

E.3.1 Rheometer CVO50

Die Viskosität wurde rotatorisch mit einem 4/40 Kegel und einem Spalt von 150 μm bei 20°C, 40°C und 60°C im Scherratenbereich zwischen 0.1 $\frac{1}{s}$ und 200 $\frac{1}{s}$ bestimmt. Der verwendete Kegel ist in Abb. E.11 dargestellt.

E.4 Carbolite

E.4.1 Hochtemperaturkammerofen RHF 17/3E

E.5 Carl Zeiss

E.5.1 Rasterelektronenmikroskop Supra 55

E.6 Dr. Johannes Heidenhain

E.6.1 Höhenmesstaster CT 60 M

E.7 Eigenbaugeräte, Experimentalaufbauten

E.7.1 Foliengießbank

Abb. E.4: Tapecastinganlage für den Labormaßstab, Experimentalanlage, Eigenbau.

Abb. E.5: Blick entlang der Substratfläche.

E Geräteverzeichnis

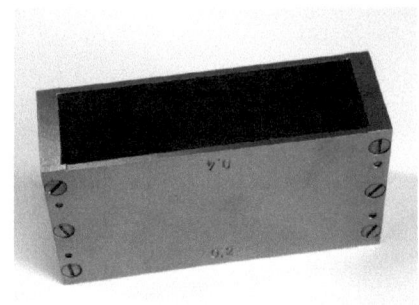 

Abb. E.6: Schlickerbehälter. **Abb. E.7**: Leiterplattensubstrat.

E.8 Espec

E.8.1 Klimakammer SH-261

E.9 IKA

E.9.1 Dissolver Rührer Eurostar power control-visc

Der verwendete Rührer hat einen Kopfdurchmesser von 25 mm.

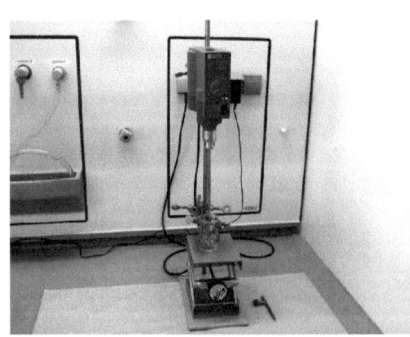 

Abb. E.8: *IKA* Eurostar power control-visc Versuchsaufbau.

Abb. E.9: Verwendeter Rüher mit einem Kopfdurchmesser von 25 mm.

E.10 Malvern

E.10.1 Rheometer Bohlin Gemini HR nano

Nachfolgemodell des **CVO50** (s. Kap. E.3.1). Der Geräteaufbau und verwendete Kegel sind in Abb. E.10 und E.11 dargestellt.

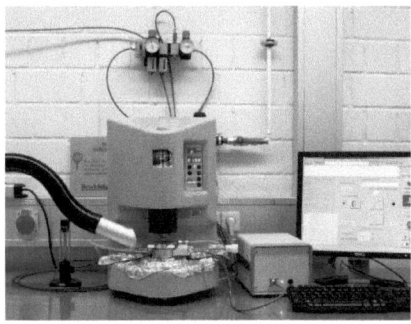

Abb. E.10: *Malvern* **Bohlin Gemini HR nano**.

Abb. E.11: Kegel mit 40 mm Durchmesser und einem Winkel von 4°.

E.11 Mettler Toledo

E.11.1 Dynamisch-Thermische-Analyse (DTA) FP85

Die DTA Zelle FP85 wird an einem FP90 central processor betrieben.

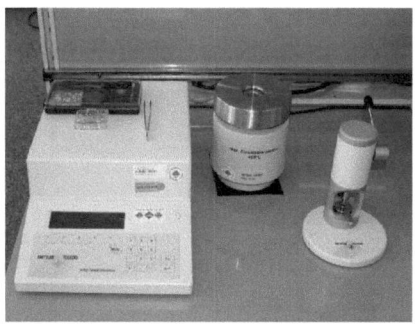

Abb. E.12: *Mettler Toledo* **FP85** mit central processor **FP90** und Probenvorbereitung..

E.12 Micromeritics

E.12.1 BET Oberflächenmessgerät Flow Sorb II 2300

E.13 Siemens

E.13.1 Röntgendiffraktometer D5005

E.14 Thermo Finnigan / Porotec

E.14.1 Helium-Pyknometer Pycnomatic ATC

Helium-Pyknometer mit automatischer Temperaturkontrolle.

F Firmenverzeichnis

3M
3M Deutschland GmbH
Carl-Schurz-Str. 1
41453 Neuss

http://www.3m.com/

AEE
Atlantic Equipment Engineers
13 Forster Street
Bergenfield, NJ 07621
USA

http://www.micronmetals.com/

Agilent
Agilent Technologies
 Sales & Services GmbH & Co. KG
Herrenberger Str. 130
71034 Böblingen
Germany

http://www.agilent.de/

Alfa Aesar
Alfa Aesar GmbH & Co KG
Zeppelinstrasse 7
76185 Karlsruhe

Postbox 11 07 65

76057 Karlsruhe
Germany

http://www.alfa-chemcat.com/

Aldrich
s. Sigma-Aldrich

Anton Paar
Anton Paar GmbH
Anton-Paar-Str. 20
A-8054 Graz
Austria

http://www.anton-paar.com/

AT&S
AT&S Austria
Technologie & Systemtechnik AG
Fabriksgasse 13
A-8700 Leoben
Österreich

http://www.ats.net/

Bohlin
s. Malvern

Bungard
Bungard Elektronik GmbH & Co.KG

F Firmenverzeichnis

Rilkestrasse 1
D-51570 Windeck
Germany

http://www.bungard.de/

Carbolite
Carbolite GmbH
Ubstadter Strasse 28
76698 Ubstadt-Weiher
Germany

http://www.carbolite.com/

Carl Roth GmbH
s. Roth

Conrad
Conrad Electronic SE
Klaus-Conrad-Str. 1
92240 Hirschau
Germany

http://www.conrad.de/

Drawin
Drawin Vertriebs-GmbH
Rudolf-Diesel-Strasse 15
85521 Ottobrunn / Riemerling
Germany

http://www.drawin.com/

DuPont
http://www.dupont.com/

Espec
Espec North America, Inc.

4141 Central Parkway
Hudsonville, MI 49426
USA
(Vertrieb durch
Fa. Thermothec Weilburg)

http://www.espec.com/

Fluka
Fluka
umbenannt in „Sigma-Aldrich Switzerland"

Sigma-Aldrich Chemie GmbH
Industriestrasse 25
CH-9471 Buchs SG
Switzerland

http://www.sigmaaldrich.com/

Frialit-Degussit
s. Friatec

http://www.degussit.de/

Friatec
Friatec Aktiengesellschaft
Steinzeugstrasse
68229 Mannheim
Germany

http://www.friatec.de/

H.C. Starck
H.C. Starck GmbH
Postfach 2540
38615 Goslar

Germany

http://www.hcstarck.de/

Heidenhain
Dr. Johannes Heidenhain GmbH
Postfach 1260
83292 Traunreut
Germany

http://www.heidenhain.de/

Huntsman
Huntsman Advanced Materials
(Deutschland) GmbH

Manufacturing of Formulated Systems
Trottäcker 24-26
79713 Bad Säckingen

Manufacturing of Specialty Components
Ernst-Schering-Str. 14
59192 Bergkamen

http://www.huntsman.com/

IKA
IKA Werke GmbH & Co. KG
Janke & Kunkel-Str. 10
79219 Staufen
Germany

http://www.ika.de/

Inframat
Inframat Corporation
74 Batterson Park Road
Farmington, CT 06032
USA

http://www.inframat.com/

Malvern
Malvern Instruments GmbH
Rigipsstr. 19
71083 Herrenberg
Germany

http://www.malvern.de/

Memmert
Memmert GmbH + Co. KG
Äußere Rittersbacher Str. 38
91126 Schwabach
Germany

http://www.memmert.com/de/

Merck
Merck KGaA
Frankfurter Strasse 250
64293 Darmstadt
Germany

http://www.merck.de/

Mettler Toledo
Mettler-Toledo GmbH
Ockerweg 3
Postfach 110840
35353 Giessen
Germany

http://de.mt.com/

F Firmenverzeichnis

Micromeritics
Micromeritics GmbH
Rutherford 108
D-52072 Aachen

http://www.micromeritics.de/
http://www.micromeritics.com/

Microsoft
Microsoft Deutschland GmbH
Konrad-Zuse-Straße 1
85716 Unterschleißheim

http://www.microsoft.com/germany/

Mitutoyo
Mitutoyo Messgeräte GmbH
Borsigstraße 8–10
41469 Neuss

http://www.mitutoyo.de/

Nanoamor
Nanostructured & Amorphous
 Materials Inc.
17702 Emerald Garden Lane
Houston, TX 77084
USA

http://www.nanoamor.com/

National Instruments
National Instruments Germany GmbH
Ganghoferstraße 70 b
80339 München

http://www.ni.com/de/

Niro A/S
Niro A/S
Gladsaxevej 305
2860 Soeborg
Denmark

Polymer Standards Service
PSS Polymer Standards Service GmbH
In der Dalheimer Wiese 5
55120 Mainz
Germany

http://www.polymer.de/

Roth
Carl Roth GmbH & Co KG
Schoemperlenstr. 3-5
76185 Karlsruhe
Germany

http://www.carlroth.de/

RS Components
RS Components GmbH
Hessenring 13b
64546 Mörfelden-Walldorf
Germany

http://www.rs-online.de/

Showa Denko
Showa Denko Europe GmbH
Konrad-Zuse-Platz 4
81829 Munich
Germany

http://www.shodex.de/

Siemens
Siemens Aktiengesellschaft
Wittelsbacherplatz 2
80333 München
Deutschland

http://www.siemens.de/
http://www.siemens.com/

Sigma-Aldrich
Sigma-Aldrich Chemie GmbH
Riedstrasse 2
89555 Steinheim
Deutschland

http://www.sigmaaldrich.com/

ThermoFinnigan
Thermo Electron (Karlsruhe) GmbH
76227 Karlsruhe
Dieselstr. 4
Germany

http://www.thermo.com/

Thermotec
Thermotec Weilburg GmbH & Co.KG
Mittlere Friedenbach 8
35781 Weilburg
Germany

http://www.thermotec-weilburg.de/

Wacker
Wacker Chemie AG
Verkaufsbüro Stuttgart
Sophienstraße 41
70178 Stuttgart
Germany

http://www.wacker.com/

Wavetek
s. Willtek

Willtek
Willtek Communications GmbH
Gutenbergstr. 2 - 4
85737 Ismaning
Germany

http://www.willtek.de/

Würtz
E. und P. Würtz GmbH & Co. KG
Industriegebiet Sponsheim
In der Weide 13 + 18
55411 Bingen am Rhein

http://www.wuertz.com/

I want morebooks!

Buy your books fast and straightforward online - at one of world's fastest growing online book stores! Environmentally sound due to Print-on-Demand technologies.

Buy your books online at
www.morebooks.shop

Kaufen Sie Ihre Bücher schnell und unkompliziert online – auf einer der am schnellsten wachsenden Buchhandelsplattformen weltweit! Dank Print-On-Demand umwelt- und ressourcenschonend produzi ert.

Bücher schneller online kaufen
www.morebooks.shop

KS OmniScriptum Publishing
Brivibas gatve 197
LV-1039 Riga, Latvia
Telefax: +371 686 204 55

info@omniscriptum.com
www.omniscriptum.com

Printed by Books on Demand GmbH, Norderstedt / Germany